高等职业院校精品教材系列

U0259391

变频器技术及应用

陈志红　主　编
马玉国　副主编
殷建国　主　审

電子工業出版社·
Publishing House of Electronics Industry
北京·BEIJING

内 容 简 介

本书根据教育部最新的职业教育教学改革要求，结合国家示范专业建设课程改革成果及作者多年的教学经验进行编写。全书以行业广泛使用的西门子 MM440 系列变频器为主线，系统而全面地介绍变频器的基本原理与实际应用知识，全书分为 7 章。第 1 章讲述变频器的发展与应用情况；第 2 章讲述变频器的基本功能及工作原理；第 3 章讲述变频器的基本操作；第 4 章讲述变频器的优化特性设置；第 5 章讲述变频器在调速系统中的应用；第 6 章讲述变频器的选择与维护；第 7 章介绍 S7-200 PLC 的基本应用。本书编写突出技术的先进性和知识的综合性，强调理论联系实际，重在应用技能训练。

本书为高等职业本专科院校相应课程的教材，也可作为开放大学、成人教育、自学考试、中职学校和培训班的教材，以及自动化技术人员的参考书。

本书配有电子教学课件、习题参考答案等，详见前言。

图书在版编目（CIP）数据

变频器技术及应用 / 陈志红主编. —北京：电子工业出版社，2015.8（2024.1 重印）
高等职业院校精品教材系列
ISBN 978-7-121-26403-0

Ⅰ. ①变…　Ⅱ. ①陈…　Ⅲ. ①变频器－高等职业教育－教材　Ⅳ. ①TN773

中国版本图书馆 CIP 数据核字（2015）第 138290 号

策划编辑：陈健德（E-mail：chenjd@phei.com.cn）
责任编辑：康　霞
印　　刷：北京捷迅佳彩印刷有限公司
装　　订：北京捷迅佳彩印刷有限公司
出版发行：电子工业出版社
　　　　　北京市海淀区万寿路 173 信箱　邮编 100036
开　　本：787×1 092　1/16　印张：16.5　字数：422.4 千字
版　　次：2015 年 8 月第 1 版
印　　次：2024 年 1 月第 13 次印刷
定　　价：47.00 元

凡所购买电子工业出版社图书有缺损问题，请向购买书店调换。若书店售缺，请与本社发行部联系，联系及邮购电话：（010）88254888，88258888。

质量投诉请发邮件至 zlts@phei.com.cn，盗版侵权举报请发邮件至 dbqq@phei.com.cn。

本书咨询联系方式：chenjd@phei.com.cn。

前　言

变频器是一种交流调速装置，以其优异的调速和启/制动性能、高功率因数和节电效果而被国内外公认为是最有发展前途的调速方式，成为当今节电、改善工艺流程、提高产品质量、改善环境、推动技术进步的有效手段，广泛应用于工业自动化的各个领域。变频器的相关课程也已成为应用型本科和高职高专院校多个专业的必修课程。

本课程是一门实践性较强的综合性课程，通过本课程的理论与实践教学，能够使学生掌握变频调速技术、变频器的应用与维护、PLC 与变频器的联机应用等多学科的基本知识与技能，具备变频调速系统的设计、安装、调试、维护等综合应用能力。全书以行业广泛使用的西门子 MM440 系列变频器为主线，系统而全面地介绍变频器的基本原理与实际应用知识。

本书在编写过程中力求反映以下特点。

（1）本书编写兼顾了理论知识与实践技能两个方面，贯彻"理论够用，实践为重"的原则，坚持以培养学生的实践能力为根本，做到了详略得当，重点突出，符合高等职业教育的培养目标与学生实际学习的特点。

（2）以技术应用为中心，增设知识拓展模块，强化理论知识学习与技术应用能力的培养，在理解知识的深度和广度上对正常教学内容予以恰当补充，以便学生能够更深刻地理解变频器，能够将本门课程与其他学科知识进行整合，有利于提高学生的可持续发展能力。

（3）内容上突出新知识、新技能，涉及可编程序控制器、传感器等现代工业自动化领域的主要内容，有意识地引导学生将所学单科知识进行整合运用，既开阔学生的视野，又拓宽学生的知识面。

（4）以变频器的实际工程应用为出发点，从系统描述、系统分析、方案设计、硬件设计、PLC 控制程序、变频器主要参数等几个角度详细介绍变频器在冶金、机械、水处理、加工制造等行业的典型综合应用，侧重学生工程意识的培养，以便就业后能够尽早进入工作状态。

本书由大连职业技术学院陈志红担任主编，并编写其中的前言、第 1、3～6 章；马玉国担任副主编，并编写第 2 章；谢斌、王翔、朱建红共同编写第 7 章，大连交通大学学生陈宇辰、大连职业技术学院学生刘观华参与本书的部分录入工作。本书由大连职业技术学院殷建国教授进行主审，对本书的内容构建提出了许多宝贵意见和建议；本书在编写过程中参考了有关的书籍和研究成果，以及部分变频器制造商提供的产品资料，并引用其中的部分内容，在此一并表示感谢。

由于时间和编者水平所限，书中不当之处在所难免，敬请广大读者提出宝贵意见。

为了方便教师教学，本书还配有免费的电子教学课件、习题参考答案，请有此需要的教师登录华信教育资源网（http://www.hxedu.com.cn）免费注册后进行下载，有问题时请在网站留言或与电子工业出版社联系（E-mail:hxedu@phei.com.cn）。

编　者

目　录

第1章 变频器的发展与应用情况

学习目标

1. 了解变频器的产生及发展趋势;
2. 了解变频器的应用状况;
3. 了解我国变频器的市场状况。

技能目标

1. 会查阅变频器的相关文献;
2. 能够分析比较不同厂家变频器的优缺点;
3. 调查变频器在当地的使用情况。

交流变频调速技术是现代电力传动技术的重要发展方向，随着新型大功率半导体器件的推出，控制理论不断更新和发展，微电子技术不断完善，各种通用的、高性能的交流传动控制系统相继诞生，多种交流调速技术已经趋于成熟，变频器的控制精确度和动态特性也趋于完善。近年来，国内外变频器市场一直保持快速增长的势头，变频器已经越来越广泛地应用在工业生产和日常生活的诸多领域，取得了极佳的经济节能效益。

1.1 变频器的发展历程

直流电动机拖动和交流电动机拖动先后诞生于 19 世纪，至今已有 100 多年的历史，并已成为动力机械的主要驱动装置。相比较而言，直流调速系统具有良好的调速性能，主要表现在调速范围广、稳定性好，以及过载能力强等技术指标上。直流调速系统调速性能优越，但在结构上直流电动机却存在着不可回避的缺点：

（1）需要定期更换电刷和换向器，维护保养困难，寿命较短；

（2）由于直流电动机存在换向火花，因此难以应用于存在易燃易爆气体的恶劣环境；

（3）结构复杂，难以制造大容量、高转速和高电压的直流电动机，造价昂贵。

与直流电动机相比，交流电动机具有以下优点：

（1）结构坚固，工作可靠，易于维护保养；

（2）不存在换向火花，可以应用于存在易燃易爆气体的恶劣环境；

（3）容易制造出大容量、高转速和高电压的交流电动机。

不难看出，直流电动机在结构上存在着固有的、难以克服的缺点，但调速性能优越，具有较为优良的静/动态性能指标；交流电动机结构简单，造价低，工作可靠，易于维护，但调速性能远不及直流调速系统。因此在相当长的一段时期内，几乎所有不变速拖动系统中采用的都是交流电动机，而在需要进行速度控制的拖动系统中基本上都采用直流电动机。鉴于交流电动机无可比拟的优越性，人们一直希望它的调速性能能够有所改观，以使交流电动机能够应用于任何场合，因此对于交流调速的研究从未停止。交流电动机的调速理论很早就已经确立，但是由于受到电力电子器件和控制手段等多方面因素的制约，20 世纪 70 年代之前交流调速系统的研究开发一直没有取得令人满意的成果，交流调速仍然局限在理论层面，不能真正步入市场，走入实用。当时工业生产中大量使用的诸如风机、泵类等需要进行调速控制的电力拖动系统中不得不采用挡板和阀门来调节风速和流量，这种做法不仅增加了系统的复杂性，也造成了能源的浪费。

经历了 20 世纪 70 年代中期的第 2 次石油危机之后，人们充分认识到节能工作的重要性，并进一步重视和加强了对交流调速技术的研究开发工作。同时，随着电力电子技术、控制理论和数字电子技术的发展，交流变频技术也得到了显著发展，性能不断提高，并逐渐进入实用阶段。

20 世纪 60 年代，以晶闸管为基础的电力电子电路得到广泛应用，使得交流电动机变频调速进入实用化。此后的 20 年间，电力电子技术取得了惊人的发展，不断涌现出的各种全控器件（GTO、GTR、P-MOSFET）和复合型器件（IGBT、MCT、IGCT）等为变频器的发展奠定了坚实的硬件基础。

20 世纪 70 年代初，世界上第一款 CPU Intel4004 诞生了，之后出现了以微电子技术为核心的新兴技术群，开辟了人类历史上的一场现代技术革命。随着微电子技术的发展，交流调速领域开始了以微处理器为核心的数字控制新时代。微处理器的使用使得变频器的运算能力和可靠性得到很大提高，操作设置更加灵活、多样，成本和体积降低。

同期，关于系统辨识、最优控制、离散时间系统和自适应控制等控制理论的发展极大地丰富了现代控制理论的内容，也使得变频器的控制性能逐步走向完善和强大。第一代变频器是 U/f 恒定控制方式，它根据异步电动机等效电路确定的线性 U/f 比进行变频调速。其控制系统结构简单，成本较低，适用于对调速系统性能指标要求不高的场合。第二代变频器采用矢量控制方式，将异步电动机的定子电流空间矢量分解为转矩分量和励磁分量，使得交流调速系统的动态性能和转矩特性得到显著提高，开创了交流传动的新纪元。20世纪80年代，又一种高动态性能的交流变频调速系统——直接转矩控制（DTC）应用于实际并取得成功。与矢量控制相比，直接转矩控制不需要进行坐标变换，并可获得更大的瞬时转矩和极快的动态响应，是继矢量控制之后交流传动控制理论上的又一次飞跃，是一种很有前途的控制技术。

虽然发展变频驱动技术最初的主要目的是为了节能，但是随着电力半导体器件和微处理器性能的不断提高，各种复杂控制技术在变频器技术中的应用，变频驱动技术得到了显著的发展，性能不断提高，应用范围越来越广。目前变频器不但在传统的电力拖动系统中得到广泛应用，而且几乎扩展到了工业生产的所有领域，在空调、洗衣机、电冰箱等家电产品中也得到广泛应用。目前，从数百瓦的家用电器，到数千千瓦级乃至数万千瓦级的调速传动装置，都可以用交流调速传动方式来实现。

几十年的发展，交流调速电气传动已经上升为电气调速传动的主流。在电气调速传动领域，过去由直流电动机占统治地位的局面已经受到猛烈的冲击。交流调速系统不断显示出其本身的优越性和巨大的社会效益，使得变频器—交流电动机调速系统具有越来越旺盛的生命力。可以相信，在不久的将来交流调速电气传动将完全取代直流调速电气传动。

1.2 变频器的技术特点

变频器作为一种面向感应电动机的通用控制装置，与交流主轴驱动器、交流伺服驱动器等专用控制器相比较，有如下明显特点。

1）多种控制方式兼容

变频器的 U/f 控制、矢量控制与直接转矩控制有各自的特点与应用范围，目前还没有哪一种控制方式可以完全取代其他控制方式。当代变频器一般可以兼容多种控制方式，使用者可以根据实际需要通过设定相关参数来选择控制方式。

2）开环/闭环通用

闭环控制可以通过反馈消除误差，提高稳态精度，但同时也会带来系统的稳定性问题。为适应不同的控制要求，当代变频器一般采用开环/闭环通用的结构形式，只要简单地增加闭环接口模块便可以实现闭环控制。

这一结构变换可同时用于 U/f 控制、矢量控制和直接转矩控制。

3）适应性强、性能低

通用变频器是一种面向普通感应电动机的控制装置，由于其内部兼容了多种控制方式，因而它可实现对各种负载类型、几乎所有交流电动机的控制，并具有 $1:n$ 多电动机控制功能，通用性强，适应面广。但是由于通用变频器的控制模型不确定，增加了控制难度，因此其性能明显低于使用专用电动机的交流主轴与伺服驱动器。

1.3 变频器的发展趋势

变频器自产生至今一直是交流调速系统的研究热点。20 世纪对变频器的研究主要集中在新型电力电子器件的应用、电路拓扑结构的改进与完善，以及控制理论与控制方法的探索上，并且取得了很大的进展，变频器的动态性能与控制精度得到大幅度提高。经历大约 30 年的研发与应用实践，变频器的性价比越来越高，体积越来越小，而生产厂家仍然在不断地提高可靠性以实现变频器的进一步小型轻量化、高性能化和多功能化以及无公害化。

自 21 世纪以来，随着社会的进步、信息技术的普及，以及资源、环境等深层次社会问题的显露，人们在不断提高变频器本身性能的同时，更加注重如何提高变频器的功率因数、节能降耗、降低对电网的公害、改善环境影响，以及它与工业自动化网络的完美结合等系统性问题，高性能化、环保化、网络化已成为当代变频器发展的必然趋势，而这些趋势都将推进变频器的进一步普及。

1. 结构的小型化

变频器结构的小型化要求其功率和控制电路必须具备极高的集成度。主电路中的功率电路的模块化，控制电路采用大规模集成电路和全数字控制技术，结构设计采用平面安装技术，以及冷却技术的发展等一系列措施均促进了变频器结构的小型化。

变频器结构的小型化同时要解决好发热问题，目前主电路中占发热量 50%～70% 的 IGBT 的损耗已大幅度减小。

2. 高性能化和多功能化

随着微电子技术的发展，以微处理器为核心的数字控制已经成为现代控制器的主要发展方向。数字控制具有精度高、存储能力强、运算能力强、稳定可靠等特点，为进一步提高变频器的性能提供了条件。各种控制规律软件化的实施，大规模集成电路微处理器的出现，基于现代控制理论和智能控制思想的矢量控制、转矩控制、模糊控制等高水平控制技术的出现，使变频控制进入一个崭新的阶段。

8 位、16 位 CPU 奠定了通用变频器全数字控制的基础，32 位数字信号处理器（Digital Signal Processer，DSP）的应用将通用变频器的性能又提高了一大步，实现了转矩控制，推出了"无跳闸"功能。目前，新型变频器开始采用新的精简指令计算机（Reduced Instruction Set Computer，RISC），将指令执行时间缩短到纳秒级。据报道，RISC 的运算速度可达 10 亿次/秒，相当于巨型计算机的水平，指令计算时间为纳秒量级，是一般微处理器无法比拟的。有的变频器以 RISC 为核心进行数字控制，可以支持无速度传感器的矢量控制算法、转速估计运算、PID 调节器的在线实时运算等。

此外，随着变频器的进一步推广和应用，用户也在不断提出各种新的要求，促使变频器功能的多样化。

为使变频器能够适用于有特殊要求的负载，更好地发挥变频器的独特功能并尽可能地方便用户，出现了针对特殊负载的专用变频器，专用变频器是相对通用变频器而言的。例如，用于电梯的变频器，不仅要求变频器可以在四象限运行，而且要求频率的上升和下降速率呈 S 形，以使电梯可以平稳地加速和减速，富士公司的 FRENIC Lift 系列变频器就是电梯专用变频器的一种。针对提升机、恒压供水系统、纺织机、机车牵引等均有专用变频器系列可供用户选择。

3．环保化

随着人们对环境问题的关注，如何减小变频器对外界环境的影响已成为其未来发展中不容忽视的问题。开发出清洁电能的变频器，尽可能降低网侧和负载的谐波分量，以减小对电网的公害和电动机转矩的脉动，推出真正的无公害变频器已经成为大势所趋。

减小网侧谐波、提高功率因数、节能降噪、缩小体积等是变频器环保化的主要内容。当代变频器的环保化主要体现在改变电路拓扑结构、采用矩阵控制技术、改善 PWM 控制性能、采用强制水冷等方面。此外，变频器新增的节能控制运行、工频/变频切换等也是为适应环保化的要求而开发的功能。

1）拓扑结构的改进

在传统"交-直-交"变换、PWM 逆变的变频器基础上，拓扑结构的改进目前主要集中在整流侧的 12 脉冲整流、双 PWM 变频、逆变侧的三电平逆变技术等。

（1）12 脉冲整流是通过两组三相桥式 6 脉冲整流电路对相位互差 30°交流输入电源进行的整流（可以通过△/Y 变压得到），可以抵消整流电路（网侧）上的 5，7，17，19，…次谐波，降低整流谐波与直流纹波。在先进的变频器上已设计有用于 12 脉冲整流的电路，具备 12 脉冲整流功能，但中小功率的变频器仍以 6 脉冲整流为主。

（2）双 PWM 变频是指变频器的整流与逆变同时采用 PWM 控制的拓扑结构。双 PWM 变频不但解决了变频器能量的双向流动问题，可在不增加附加设备的情况下实现四象限运行与能量回馈制动，同时还可以通过对整流侧的高频正弦波 PWM 控制，改善输入电流的波形，使得变频器的功率因数接近于 1。

（3）三电平逆变原本是针对高压变流所设计的电路，现已推广到中小容量的通用变频器。三电平逆变的逆变电路的每个桥臂上使用两只串联的 IGBT 以代替传统的单 IGBT，然后利用二极管的电压钳位控制，使每个 IGBT 所承受的最大电压降低 1/2，从而实现了中低压器件对中高电压的控制。中小容量的通用变频器采用三电平逆变可在增加可靠性的同时缩小体积，改善输出电流波形，降低电动机侧的电磁干扰与谐波。当前，在先进的 400V/18kW 以上变频器已经采用了三电平逆变技术。

2）矩阵控制变频器

矩阵控制变频器（Matrix Converter）是一种借鉴了传统"交-交"变频方式并融合现代控制技术的新型变频器，它采用了与"交-直-交"PWM 控制变频器完全不同的结构形式，可直接将输入的 M 相交流转换为幅值与频率可变、相位可调的 N 相交流输出。目前，小容量的矩阵控制变频器产品已经问世，其研究与应用正在日益引起人们的关注。

矩阵控制变频器具有如下优点。

（1）能够实现能量双向流动，便于电动机实现四象限运行，输出电压幅值和频率宽度范围连续可调。

（2）能够实现单位输入功率因数，与负载阻抗特性无关，输入功率因数可任意调节。

（3）实现功率集成后能够改善变频器内部的电磁兼容性。

（4）结构简单，无储能元件，便于集成，能量密度大，传递能量效率高，是一种极有发展前途的电力环保产品。

由于矩阵式交-交变频器没有中间直流环节，从而省去了体积大、价格贵的电解电容。它能实现功率因数为 1，输入电流为正弦且能四象限运行，系统的功率密度大，并能实现轻量化，具有非常诱人的发展前景。几个主要的传动供应商包括罗克韦尔、西门子等公司都在研究该项技术。

矩阵控制变频利用现代控制技术解决了传统"交-交"变频存在的输出频率只能低于输入频率的问题，还可以直接实现从 M 相到 N 相的变换（M：N 变换），是一种有着广阔应用前景的新型结构，"矩阵变换"技术的变频器将会是下一代变频器的主流产品。

实现矩阵控制变频当前存在的主要问题不仅是所需功率器件数量众多，而且需要采用双向器件，变换控制的难度较大，电压的传输比较低，这些都将导致实现成本较高，无法在目前进行商业化应用。

3）低噪声控制技术

降低变频器的噪声是变频器环保化的重要内容之一。在变频器推广和应用初期，噪声问题曾经是一个比较大的问题，随着 IGBT 低噪声变频器的出现，噪声问题基本得到解决。

变频器产生的噪声包括电磁干扰与音频干扰（噪声）两大方面：前者包括空中传播的无线干扰、高频谐波产生的磁干扰、分布电容产生的静电干扰、电路传播的接地干扰等；后者是影响人类健康的噪声。

传统降低电磁干扰的方法主要有网侧进线与电动机电枢线安装滤波器、采用屏蔽电缆、进行符合要求的接地系统等。为了方便用户使用，并保证产品能够满足 EMC 规范，当代变频器已将 EMC 滤波器、零相电抗器等外置器件直接集成于变频器内部，使得变频器的电磁噪声可限制在 EN61800-3 第 2 类环境的 QP 限值以内。

变频器的 PWM 控制会产生噪声，研究表明，人耳对 3～4 kHz 的噪声最敏感，但对 500 Hz 以下或 8 kHz 以上的噪声反应迟钝，利用这一特点，当代变频器一般可以采用柔性 PWM 控制技术（Soft-PWM），通过变频器的 PWM 频率自动调整功能来回避敏感区。采用柔性 PWM 控制技术不仅可以降低噪声，而且还具有限制射频干扰、减小功率损耗、保护功率器件的作用。例如，当变频器在满负载工作时，如果 PWM 频率设定过高，变频器的逆变功率器件损耗将增加，从而导致发热损坏；当采用柔性 PWM 控制技术后，变频器可以根据负载情况（通常在大于 85%M_e 时）自动降低 PWM 频率以保护功率器件。

4. 网络化

信息技术发展到了今天，网络控制已成为所有自动化控制的基本功能之一。与普通的点对点硬线连接方式相比较，通过网络总线连接，将变频器作为网络从站纳入现场总线网，再由主站（如计算机、PLC、CNC 等）进行集中、统一控制的变频器系统可以最大限度地降低系统的维护时间，提高生产效率，减少运行成本，不仅有利于制造业的信息化与自动化，而且可以节省现场配线，简化系统结构。

变频器在采用数字化控制技术后已经具备网络控制的前提条件，然而由于通用变频器使用简单、控制容易、价格低廉等多方面的原因，直到 21 世纪人们才开始重视网络控制技术，其起步明显晚于 PLC、CNC 等。21 世纪初期的变频器网络功能只局限于"点到点"的数据通信与借助专用软件的监控、调试等简单功能，网络连接需要通过专门的选件模块实现。

当代变频器大幅度提升了网络控制功能，变频器不仅具有标准的 RS-485 接口，且开始配备 USB 接口与支持 PROFIBUS-DP、CC-Link、EtherNET、Device-Net、CANOpen 和 ModbusPlus 等开放式现场总线的通信协议，用于远程故障诊断与维修的 Teleservice 技术也已经开始在变频器上应用，变频器的调试、监控与管理更加容易，可靠性更高。

变频器经常被用于系统复杂、工作环境恶劣、高负荷、长时间运行的工况中，如无人值守泵站、油田抽油机等，变频器的故障率在这种环境中自然比较高，一般都采取事后维修的方式进行。随着电子技术的发展，传统的维修方式将变为故障预报和整机在线维修，因此有必要对其实现在线工作状态的监测及对常规故障机理进行综合分析研究，以便对其故障进行事先诊断分析。目前大功率变频器在故障诊断、远程监控系统及智能控制方面取得了较大的进展，并已经投入实际运行。

用户可以更自由地根据生产过程来选择 PLC 的型号和品牌，并非常简单地将它集成到现有的网络中去，而且通过现场总线模块可以无须考虑变频器型号，而用同一种语言来与不同功率段、不同型号的变频器进行组态，如功率、速度、转矩、电源、设定值等。

由于采用了通信方式，可以通过 PLC 方便地进行组态和系统维护，包括上传、下载、复制、监控、参数读/写等。

工业控制网络是工业企业综合自动化系统的基础。当代变频器具有极其灵活的通信功能，通过总线不仅可在变频器之间进行通信，还可与 PLC 或上一级自动化系统进行通信，如西门子 SIMOVERT MASTERDRIVES 安装通信模块后即可通过 PROFIBUS-DP 以 12 Mb/s 的速率，或 CAN 总线与更高级别的系统或与其他变频传动装置进行通信。通过一个高水平的、用户友好的界面，变频器的所有参数都可形象化地显示、设定、处理，也可进行诊断操作，以及实现在线或离线操作等。

总之，变频器自 20 世纪 70 年代诞生以来，经过几十年的努力，其技术已经日益进步，应用领域不断扩大，发展前景广阔。

1.4　变频器的应用领域

变频技术是一门综合性的技术，它是建立在控制技术、电力电子技术、微电子技术和计算机技术的基础上，并随着这些基础技术的发展而不断发展的。交流变频调速以其优异的调速和启动、制动性能，高效率、高功率因数和节电效果，被国内外公认为最有发展前途的调速方式，成为当今节电、改善工艺流程及提高产品质量和改善环境、推动技术进步的有效手段。由于变频器具有颇多优点，因而在社会生产的各个领域中得到了广泛应用，主要体现在以下方面。

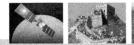

1. 变频器在节能方面的应用

利用变频器实现电动机的调速节能运行，是变频器最典型的一个应用，其中尤以风机和泵类机械的节能效果最佳。这是由于风机、泵类负载的耗电功率基本与转速的三次方成比例，实际流量与转速成比例，因此对这类负载采用变频调速后节电效果非常好。当用户需要的平均流量较小时，可通过变频调速使风机、泵类的转速降低，节能效率可达 20%～60%。据统计，风机、泵类电动机的用电量约占全国用电总量的 31%，占工业用电总量的 50%，因此在此类负载上使用变频调速装置具有非常重要的现实意义。

近几十年来，以节能为目的的变频器应用发展非常迅速。据有关方面统计，我国已经进行变频调速改造的风机、泵类负载容量约占总容量的 5%以上，年节约电力约 4×10^{10} kW·h。由于风机、水泵、压缩机在采用变频调速后可以节省大量电能，设备所需投资在短期内就可收回，因此在这一领域中变频调速应用最多。

目前应用较多的还有恒压供水、各类风机、中央空调和液压泵的变频调速。其中，变频恒压供水控制系统由于其使用效果好，已经成为变频器成功运用的典型案例，广泛应用于城乡的生活用水、消防、喷灌等。另外，一些家用电器，如冰箱、空调采用变频调速，也取得了很好的节能效果。

2. 变频器在提高生产率和产品质量方面的应用

提高生产率是推广应用变频器传动的另一个重要目的。变频器的使用能够大大提高生产设备的工艺水平、加工精度和工作效率，从而提高产品质量。

使用变频器可以保证加工工艺中的最佳转速。针对一个具体的加工机械，它的加工工艺过程往往具有一种或几种固定的工作模式，使用变频器可以方便地设定这些工作模式。例如，工业洗衣机具有洗涤和甩干多种不同的转速，恰当地选择电动机在不同工艺过程中的转速，可以起到缩短运行时间、稳定产品质量的效果。再如，车床等加工机械，无论是工件旋转式还是刀具旋转式，控制好工件和刀具的相对速度对工件的质量都将起到关键的作用。

使用变频器可以保证高精度的转矩控制。造纸、塑料薄膜等生产加工设备对速度精度、转矩精度、动态响应等都有较高的要求。高性能矢量变频器的出现可以完全满足设备的要求，保证产品质量。

使用变频器可以保证平滑的加、减速。例如，瓶装饮料生产线、啤酒瓶传送生产线中传送带启动、停止过程中，应根据所载工件的不同，采用不同的加/减速模式，以保证被传送的工件不致出现倾斜或倒塌的现象。使用变频器可以方便地设定线性、S 形、半 S 形等不同的加/减速模式，以满足安全生产的要求。

另外，使用变频器可以根据负载特性的不同，选用不同的制动方式，实现高精度的准确停车。

3. 变频器在实现生产过程自动化中的应用

由于变频器内置有 32 位或 16 位的微处理器，可以进行多种算术逻辑运算和智能控制，并且输出频率精度高达 0.1%～0.01%，设置有完善的检测、保护环节，在自动化系统中获得广泛应用。例如，化纤工业中的卷绕、拉伸、计量、导丝；玻璃工业中的平板玻璃退火炉、玻璃窑搅拌、拉边机、制瓶机；电弧炉自动加料、配料系统，以及电梯的智能控制等。

1.5　我国变频器的市场状况

变频器主要用于交流电动机（异步电动机或同步电动机）转速的调节，是公认的交流电动机最理想、最有前途的调速方案，除了具有卓越的调速性能外，变频器还有显著的节能效果，是企业技术改造和产品更新换代的理想调速装置。

近年来，国外变频器市场的增长速度每年都在 10%以上，随着我国改革开放的深入、科技和社会的发展，国外的变频器大量涌入国内市场。作为节能应用与速度工艺控制中越来越重要的自动化设备，变频器也越来越广泛地应用于电力、纺织与化纤、建材、石油、化工、冶金、市政、造纸、食品饮料、烟草等行业，以及公共工程（中央空调、供水、水处理、电梯等）等工业生产和日常生活的诸多领域，并已取得了极佳的经济节能效益。

我国变频器的市场化始于 20 世纪 80 年代后期，第一家进入我国市场的变频器当属日本三垦变频器，紧接着，日本富士变频器也进入我国（富士 5 型）。到现在，除了这两家变频器外，还涌现出三菱、东芝、安川、日立、春日、松下、东洋、AB、罗宾康、通用、KB、西门子、ABB、丹佛斯、阿尔斯通、施耐德、三星、LG、台安、普传、森兰、安圣（华为）、格立特、HIC（华能）等 80 多个国内外品牌，其中富士（无锡）、ABB（北京）、西门子（天津）、三垦（江阴）四家生产企业已经在我国建立了合资工厂。

近几十年来，变频器在技术上的进展更显著。20 世纪 80 年代的变频器，有的技术上还不很完善，如缺少避开频率点功能和瞬时停电自动再起步功能等。目前的变频器功能非常强，除具有转矩提升、转差补偿、转矩限定、直流制动、多段速度设定、S 形运行、频率跳跃、瞬时停电自动再启动、重试等功能外，还可实现高启动转矩的转矩矢量控制功能、低干扰控制方式（低干扰型控制电源、矢量分段 PWM 控制、软开关）、通信功能、RS-485 接口等，并可选用各种总线。总体看来，不同品牌的变频器功能基本相同，但又各有千秋：日本变频器年代早、产量大、可靠性高、设计细化，如富士 7.5 kW 以下变频器内置制动单元和制动电阻，三垦 CPS 系列备有恒压供水基板（IWS）；欧洲变频器不但有通信功能，且有通信协议，如西门子变频器容量范围大、电压等级多、功能强；丹佛斯变频器具有较强的滤谐波功能等。此外，变频器的核心逆变器件也由 GTR 转为 IGBT。近几十年，变频技术在不断完善，而变频器的价格却在不断降低，以富士变频器为例：一台水泵用的280 kW 变频器，10 年前需 28 万～30 万元，而现在只需 11 万～13 万元。1990—2000 年，日本富士变频器在我国的市场价分别下降了 43%～48%（30～280 kW）、30%（5.5～22 kW）、10%（0.4～3.7 kW）左右。通用型变频器在 1990 年每千瓦需 1 050～1 450 元，到2000 年只需 480～1 050 元，2002 年又有大幅度下降。变频器价格的降低为变频器的广泛应用提供了可能，尤其是对依靠节电还款的单位，投资回收期大为缩短。

我国拥有庞大的产业群，并保持着持续稳定的发展；与国际接轨，众多的企业需要提升国际竞争力；人们生活质量不断提高等，这些都是变频器市场的增长驱动力和更广泛应用的基础。

工控网发布的 2004 年我国变频器市场研究报告显示，我国的变频器市场在过去几年内保持着 12%～20%的高速增长，在 2003 年，由于工业行业及建筑业的迅猛发展，以及各行业的大量投资，当年同比增长达到近 40%，市场规模超过 55 亿元。进入 2004 年，因 2003

年的市场基数突然增大，加上国家增强了对冶金、建材等行业的宏观控制，变频器的市场增长率大幅回落。但由于我国经济的整体快速发展和加入 WTO，市场对产品的要求将逐步提高，提升生产设备的水平势在必行，用于生产工艺控制的变频器将越来越多地被采用，另外，我国电力供需严重失衡，高峰季节的拉闸限电现象普遍，节能呼声空前。因此，在未来一段时期内，我国变频器市场仍将保持 10%左右的快速增长，可以说，我国的变频器市场具有广阔的发展空间。

由于人们对变频器认识的深化，其应用领域不断拓宽，特别是人们节能意识的增加，使得变频器市场不断扩大。另外，随着变频器可靠性的提高及价格的降低，其逐步被用户所接受，市场增加的速度越来越快，现已有相当规模。目前，国内变频器市场 70%以上的市场份额仍由美国、日本、欧洲厂商的产品所占领，如日本的三菱、富士、东芝、安川、日立和松下等，欧洲的西门子、ABB、施耐德等，国产变频器只占很小的市场份额。

近两年来情况有所变化，国产变频器的销量增长较快，已有几个年销售额上亿元的企业。由于制造技术不及发达国家，变频器整机技术相对较落后，国产变频器的档次相对较低，主要是低压小容量产品。造成这种局面的主要原因如下：

（1）资金不足，市场份额小，没有先进的设备，只能进行手工作坊式生产，产品质量难以保证，无法与国外自动化流水线生产的产品竞争，研发资金投入不足，设计水平不高；

（2）产品批量小，元器件采购只能通过代理商小批量进货，价格高，质量无法保证；

（3）国内电子和电气生产配套水平低，影响成本与质量；

（4）企业的管理及质量保证体系不完善。

近年来随着国内变频器应用市场的扩大，刺激了国产变频器研发生产的积极性；国内有一批企业在生产其他产品的过程中有了较多经验，有资金，肯投入，有现代企业管理体系和质量保证体系，有自己的进出口和营销渠道，以及先进的工装设备；经过多年的摸索和发展，拥有了一支有力量的变频器研发队伍；随着电子和电气行业的发展，国内专业化配套企业已有了相当的规模，协作加工方便，质量也不错；元器件质量得到提高，改善了生产质量。鉴于上述原因，国产变频器的产量、质量和市场占有率都有了很大提高。目前，国内品牌中比较活跃的有成都希望公司的森兰、深圳康沃、深圳安邦心、浙江海利、山东风光、北京利德华福、北京先行、北京东方凯奇、北京天宠、北京时代等。

除了工业相关行业外，在普通家庭中，节约电费、提高家电性能、保护环境等受到越来越多的关注，变频家电成为变频器的另一个广阔市场和应用趋势。带有变频控制的冰箱、洗衣机、家用空调等，在节能、减小电压冲击、降低噪声、提高控制精度等方面有很大优势。我国是世界上最主要的家电供应国，但家电采用变频器的比例还很低，而在日本，90%以上的家电都是变频控制，因此，变频家电具有非常好的发展潜力。

知识梳理与总结

电力电子器件是变频器发展的硬件基础，计算机技术、微电子技术和自动控制理论是变频器发展的重要支柱。这些新技术和自动控制理论使得变频器的体积越来越小，容量越来越大，功能越来越强。

通用变频器与交流主轴驱动器、交流伺服驱动器等专用控制器相比有多种控制方式兼容、开环/闭环通用，以及适应性强的明显特点。

变频器的发展趋势为结构的小型化、高性能化和多功能化、环保化、网络化等。

变频器在节约能源、提高生产效率、提高产品质量、实现生产过程自动化等方面均有很好的效果，已被公认为是目前最理想、最有发展前途的调速方式之一。

习题 1

1. 简述当代变频器的主要技术特点。
2. 简述当代变频器的发展趋势与方向。
3. 简述变频器的应用领域。

第2章 变频器的基本功能及工作原理

学习目标

1. 了解交流电动机调速方法的优缺点；
2. 掌握变频器的分类；
3. 掌握交-直-交变频器的基本构成及工作原理；
4. 掌握 U/f 控制方式的工作原理；
5. 掌握变频器的基本功能。

技能目标

1. 能够对变频器的种类进行辨别；
2. 能够分析不同厂家变频器主电路的工作过程。

2.1　变频器的控制目标与工作原理

变频器是利用电力电子器件把工频电源变换成各种频率的交流电源以实现电动机变速运行的设备，是运动控制系统中的功率变换器。

下面以变频器的概念为主线，从组成元件、控制目标、工作原理及实质等几个方面对变频器进行简单介绍。

2.1.1　变频器的组成元件

由变频器的概念可知，变频器是由电力电子器件组成的。所谓电力电子器件，就是指那些应用于电力领域的电子器件，具体地说，就是对电能进行变换和控制的半导体器件。

1. 电力变换和控制

通常所用的电力有交流和直流两种，从公用电网直接得到的电力是交流的，从蓄电池和干电池上得到的电力是直流的。许多情况下，从这些电源得到的电力往往不能直接满足用户要求，需要进行某种形式的变换和控制。电力变换通常分为 4 大类，见表 2-1。

表 2-1　电力变换的种类

输入＼输出	交　流	直　流
直流	逆变	直流斩波
交流	交流电力控制变频、变相	整流

各种形式的电力变换都可以看成弱电对强电的一种控制，是弱电和强电之间的接口。控制理论是连接这种接口的强有力纽带，电力电子器件是实现这种变换的基础元件和重要支撑。

2. 电力电子器件

变频器主电路的整流电路和逆变电路中都要用到电力电子器件。电力电子器件是变频器的基础及核心，其性能的好坏会对变频器的内在品质起到重要作用。目前，用于变频器的电力电子器件主要有晶闸管、门极可关断晶闸管、电力晶体管、电力场效应管、绝缘栅双极晶体管和智能功率模块等。

1）晶闸管

晶闸管（Silicon Controlled Rectifier，SCR）是晶体闸流管的简称，又称可控硅整流器，是一种能够控制其导通而不能控制其关断（半控型）的电力半导体器件。其电气图形符号和阳极伏安特性如图 2-1 所示。

晶闸管导通的条件一是阳极要承受正向电压，二是对处于阻断状态的晶闸管，门极也要施加正向触发电压，两个条件必须同时具备。门极所加正向触发脉冲的最小宽度应能使阳极电流达到维持通态所需要的最小阳极电流，即擎住电流 I_L 以上。导通后的晶闸管管压降很小。晶闸管在导通情况下，只要一定的正向阳极电压存在，不论门极电压如何，晶闸管都会保持导通，即晶闸管导通后门极将失去作用。

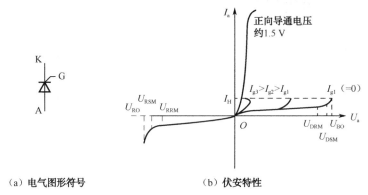

（a）电气图形符号　　　　　　　　（b）伏安特性

图 2-1　晶闸管的电气图形符号和阳极伏安特性

　　将导通的晶闸管关断的条件是使流过晶闸管的电流减小至一个小的数值，即维持电流 I_H 以下。对晶闸管来说，为使其进入关断状态，只有从外部切断电流，或者在阳极和阴极之间加上反向电压（强迫换流电路）。强迫换流电路的增加使得晶闸管变频器的电路结构变得比较复杂，并提高了变频器的成本。但是，从生产工艺和制造技术角度来说，大容量（高电压、大电流）的晶闸管器件更容易制造，而且和其他电力半导体器件相比，晶闸管具有更好的耐过电流特性，所以在 1000kVA 以上的大容量变频器中，晶闸管仍然得到广泛应用。

　　2）门极可关断晶闸管

　　门极可关断晶闸管（Gate Turn Off Thyristor，GTO）是晶闸管的一种派生器件。它可以通过在门极施加负脉冲电流使其关断，因而属于全控型器件。与普通晶闸管相比，使用 GTO 的装置主电路元件少，结构简单，不需要强迫换流装置；采用脉冲换流，易于实现脉宽调制控制，具有体积小，成本低，损耗小，噪声小，应用范围广等优点，因此在大容量变频器中 GTO 正在逐渐取代 SCR。

　　3）电力晶体管

　　电力晶体管（Giant Transistor，GTR）又叫功率晶体管，是一种高反压晶体管，它既保留有晶体管的饱和压降低、开关时间短和安全工作区宽等固有特性，又增大了功率容量。因此，由它所组成的电路灵活、成熟、开关损耗小、开关时间短，在中小容量的 PWM 变频器中得到广泛应用。GTR 的缺点是驱动电流较大、耐浪涌电流能力差、易受二次击穿而损坏。在开关电源和 UPS 内，GTR 正逐步被功率 MOSFET 和 IGBT 所代替。

　　4）电力场效应管

　　电力场效应管也叫功率场效应管（P-MOSFET），是一种单极型的电压控制元件。它既具有传统 MOSFET 的特点，又兼具电力晶体管的特点，具有通态电阻大，损耗小，开关速度快，驱动电流小，安全工作区域（SOA）宽，耐过电流和抗干扰能力强，无二次击穿现象等特点，近年来很受重视，广泛应用于小容量变频器中。

　　5）绝缘栅双极晶体管

　　绝缘栅双极晶体管（Isolated Gate Bipolar Transistor，IGBT）是目前广泛应用于中小容

量变频器的一种半导体开关器件，集 P-MOSFET 和 GTR 的优点于一身，具有输入阻抗高、开关速度快、驱动电路简单、通态电压低、耐压高等特点，在各种电力变换中获得极广泛的应用。另外，采用了 IGBT 的 PWM 变频器载频可以达到 10～15kHz，可以降低电动机运行的噪声，所以 IGBT 还广泛应用于低噪声变频器中。IGBT 的结构、简化等效电路及电气图形符号如图 2-2 所示。

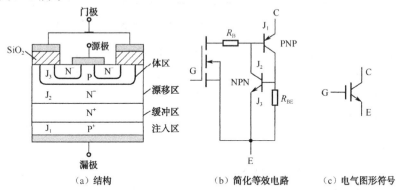

（a）结构　　　　　　（b）简化等效电路　　　（c）电气图形符号

图 2-2　IGBT 的结构、简化等效电路及电气图形符号

目前变频器主要生产厂家推出的中小容量新产品变频器中大都采用 IGBT 作为换流器件，不难看出，IGBT 大有取代电力晶体管和功率 MOSFET 的趋势。

6）智能功率模块 IPM

智能功率模块（Intelligent Power Module，IPM）是一种将功率开关器件及其驱动电路、保护电路等集成在同一封装内的先进的专用功能模块。目前的 IPM 较多采用 IGBT 为基本功率开关器件，通过光耦合接收信号后对 IGBT 进行驱动，并同时具有过电流保护、过热保护，以及驱动电压欠压保护等各种保护功能，在中小容量变频器中广泛应用。

由于 IPM 内部集成了逻辑、控制、检测和保护电路，不仅使用起来方便，减小了系统的体积及缩短了开发时间，也大大增强了系统的可靠性，更适应了当今功率器件的发展方向——模块化、复合化和功率集成电路（PIC），在电力电子领域得到越来越广泛的应用。

2.1.2　变频器的控制目标

由变频器的概念可知，变频器是实现电动机变速运行的设备，也就是说，变频器的控制对象是电动机，目标是实现电动机的变速运行。

1. 电动机的分类

电动机的种类很多，分类方法也很多。按运动方式来分，静止的有变压器，运动的有直线电动机和旋转电动机；直线和旋转电动机继续按电源性质来分，又有直流电动机和交流电动机两种；而交流电动机按运行速度与电源频率的关系又可分为异步电动机和同步电动机两大类。上述分类结果可以归纳如下。

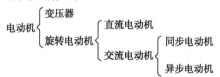

这种分类方法从理论体系上讲是合理的，也是大部分《电机学》教材编写的基本构架。但从习惯角度讲，人们普遍接受另一种按功能分类的方法，具体如下。

电机
- 发电机：由原动机拖动，将机械能转换为电能。
- 电动机：将电能转换为机械能，驱动电力机械。
- 变压器、变流机、变频机、移相器：分别用于改变电压、电流、频率和相位。
- 控制电动机：进行信号的传递和转换，控制系统中的执行、检测或解算元件。

需要注意的是，发电机和电动机只是电机的两种运行形式，其本身是可逆的。也就是说，同一台电机，既可作为发电机运行，也可作为电动机运行，只是从设计要求和综合性能的角度考虑，其经济性和技术性未必兼得罢了。

2. 交流电动机的调速方式

1）异步电动机的基本工作原理

一台三相异步电动机，当在它的定子绕组上加上三相交流电压时，该电压将产生一个旋转磁场，旋转磁场的转速由加在定子绕组上的这个三相交流电压的频率决定。当磁场旋转时，位于该旋转磁场中的转子绕组将切割磁力线运动，并在转子绕组中产生相应的感应电动势和感应电流，而此感应电流又将受到旋转磁场的作用后产生电磁力，即转矩，使转子跟随旋转磁场旋转。这就是异步电动机的基本工作原理。

当将三相异步电动机定子绕组的任意两相进行交换时，旋转磁场的方向即会发生改变，因此电动机的转向也将发生改变。

异步电动机定子磁场的转速被称为异步电动机的同步转速，而异步电动机的转速总是小于其同步转速，这是因为如果转子的转速达到电动机的同步转速，那么其转子绕组将不再切割定子旋转磁场，因此转子绕组中将不会产生感应电流，也不会产生转矩。异步电动机也正是因此而得名的。

2）异步电动机的转速公式

三相交流异步电动机的转速公式为

$$n_1 = n_0(1-s) = \frac{60f_1}{p}(1-s) \tag{2-1}$$

式中　n_1——电动机转速（r/min）；

　　　n_0——电动机的同步转速（r/min）；

　　　f_1——定子交流电源的频率（Hz）；

　　　p——电动机磁极对数；

　　　s——转差率。

由转速公式可知，电动机的转速与电源频率 f_1、电动机的磁极对数 p 和转差率 s 有关，只要改变 f_1、s 和 p 中的任意一个参数，就可以改变电动机的运转速度，即可达到对异步电动机进行调速控制的目的。

3）交流异步电动机的调速方式

由式（2-1）可知，只要改变 f_1、s 和 p 中的任意一个参数，就可以调节异步电动机的运转速度。

（1）变磁极对数调速

改变磁极对数的调速方式叫变极调速，适用于变极电动机。变极电动机在制造时安装有多套绕组，运行时可通过外部的开关设备控制绕组的连接方式来改变极数，从而改变电动机的转速。其优点是：在每一个转速等级下，具有较硬的机械特性，稳定性好。其缺点是：转速只能在几个速度级上改变，调速平滑性差；在某些接线方式下最大转矩减小，只适用于恒功率调速；电动机体积大，制造成本高。

图 2-3 和图 2-4 是两种典型的变极绕组连接方法，磁极对数分别由 $2p$ 变为 p，电动机的转速由 n 变为 $2n$。

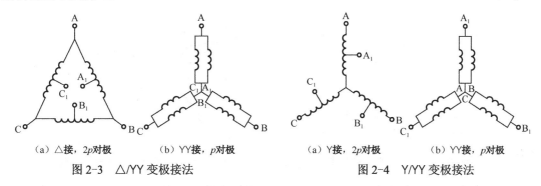

（a）△接，$2p$对极　（b）YY接，p对极　　（a）Y接，$2p$对极　（b）YY接，p对极

图 2-3 △/YY 变极接法　　　　图 2-4 Y/YY 变极接法

变极调速的控制电路如图 2-5 所示，其机械特性图曲线如图 2-6 所示。

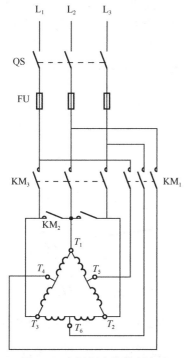

图 2-5 变极调速的控制电路

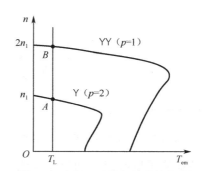

图 2-6 变极调速的机械特性曲线

（2）变转差率调速

① 转子回路串电阻调速。转子回路串电阻调速适用于绕线式异步电动机，通过在电动机转子回路中串入不同阻值的电阻，从而改变电动机的转差率，达到调速的目的。其特点

17

是：设备简单、易于实现；只能有级调速，平滑性差；低速时机械特性软；转子铜损高，运行效率低。

图 2-7 为其机械特性曲线。

② 定子调压调速。定子调压调速适用于专门设计的转子电阻较大的高转差率异步电动机。当负载转矩一定时，随着电动机定子电压的改变，主磁通发生变化，进而转子的感应电动势及转子电流发生变化，转子受到的电磁力和转差率改变，从而达到调速的目的。降压调速的特点是：机械特性软；调速范围窄；适用范围窄。图 2-8 为定子调压调速的机械特性曲线。

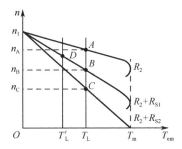

图 2-7 转子回路串电阻调速的机械特性曲线

图 2-8 定子调压调速的机械特性曲线

③ 串级调速。串级调速方式适用于绕线式异步电动机，是转子回路串电阻方式的改进。它通过在转子回路中串入一个可变的电动势，从而改变转子回路的回路电流，进而改变电动机转速。相比于其他调速方式，串极调速的主要特点是：可以通过某种控制方式，使转子回路的能量回馈到电网，从而提高效率；在适当的控制方式下，可以实现低同步或高同步的连续调速；控制系统相对复杂。图 2-9 为串极调速的机械特性曲线。

（3）变频调速

由式（2-1）可知，电动机的转速与输入电源的频率成正比，只要改变供电电源的频率，电动机的转速也会随之改变，从而达到调速的目的，这种调速方式称为变频调速。

变频调速的机械特性曲线如图 2-10 所示。

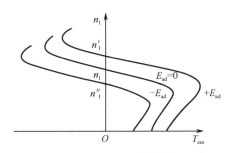

图 2-9 串极调速的机械特性曲线

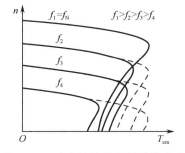

图 2-10 变频调速的机械特性曲线

由特性曲线可以看出，如果连续改变电动机的电源频率，则可以连续改变其同步转速，电动机的转速就可以在一个较宽的范围内连续改变，调速平滑性好；变频调速的任何一个速度段的硬度接近自然机械特性，调速特性好。另外，由于这种方式是通过改变电动机的定子电源实现的，所以变频调速可以适用于笼型电动机，因而应用范围广。

比较上述 5 种调速方式可以看出，变频调速在调速性能、运行经济性、调速平滑性，以及机械特性等几个方面都具有明显优势。如果能够有一个可以任意改变频率的交流电源，就可以通过改变该电源的频率来实现对异步电动机的调速控制。但在大功率电子器件及单片机广泛应用之前，这一实现需要极高的成本。目前，随着电力电子器件及单片机的大规模应用，交流异步电动机的变频调速已成为交流调速的首选方案。

3. 异步电动机的机械特性

图 2-11 给出了给定电压下异步电动机的机械特性（转速/转矩-电流特性）曲线。理解该特性曲线对理解和掌握异步电动机的调速控制非常重要，所以下面对该图中的一些术语进行简单说明。

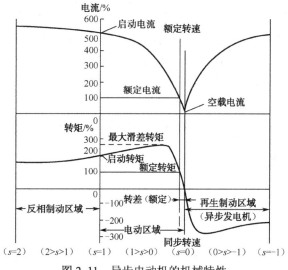

图 2-11　异步电动机的机械特性

（1）启动转矩。给处于停止状态的异步电动机加上电压时电动机产生的转矩称为启动转矩。通常启动转矩为额定转矩的 125%以上。

（2）停动转矩。电动机开始转动后，随着转速的增加，电动机产生的转矩也不断增加，直至达到最大值，而这个转矩的最大值则被称为停动转矩。

（3）启动电流。给处于停止状态的异步电动机加上电压时电动机（转子）中产生的电流称为启动电流。通常该电流为额定电流的 5～6 倍。

（4）空载电流。电动机在空载状态时（不需要驱动负载时）的电流称为空载电流。此时电动机的转速基本上等于同步转速。

（5）电动区域。电动机产生转矩，使负载机械转动的区域称为电动区域。

（6）再生制动区域。由于负载的原因，使电动机以同步转速以上的速度旋转的区域称为再生制动区域。此时，负载机械的（旋转）能量被转换为电能，并被馈还给电源，即异步电动机将作为异步发电机运行。

（7）反相制动区域。对于三相交流异步电动机来说，将三相电源中的两相互换，即可以改变旋转磁场的方向，从而达到改变电动机转向的目的。而对于处于旋转状态的异步电动机来说，将三相电源中的两相互换后旋转磁场的方向将发生改变，并对电动机的转子产生制动作用。在这种情况下，负载进行旋转的机械能量将被转换为电能并被电动机的转子电阻所消耗。值得注意的是，在进行反相制动时，由于电动机在停止转动后将会继续朝相反方向（旋转磁场方向）转动，在使用过程中应采取必要措施，以免造成机械设备的损坏。

2.1.3 变频器的工作原理

由变频器的概念可知，变频器是把工频电源变换成各种频率交流电源的一种设备，即为电动机提供电力的特殊电源设备。变频器将一种功率形式的电源转换为另一种功率形式的电源，提供给电动机进行变速运转，也就是运动控制系统中的功率变换器。

工频指工业上用的交流电源的频率，单位为赫兹（Hz）。通常指的市电频率，中国电力工业的市电标准频率定为 50 赫兹，有些国家或地区（如美国等）则定为 60 赫兹。

在我国，工频电源就是频率为 50 Hz 的、没经过变频或调压的供电电源，常用的工频电源为 AC220 V 或者 AC380 V、频率为 50 Hz 的交流电。变频器就是将这样的交流电，根据用户要求，转换为所需要频率的交流电供给电动机运转。

常用的变频器进行电源变换的方式有交-直-交和交-交两种方式。交-直-交变换方式是先将交流电变为直流电，然后再将直流电逆变为所需的交流电，交-交变换方式是直接将工频电源变换为所需交流电的方法。具体的变换原理将在后面详细介绍。

2.2 变频器的分类

变频器种类很多，其分类方式也有多种。

1. 按变换方式分类

变频器按照变换方式主要分为两类：交-直-交变频器和交-交变频器。

1）交-直-交变频器

交-直-交变频器是先将频率恒定的交流电经过整流电路转换成直流电，再将直流电经过逆变电路转换为频率和电压均可调节的交流电，然后提供给负载（电动机）进行变速控制，如图 2-12 所示。这种类型的变频器由于在输入和输出交流电源转换过程中，增加了中间直流环节，因此又称为间接变频器。

图 2-12　交-直-交变频器的结构框图

由于把直流电逆变成交流电的环节较易控制，因此交-直-交变频器在频率调节范围及改善变频后电动机的特性等方面都有明显优势，是目前广泛采用的变频方式。

2）交-交变频器

交-交变频器是将工频交流电源直接变换成频率和电压均可连续调节的交流电源，提供给负载进行变速运行的设备。由于没有中间环节，因此又被称为直接变频器。

交-交变频器的主要特点是没有中间环节，因此变换效率较高，但交-交变频器所用元器件数量多，总设备较为庞大。另外，它连续可调的输出频率范围较窄，一般不超过电网频率的 1/3～1/2，所以交-交变频器的应用受到限制，一般适用于电力牵引等容量较大的低速拖动系统中，如轧钢机、球磨机、水泥回转窑等。

2. 按中间直流环节的滤波方式分类

根据交-直-交变频器中间直流环节滤波方式的不同，可将交-直-交变频器分为电压型变频器和电流型变频器。

1）电压型变频器

在交-直-交电压型变频器中，中间直流环节的滤波元件为电容器，如图 2-13 所示。由于采用大电容滤波，输出电压波形比较平直，将电容滤波后的电压送至逆变器可使加于负载两端的电压值基本保持恒定，不会受负载变动的影响，相当于理想情况下内阻为零的电压源，因此称其为电压型变频器。电压型变频器多用于不要求正反转或快速加减速的通用变频器中。

2）电流型变频器

在交-直-交电流型变频器中，中间直流环节的滤波元件为电感器，如图 2-14 所示。由于采用大电感滤波，使直流回路中的电流波形趋于平稳，电感滤波后加于逆变器的电流值稳定不变，输出电流基本不会受负载变动的影响，电源外特性类似电流源，因此称其为电流型变频器。

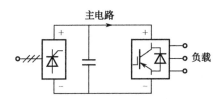

图 2-13 电压型交-直-交变频器结构框图 　图 2-14 电流型交-直-交变频器结构框图

对于电流型变频器而言，由于在交-直-交变频器的中间直流环节采用了大电感滤波，因此当电动机处于再生发电状态时，回馈到直流侧的再生电能可以方便地回馈到交流电网，不需要在主电路内附加任何设备。电流型变频器适用于频繁可逆运转或大容量的电动机传动中。

3. 按控制方式分类

为保证电动机的运行特性，对交流电源的电压和频率要有一定的要求。变频器作为控制电源，需满足对电动机特性的最优控制。从控制方式上看，变频器可以分为 U/f 控制、转差频率控制、矢量控制和直接转矩控制。

1）U/f 控制变频器

U/f（电压和频率比）控制的基本特点是对变频器输出的电压和频率同时进行控制，通过保持 U/f 恒定，使电动机获得所需的转矩特性，保持电动机磁通恒定。基频以下是恒转矩调速，基频以上是恒功率调速。由于 U/f 控制变频器的控制电路简单，成本低，通用性强，性价比高，因此多被精度要求不高的通用变频器所采用。

2）转差频率控制变频器

转差频率控制变频器又称 SF 控制变频器，它是通过控制异步电动机的转差频率实现对电动机的控制，并达到调速的目的。人们在对交流调速系统进行研究的过程中发现，如果能够像控制直流电动机那样，用直接控制电枢电流的方法控制转矩，则可以使异步电动机得到与直流电动机同样的静-动态特性。转差频率控制就是这样一种直接控制转矩的控制方式，它是在 U/f 控制的基础上，按照已知的异步电动机实际转速对应的电源频率，并根据希望得到的转矩来调节变频器的输出频率，以使电动机获得相应的输出转矩。

使用转差频率控制方式时，需要检测电动机的实际转速，所以需要在异步电动机轴上安装速度传感器。电动机的转速检测是由速度传感器和变频器控制电路中的运算电路共同完成的。控制电路还将通过适当的算法根据检测到的电动机速度产生转差频率和其他控制信号。此外，在采用了转差频率控制方式的变频器中，往往还加有电流负反馈对频率和电流进行控制，所以这种变频器具有良好的稳定性，并对急速的加、减速和负载变动有良好的响应特性。

3）矢量控制变频器

矢量控制变频器又称 VC 控制变频器，其基本思想是通过坐标变换等手段，将交流电动机的定子电流分解成磁场分量和转矩分量，对交流电动机的磁场和转矩分别加以控制。由于在这种控制方式中必须同时控制异步电动机定子电流的幅值和相位，即定子电流的矢量，因此这种控制方式被称为矢量控制变频器。

常用的矢量控制方式主要有带速度传感器的矢量控制方式和无速度传感器的矢量控制方式两种。这种矢量控制调速装置可以精确地设定和调节电动机的转矩，亦可实现对转矩的限幅控制，因而性能较高，受电动机参数变化的影响较小。当调速范围不大，在 1:10 的速度范围内时，常采用无速度传感器方式；当调速范围较大，即在极低的转速下也要求具有高动态性能和高转速精度时，需要采用带速度传感器方式。

矢量控制方式具有动态响应快、低频转矩大、控制灵活等特点，广泛应用于要求高速响应的工作机械、要求高精度的电力拖动和四象限运转。

4）直接转矩控制变频器

直接转矩控制（Direct Torque Control，DTC）是继矢量控制技术之后又一新型的高效变频调速技术。它与矢量控制的主要区别在于，它不是通过控制电流、磁链等间接控制转矩的，而是直接把转矩作为被控量进行控制。这种方法省去了复杂的矢量变换与电动机数学模型简化处理，控制思想新颖，控制结构简单，控制手段直接，信号处理的物理概念明确，可以实现快速的转矩响应并提高速度、转矩的控制精度，非常适合于重载、起重、电力牵引、大惯性电力拖动、电梯等大功率设备的电力拖动。

4. 按输入电源的相数分类

从输入电源的相数上看，变频器可以分为单相变频器和三相变频器。

1）单相变频器

单相变频器输入侧是单相交流电，输出侧为三相交流电。一般来说，单相变频器容量较小，家用电器里的变频器均属此类。

2）三相变频器

三相变频器的输入侧和输出侧均为三相交流电，绝大多数的变频器均属此类。

5. 按电压调制方式分类

根据交-直-交变频器电压调制方式的不同，变频器可分为脉幅调制（PAM）和脉宽调制（PWM）两种。

1）PAM 调制变频器

PAM（Pulse Amplitude Modulation）方式是一种改变电压源的电压 E_d 或电流源的电流 I_d 的幅值进行输出控制的方式（如图 2-15 所示），因此在逆变器部分只控制频率，整流器部分只控制电压或电流。

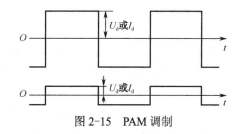

图 2-15　PAM 调制

2）PWM 调制变频器

PWM（Pulse Width Modulation）方式是指变频器输出电压的大小是通过改变输出脉冲的占空比来实现的，如图 2-16 所示。目前，应用最普遍的是占空比按正弦规律变化的正弦波脉宽调制方式，即 SPWM 方式。

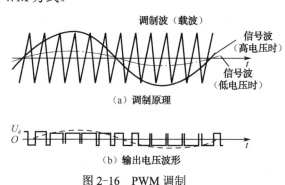

（a）调制原理

（b）输出电压波形

图 2-16　PWM 调制

6. 按用途分类

从变频器的应用对象角度考虑，变频器可以分为通用变频器和专用变频器。

1）通用变频器

通用变频器是指应用范围较广，大多数场合都可以使用的变频器，一般情况下，可以与标准电动机结合使用。市场上的变频器大多属于通用变频器。

过去，通用变频器基本上采用简单的 U/f 控制方式。但是，随着变频技术的发展，多数厂家已经在原变频器基础上增加了矢量控制方式，用户可以根据项目的需要，自行选择采用 U/f 控制或矢量控制方式。

2）专用变频器

专用变频器是在通用变频器的基础上，针对变频器拖动负载的特性，加入一些特有的功能和控制方式进行一系列专门的优化。专用变频器针对性强，适用于有特殊要求的场所。比如，针对超精密机械加工中常常用到的高速电动机设计的高频变频器，输出主频可达 3 kHz；针对电厂大功率电动机设计的高压变频器，最高功率可达 5 000 kW，电压等级为 3 kV、6 kV、10 kV。专用变频器的驱动对象通常是变频器厂家指定的专用电动机。

2.3　变频器的基本构成及工作原理

　　变频器的主要任务是将工频电源变换为另一种频率的交流电源，以满足交流电动机变频调速的需要。目前使用的变频器大多采用交-直-交型的基本结构，即先把工频电源通过整流器转换成直流电，然后再把直流电转换成频率、电压均可调节的交流电供给电动机。

　　交-直-交变频器的基本结构如图 2-17 所示，主要由主电路（包括整流电路、中间直流电路和逆变电路）和控制电路组成。

　　主电路是给异步电动机提供调压调频电源的电力变换部分，主要由整流电路、中间直流电路和逆变电路构成。整流电路主要是将工频电源变换为直流电源；中间直流电路用于吸收整流电路和逆变电路产生的脉动电压（电流）；逆变电路是将直流电源变换为所需的交流电源。控制电路是给主电路提供控制信号的回路。

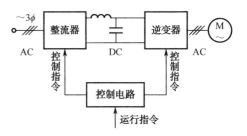

图 2-17　交-直-交变频器的基本结构

1．主电路

　　交-直-交-变频器的主电路如图 2-18 所示，由整流电路、中间直流电路及逆变电路组成。

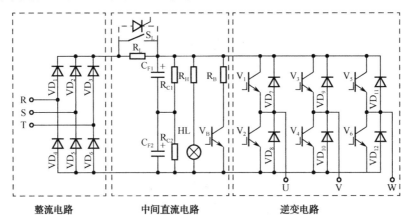

图 2-18　交-直-交变频器的主电路示意图

　　1）整流电路

　　整流电路的功能是将交流电转换为直流电。整流电路按照所使用器件的不同，又可分为不可控整流电路和可控整流电路。不可控整流电路使用的器件是电力二极管，可控整流电路使用的器件为晶闸管。

　　图 2-18 中所示的整流电路是由 6 个整流二极管 VD1～VD6 组成三相整流桥，用于将输入电源的三相交流电全波整流成直流电。

　　如果电源的线电压为 U_L，那么三相全波整流后平均直流电压 U_D 为

$$U_D=1.35U_L$$

我国三相电源的线电压为 380 V，因此全波整流后的平均直流电压为

$$U_D=1.35×380 \text{ V}=513 \text{ V}$$

2）中间直流电路

变频器的中间直流电路主要包括滤波电路和制动电路，位于整流电路和逆变电路之间。

（1）滤波电路。滤波电路的功能是对整流电路输出的脉动电压或电流进行滤波，为逆变电路提供波动小的直流电压或电流，常用的滤波方式有电容滤波和电压滤波。

图 2-18 所示为电容滤波。电路中的 C_F 为滤波电容器，在电路中主要承担两个任务：一是对全波整流后的直流电压进行滤波；二是当负载变化时，使电路中的直流电压保持平稳。变频器滤波电路中采用的电容器要求容量大、耐压高，由于受到电解电容的电容量和耐压能力的限制，如果单个电容无法满足要求，则通常由若干个电容器进行串联或并联使用，如图 2-18 所示为两个电容 C_{F1} 和 C_{F2} 串联的方式。采用两个电容串联的方式，电容器两端必须并联均压电阻，以便使两个电容两端的电压保持相等。

当变频器合上电源的瞬间，滤波电容器 C_F 中将流过较大的充电电流（亦称浪涌电流）。过大的冲击电流可能会损坏三相整流桥中的电力二极管，因此必须采取相应的措施。图中，电阻 R_L 为限流电阻，和开关 S_L 一起用于抑制浪涌电流。在变频器刚接通电源后的一段时间里，将限流电阻 R_L 串入电路内，将电容器 C_F 的充电电流限制在允许范围内，以减小冲击电流。当电容器 C_F 充电到一定程度时，令 S_L 接通，将 R_L 短路，避免 R_L 的存在影响后续电路。目前，在许多新型变频器中，开关 S_L 常由晶闸管代替。

图 2-18 中，HL 为电源指示灯，除了用于指示工作电源是否接通以外，还用于指示变频器切断电源后滤波电容器 C_F 上的电荷是否已经释放完毕。由于 C_F 的容量较大，而切断电源又必须在逆变电路停止工作的状态下进行，所以 C_F 没有快速放电的回路，其放电时间往往长达数分钟。又由于 C_F 上的电压较高，如不放电完毕，对人身安全将构成威胁，因此在维修变频器时，必须等 HL 指示灯完全熄灭后才能接触变频器内部的导电部分。

（2）制动电路。制动电路的功能是消耗掉电动机减速或刹车过程中产生的再生电能。

变频器主要用来对电动机进行调速，电动机在减速或刹车过程中，逆变器输出电流的频率下降，但由于惯性的原因，电动机转子转速短时仍会高速运转，产生旋转磁场，使电动机处于再生制动状态，产生再生电能，这部分能量将通过逆变电路回馈到中间直流电路中，对滤波电容进行反充电，使直流母线两端的电压 U_D 不断上升，甚至可能达到危险的地步。因此，必须将再生到直流电路的能量消耗掉，使 U_D 保持在允许范围内。图 2-18 中的制动单元由电力晶体管（GTR）或绝缘栅双极型晶体管（IGBT）V_B 及制动电阻 R_B 构成，当 U_D 不断上升，超过设定值时，控制电路将自动给 V_B 的基极施加信号，使之导通，从而电容 C_F 通过 R_B 和 V_B 放电，使电压 U_D 下降，进而通过制动电阻 R_B 消耗掉存储于直流母线上的再生电能。

3）逆变电路

逆变电路也简称为逆变器，用于将直流电逆变为交流电。

图 2-18 中逆变电路主要由逆变管 V_1～V_6 组成。这 6 个逆变管组成三相全桥逆变电路，把 VD_1～VD_6 整流得到的直流电再"逆变"成频率可调的交流电。这是变频器实现变频的具体执行环节，是变频器的核心部分。

目前，逆变电路中常用的逆变管有门极可关断晶闸管（GTO）、电力晶体管（GTR）、电力场效应晶体管（P-MOSFET）、绝缘栅双极晶体管（IGBT）等。在中小型变频器中，IGBT 比较常见。

由于电动机的绕组属于感性负载，其电流含有无功分量，因此续流二极管 $VD_7 \sim VD_{12}$ 为无功电流返回直流电路时提供"通道"。当频率下降、电动机处于再生制动状态时，再生电流将通过 $VD_7 \sim VD_{12}$ 整流后返回给直流电路；当 $V_1 \sim V_6$ 进行逆变工作过程时，同一桥臂的两个逆变管处于不停交替导通和截止的状态，在这个交替和截止的换向过程中，也不时需要 $VD_7 \sim VD_{12}$ 提供通路。

2. 控制电路

控制电路是给异步电动机的主电路提供控制信号的回路，主要由频率、电压的"运算电路"，主电路的"电压、电流检测电路"，电动机的"速度检测电路"，将运算电路的控制信号进行放大的"驱动电路"，各种控制信号的"输入/输出电路"，以及逆变器和电动机的"保护电路"组成。其主要任务是完成对整流器的电压控制、对逆变器的开关控制及完成各种保护功能。其控制方法可以采用模拟控制和数字控制，具有设定和显示运行参数、信号检测、系统保护、计算与控制、驱动逆变管等作用。目前，变频器的控制电路主要以单片机或数字信号处理器（DSP）为控制核心进行全数字化控制，采用尽可能简单的硬件电路，靠软件来完成各种控制功能。

2.4 变频器的控制方式

由式（2-1）可知，只要改变电动机的电源频率就可以调节它的运转速度。但是，对于一个实际的交流调速控制系统来说，一个普通的频率可调的交流电源并不能满足对异步电动机进行调速控制的需要，频率的改变只是其中一个方面，此外，还必须考虑到有效利用电动机磁场、抑制启动电流和得到理想转矩特性等方面的问题。

变频器常用的控制方式有 U/f 控制、转差频率控制、矢量控制、直接转矩控制等。

2.4.1 *U/f* 控制

早期的通用型变频器基本上采用的都是 U/f 控制方式。在这类变频器中，为了得到理想的转矩-速度特性，必须对变频器输出电源的频率 f 和电压幅值 U 同时进行控制，并基本满足"U/f=恒定"的控制条件。

由《电机学》中的相关知识可知，三相异步电动机定子每相感应电动势的有效值为

$$E_1 = 4.44 f_1 N_1 K_{N1} \Phi_m \tag{2-2}$$

式中　E_1——气隙磁通在定子每相感应电动势的方均根值（V）；

　　　f_1——定子频率（Hz）；

　　　N_1——定子相绕组的有效匝数；

　　　K_{N1}——基波绕组系数；

　　　Φ_m——电动机气隙中每极合成的磁通量（Wb）。

另外，三相异步电动机电磁转矩为

$$T_e = C_T \Phi_m I_2' \cos\varphi_2 \tag{2-3}$$

式中　C_T ——电动机转矩常数，与电动机的结构有关；

I_2' ——转子电流折算到定子侧的电流有效值（A）；

$\cos\varphi_2$ ——转子电路的各相功率因数。

由式（2-2）和式（2-3）可知，当改变定子侧频率 f_1 进行调速时，异步电动机的物理量 E_1、Φ_m 和 T_e 都会发生变化，影响电动机的电磁转矩特性和机械转矩特性，进而影响电动机的转差率。因此，当改变电动机的定子侧频率 f_1 进行调速时，还必须考虑如何处理和控制其他物理量，以保证调速系统满足生产工艺的要求。

式（2-2）中，由于 4.44、N_1、K_{N1} 均为常数，所以式（2-2）可以简化为下面的关系式：

$$E_1 \propto f_1 \Phi_m \tag{2-4}$$

由式（2-4）可知，如果定子每相感应电动势 E_1 保持不变，那么当定子频率 f_1 下降时，Φ_m 会上升，当 Φ_m 上升到一定程度时会引起电动机的铁芯产生过饱和，从而导致励磁电流急剧升高，电动机的功率因数、效率下降，严重时会因绕组过热而烧坏电动机。反之，当定子频率 f_1 上升时，Φ_m 会减小，结果是电动机的铁芯没有得到充分利用，造成浪费。由式（2-3）可知，Φ_m 减小时，电动机的电磁转矩也会下降，严重时电动机会无法带动负载。可见，在变频调速时单纯地调节频率是行不通的。

因此，在改变定子侧电源频率 f_1 进行调速时，为了不影响异步电动机的运行性能，保证异步电动机的电磁转矩不发生改变，则必须保证主磁通 Φ_m 的恒定。由式（2-4）可知：主磁通 Φ_m 是由电动势 E_1 和电源频率 f_1 共同决定的，因此只要对 E_1 和 f_1 进行适当控制，就可以保持主磁通 Φ_m 的恒定，也就是说，只要满足 $\dfrac{E_1}{f_1} =$ 常数 即可。

在电动机的实际调速控制过程中，由于 E_1 为电动机的感应电动势，无法直接进行检测和控制，所以必须采用其他方法才能使上式得到满足。

由《电机学》原理可知，电动机端电压 U 和电动机定子感应电动势的关系式为

$$U = E_1 + (r_1 + jx_1)I_1 = E_1 + \Delta U \tag{2-5}$$

式中，ΔU 为电动机定子阻抗压降，$\Delta U = (r_1 + jx_1)I_1$。

由异步电动机的等效电路可知，当定子阻抗上的压降与定子电压相比很小时，可以忽略，近似地认为：

$$U \approx E_1 \tag{2-6}$$

所以只要保证 $\dfrac{U}{f_1} =$ 常数 就可以达到控制磁通恒定的目的。

（1）基频以下调速控制方式

应当注意的是，电动机工作在额定频率时，其定子电压也应是额定电压，即

$$f_1 = f_{1N} \text{ 时}, \quad U = U_N$$

当定子绕组电源频率在基频以下，即 $f_1 < f_{1N}$ 时，如果频率 f_1 从额定值 f_{1N} 向下调节，则电压 U 也必定会从 U_N 开始向下变化，保证 $\dfrac{U}{f_1} =$ 常数，即 Φ_m 的恒定。由式（2-3）可知，Φ_m 保持不变，则电动机的电磁转矩 T_e 也将保持恒定不变。也就是说，在基频以下可以获得恒转矩的调速特性。

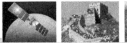

（2）基频以上调速控制方式

当定子绕组电源频率在基频以上，即 $f_1 > f_{1N}$ 时，由于受到电动机定子侧额定电压的限制，在调节 f_1 使电动机转速升高时，电压 U 不能随着 f_1 成比例上调，只能保持额定电压 U_N 不变，所以 E_1 基本保持不变。根据式（2-4）可知，当 f_1 上升时，Φ_m 会下降，进而电动机的电磁转矩 T_e 也会下降，为保证电动机的正常运行仍需满足 $T_e > T_L$，其中，T_L 为负载转矩。

在《电机学》理论中，存在下述关系式：

$$P \propto nT \tag{2-7}$$

由式（2-7）可以看出，在这种控制方式下，电动机的机械功率 P 基本保持不变，即转速与转矩的乘积基本不变。因此，这种控制方式称为恒功率控制方式。

（3）转矩提升

U/f 控制方式的特点是控制电路结构简单，成本较低，机械特性的硬度也较好，能够满足一般传动的平滑调速要求，已在各个领域得到广泛应用。但是，这种控制方式在低频时容易出现转矩不足的现象。究其原因，是在定子侧交流电频率 f_1 较低时 U 与 E_1 都较小，式（2-5）中定子绕组漏磁阻抗上的压降所占的分量就比较大，因此不能忽略，否则就会使输出转矩减小。

此时，为了得到与 E/f 控制相近的特性，必须把电压 U 抬高一些，对这部分的定子压降进行补偿，改善 U/f 变频器在低频时的转矩特性，以保证当电动机在低速区域运行时仍然能够得到较大的输出转矩。为此，各个厂家都在自己的产品中采取了不同的补偿措施，补偿程度的大小可以根据实际调速系统的工作情况确定。这种补偿被称为变频器的转矩提升功能。

"转矩提升"功能是指在低速范围内或因变频器与电动机相距较远而压降较大的情况下，通过对输出电压做一些提升来补偿因线路压降和定子电阻上的电压降所引起的转矩损失，从而改善电动机输出转矩的功能。

转矩提升（转矩增强、转矩补偿、电压补偿）功能可以分为低端补偿和全程补偿两种。所谓低端补偿指的是在变频器的低频输出区域，按照某一规则在变频器的输出电压上加上一定的补偿，从而达到提高输出转矩的目的。而在具有全程补偿功能的变频器中，电压补偿是在电动机的整个运行范围内进行的。在全程补偿的变频器中，检测电路对电动机的电流和电压进行实时检测，CPU 则按照 E/f 恒定的要求进行计算求出所需的压降补偿。这种控制方式更接近真正的 E/f 控制，并且在性能方面优于只采用了简单低端补偿的变频器。

2.4.2 转差频率控制

转差频率控制是一种直接控制转矩的控制方式，它是在 U/f 控制的基础上，按照异步电动机的实际转速及其对应的电源频率，并根据希望到的转矩来调节变频器的输出频率，使电动机具有对应的输出转矩。

转差频率控制的基本思想是采用转子速度闭环控制。速度调节器通常采用 PI 控制，它的输入信号为速度设定信号与电动机实际反馈速度之间的差值，输出信号为转差频率设定信号。变频器的设定频率即电动机定子的电源频率，为转差频率设定值与实际转子转速之和。当电动机带动负载运行时，定子频率设定将会自动补偿由于负载所产生的转差，保持电动机的速度为设定值。速度调节器的限幅值决定了系统的最大转差频率。

由《电机学》相关知识可知，三相异步电动机的电磁转矩 T_e 还可以表示为

$$T_e = C_T \Phi_m \frac{E_1 R_2' s}{(R_2')^2 + (s\omega_1 L_{12}')^2} \qquad (2-8)$$

式中　R_2'——转子相绕组电阻折算到定子侧的折算值；

　　　s——电动机的转差率；

　　　L_{12}'——转子相绕组电感折算到定子侧的折算值；

　　　ω_1——相应角频率。

定义 $\omega_s = s\omega_1$ 为转差角频率，则 T_e 可以写为

$$T_e = C_T \Phi_m \frac{E_1 R_2' s}{(R_2')^2 + (\omega_s L_{12}')^2} \qquad (2-9)$$

一般而言，在控制过程中，转差角频率都比较小，$\omega_s \ll （2\% \sim 5\%）\ \omega_1$，即 $\omega_s L_{12}' \ll R_2'$，所以分母中可以忽略 $\omega_s L_{12}'$ 项。同时把式（2-2）代入式（2-9），则 T_e 可写为

$$T_e \approx C_T \Phi_m^2 \omega_s / R_2' \qquad (2-10)$$

控制电动机的定子电流，使得 Φ_m 不发生改变，根据式（2-2）得，Φ_m 是由电动势 E_1 和电源频率 f_1 共同决定的，根据式（2-10），转差角频率 ω_s 在一定范围内与电动机的电磁转矩 T_e 成正比。因此，控制转差角频率可以实现对电磁转矩 T_e 的控制，从而达到控制转速的目的。

2.4.3　矢量控制

矢量控制的实质是将交流电动机等效为直流电动机，分别对速度和磁场两个分量进行独立控制。通过控制转子磁链，然后分解定子电流而获得转矩和磁场两个分量，经坐标变换，实现正交或解耦控制。

矢量控制系统原理结构图如图 2-19 所示。

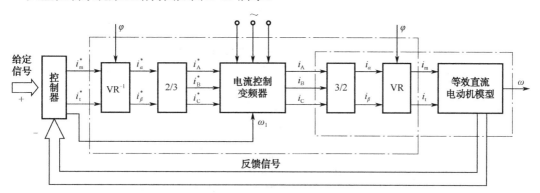

图 2-19　矢量控制系统原理结构图

矢量控制方式的出现使异步电动机变频调速后的机械特性及动态性能达到和直流电动机调压时调速性能相媲美的程度，而且异步电动机的机械结构又比直流电动机简单、坚固，且转子无碳刷滑环等电气接触点，应用前景十分广阔，使异步电动机的变频调速在电动机调速领域中全方位地处于优势地位。

现将矢量控制方式的特点综述如下。

（1）动态的高速响应。直流电动机受整流的限制，过高的 d_i / d_t 是不允许的。而异步电动机只是受到逆变器容量的限制，强迫电流的倍数可取得很高，因此响应速度快，一般可

达到 ms 级。

（2）低频转矩增大。一般通用变频器在低频时的转矩常低于额定转矩，在 5 Hz 以下不能满负载工作。而矢量控制变频器由于能保持磁通恒定，转矩与 i_t 呈线性关系，故在极低频时也能使电动机的转矩高于额定转矩。

（3）控制的灵活性。直流电动机常根据不同的负载对象，选用他励、串励、复励等形式，它们各有不同的控制特点和机械特性。而在异步电动机矢量控制系统中，可以通过在系统内的磁通调节器使用不同的函数发生器，令同一台电动机输出不同的特性。

矢量控制方式优点明显，但同时也存在系统结构复杂，通用性差（如一台变频器只能带一台电动机，而且与电动机特性有关）等不足之处。

2.4.4　直接转矩控制

直接转矩控制是继矢量控制变频调速技术之后的一种新型交流变频调速技术。它是利用空间电压矢量 PWM（SVPWM）控制技术通过对磁链、转矩的直接控制，确定逆变器的开关状态来实现的。它不需要将交流电动机等效为直流电动机，因而省去矢量旋转变换中的许多复杂计算，系统直观、简洁，计算速度和精度都比矢量控制方式有所提高。即使在开环状态下，也能输出 100%的额定转矩，对于多拖动具有负荷平衡功能。直接转矩控制将逆变器和交流电动机作为一个整体进行控制，逆变器所有开关状态的变化都以交流电动机的电磁过程为基础，将交流电动机的转矩控制和磁链控制进行了有机地统一。直接转矩控制估计定子磁链，由于定子磁链的估计只与定子电阻有关，所以对电动机参数的依赖性大大减弱。直接转矩控制采用了转矩反馈的砰-砰控制，在加/减速或负载变化的动态过程中，可以获得快速的转矩响应。

直接转矩控制系统结构原理图如图 2-20 所示。

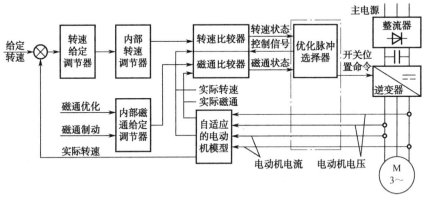

图 2-20　直接转矩控制系统结构原理图

直接转矩控制有以下几个主要特点。

（1）直接转矩控制技术是直接在定子坐标系下分析交流电动机的数字模型，控制电动机的磁链和转矩。它不需要模仿直流电动机的控制，也不需要为解耦而简化交流电动机的数学模型，省掉了矢量旋转变换等复杂计算。因此，它需要的信号处理工作特别简单，所用的控制信号使观察者对于交流电动机的物理过程能够做出直接和明确的判断。

（2）直接转矩控制磁场定向所用的是定子磁链，只要知道定子电阻就可以把它观测出来。而矢量控制磁场定向所用的是转子磁链，观测转子磁链需要知道电动机转子电阻和电感。因此，直接转矩控制大大减少了矢量控制技术中控制性能易受参数变化影响的问题。

（3）直接转矩控制采用空间矢量的概念来分析三相交流电动机的数学模型和控制其各自物理量，使问题变得特别简单、明了。

（4）直接转矩控制强调的是转矩的直接控制与效果，包含以下两层意思。

① 直接控制转矩。与矢量控制的方法不同，它不是通过控制电流、磁链等量来间接控制转矩的，而是把转矩作为被控制量，直接控制转矩。因此，它并不需要极力获得理想的正弦波波形，也不用专门强调磁链的圆形轨迹。相反，从控制转矩的角度出发，它强调的是转矩直接控制效果，因而它采用离散的电压状态和六角形磁链或近似圆形磁链轨迹的概念。

② 对转矩的直接控制。其控制方式是通过转矩两点式调节器把转矩检测值与转矩给定值相比较，把转矩波动限制在一定的容差范围内，容差的大小由频率调节器来控制。因此，它的控制效果不取决于电动机的数学模型是否能够简化，而取决于转矩的实际状况。它的控制既直接又简化。

综上所述，直接转矩控制技术用空间矢量的分析方法，直接在定子坐标系下计算与控制交流电动机的转矩，采用定子磁场定向，借助于离散的两点式调节（Band-Band 控制）产生 PWM 信号，直接对逆变器的开关状态进行最佳控制，以获得转矩的高动态性能。它省掉了复杂的矢量变换与电动机数学模型的简化处理，没有通常的 PWM 信号发生器。它的控制思想新颖，控制结构简单，控制手段直接，信号处理的物理概念明确。该控制系统的转矩响应迅速，限制在一拍以内，且无超调，是一种具有高静态、动态性能的交流调速方法。

2.4.5 变频器控制的发展方向

随着电力电子技术、微电子技术、计算机网络等高新技术的发展，变频器的控制方式今后将向以下几个方面发展。

1）数字控制变频器的实现

使用数字处理器可以实现比较复杂的控制运算，因此变频器控制的一个重要发展方向将是数字化。目前，变频器数字化主要采用的单片机有 MCS51 或 80C196MC 等，辅助以 SLE4520 或 EPLD 液晶显示器等来实现更加完善的控制性能。

2）多种控制方式的结合

每种控制方式有其各自的优缺点，没有一种控制方式是"万能"的。在某些控制场合，需要将一些控制方式结合起来运用方能达到最好的控制效果。例如，将学习控制与神经网络控制相结合，自适应控制与模糊控制相结合，直接转矩控制与神经网络控制相结合等。

3）远程控制的实现

随着计算机网络技术的发展，依靠计算机网络对变频器进行远程控制也是一个重要的发展方向。对变频器远程控制的实现可以很容易地在一些不适合人类进行现场操作的场合实现控制目标。

4）绿色变频器的研发。

随着可持续发展战略的提出和人们对环境问题的重视，如何设计出绿色变频器，降低变频器工作时产生的噪声，以及增强其工作的可靠性、安全性等问题，都可以通过采取合适的控制方式来解决。

2.5　变频器的基本功能

最初研发变频器的目的就是为了调节交流电动机的运转速度，节约电能，所以不难看出，变频器最基本的功能就是调速。

几十年来，随着电力电子技术及计算机技术、控制技术的不断发展，变频器的功能也在不断地完善。新一代变频器除了能完成最基本的电动机变频器调速功能外，还具有自动加/减速、频率限制、多段程序运行、保护和监控等功能。

1.　与频率设定有关的功能

1）自动加/减速

交流电动机在工频条件下，启动电流是额定电流的 5～7 倍，而且电动机的容量越大，启动时对电网的影响也越大。使用变频器后，一方面可以利用变频器对电动机进行启动或停车的控制，另一方面可以预先设定加/减速方式和时间，使得电动机可以在较小的电流条件下实现软启动，从而减小对电网的影响并降低电动机发热。加/减速时动态转矩的不足可以通过变频器的自动转矩提升功能和加/减速过程中的防失速功能来解决。

2）频率限制

在拖动系统的运行过程中，可能会由于电动机故障或一些不可预见的误操作造成电动机运转速度的意外变化，严重时可能会给整个拖动系统的安全和产品的质量带来严重影响，因此有必要对电动机的最高、最低转速给予限制。变频器的上、下限设定功能就是为了限制电动机的转速来保护机械设备而设置的。

在拖动系统的调速控制过程中，如果运行的某段频率与机械设备的固有频率一致，则会发生共振，并且会对机械设备造成非常大的损坏，因此拖动系统运转时应避开这些共振频率。变频器可以通过跳跃频率来设置电动机的运行频率区间和要避开的一些共振点。

3）多段程序运行

根据生产工艺的要求，许多机械设备需要在不同的时间、不同的位置进行不同方向和转速的运行。为此，变频器具备多段程序运行（固定频率、多段速）功能来满足生产要求。其特点是将一个完整的工作过程分为若干个程序步骤，各程序步骤的旋转方向、运行速度、工作时间或距离等都可以事先设定，运行时根据各自不同的条件实现各程序步骤之间的自动切换。

2.　与运行方式有关的功能

1）停车和制动

停车指的是将电动机的转速降到零速的操作，为使拖动系统的运行状况能够更好地满足用户要求，变频器提供减速停机、自由停机、低频状态下短暂运行后停机等多种停机方式以供用户选择。

另外，为了缩短电动机的减速时间，变频器还支持直流制动功能，以便将电动机快速制动、准确停车。

2）自动再启动和捕捉再启动

自动再启动是指变频器在主电源跳闸或故障后重新启动的功能。该功能的作用是在发生瞬时停电时，使变频器仍能根据原定的工作条件自动进入运行状态，从而避免进行复位、再启动等烦琐操作，保证整个系统的连续运行。该功能的具体实现是发生瞬时停电时利用变频器的自寻速跟踪功能，使电动机自动返回预先设定的速度。当电源瞬时停电时间不多于2 s时，一般通用变频器可保证不出现停机而连续运行。

捕捉再启动是指变频器快速改变输出频率，去搜索正在自由旋转电动机的实际速度。一旦捕捉到电动机的实际速度值，使电动机按常规斜坡函数曲线升速运行到频率的设定值。

3）节能运行

这里所说的节能运行功能，是指在电动机进行恒速运行的过程中，变频器能自动选定输出电压，使电动机运行于最小电流状态，从而使电动机运行损耗最低，其效率在原有节能基础上可再提高3%，如图2-21所示。

3. 保护和监控功能

在变频调速系统中，驱动对象往往相当重要，不允许发生故障。随着变频技术的发展，变频器的保护和监控功能也越来越强，以保证系统在遇到意外情况时也不出现破坏性故障。变频器的保护和监控功能主要有过电流、过电压、欠电压、过热、逆变器过热、电动机过热、通信出错、CPU故障等。变频器的保护动作启动后有相应的显示，指示故障原因。

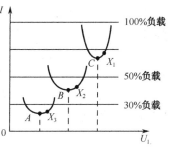

图2-21 不同负载时的最佳工作点

知识梳理与总结

1. 交流异步电动机的调速

改变磁极对数调速：变极调速。

改变转差率调速：转子回路串电阻调速、定子调压调速、串极调速。

改变频率调速：变频调速。

变频调速在运行的经济性、调速的平滑性、调速的机械特性等几个方面都有明显的优势，已成为交流调速系统的首选方案。

2. 变频器按照变换方式可以分为交-直-交变频器和交-交变频器两类。其中，交-直-交变频器又被称为间接变频器，交-交变频器又被称为直接变频器。现在使用的大多数变频器为交-直-交变频器。

3. 交-直-交变频器的主电路包括整流电路、中间电路和逆变电路三个组成部分。整流电路把电源提供的交流电压变换为直流电压。中间电路包括滤波电路和制动电路等不同形式，滤波电路对整流电路的输出电压或电流进行滤波，经大电容滤波的直流电压作为逆变器电源的称为电压型逆变器，经大电感滤波的直流电流作为逆变器电源的称为电流型逆变器；制动电路利用设置在直流回路中的制动电阻或制动单元吸收电动机的再生电能的方式来实现动力制动。逆变电路将直流电变换为频率和幅值可调节的交流电，对逆变电路中电力电子器件的开关控制一般采用 SPWM 控制方式。

4. 目前，变频调速系统通常采用 U/f 控制、矢量控制、直接转矩控制来实现变频控制。U/f 控制是使变频器的输出在改变频率的同时也改变电压，通常是使 U/f 为常数，从而可使电动机的磁通保持一定，在较宽的调速范围内，电动机的转矩、效率、功率因数不下降。

矢量控制通过控制变频器的输出电流、频率及相位，用以维持电动机内部的磁通为设定值产生所需的转矩，是一种高性能的异步电动机控制方式。直接转矩控制是直接分析交流电动机的模型，控制电动机的磁链和转矩。

习题2

1. 变频器的实质是什么？
2. 交流异步电动机有几种调速方法？
3. 简述变频器的分类。
4. 交-交变频技术有什么特点？主要应用在哪些场合？
5. 交-直-交变频器的电路包括哪些组成部分？试说明各组成部分的功能。
6. 中间直流电路有哪几种形式？说明各形式的功能。
7. 分析制动单元电路的工作原理。
8. 已知某变频器的主电路如图 2-18 所示，试回答如下问题：
(1) 电阻 R_L 和晶闸管 S_L 的作用是什么？
(2) 电容 CF_1 和 CF_2 为什么要串联使用？电容 CF_1 和 CF_2 串联后的主要功能是什么？
9. 什么是 U/f 控制？变频器为什么在变频时还要变压？
10. 什么是转矩提升？
11. 矢量控制有什么优越性？
12. 变频器有哪些基本功能？

第3章 变频器的基本操作

学习目标

1. 掌握变频器的机械安装和电气安装要点；
2. 掌握 MM440 变频器的三种操作运行方式；
3. 掌握 MM440 变频器的调试过程；
4. 掌握 MM440 变频器的命令给定方式；
5. 掌握 MM440 变频器的频率给定方式；
6. 掌握频率给定线的设定及调整方法；
7. 掌握变频器多段固定频率的控制及实现。

技能目标

1. 能够进行变频器的安装及配线；
2. 熟练使用 BOP 对 MM440 变频器进行操作；
3. 能够实现变频器的正转、反转及点动控制；
4. 能够应用模拟输入调节变频器的运行频率；
5. 能够实现变频器的多段固定频率控制。

本章主要以西门子公司 MM440 通用变频器为例介绍变频器的基本操作。

3.1 变频器的基本功能与技术规格

西门子 MM440（MICROMASTER 440）变频器是用于控制三相交流电动机速度的变频器系列，有多种型号可供用户选用。功率范围涵盖 120 W～200 kW（恒定转矩（CT）控制方式）或 250 kW（可变转矩（VT）控制方式）。MM440 变频器系列如图 3-1 所示。

图 3-1　MM440 变频器系列

MM440 变频器由 32 位微处理器控制，采用具有现代先进技术水平的绝缘栅双极晶体管 IGBT 作为功率输出器件，运行可靠、功能多样。其脉宽调制的开关频率是可选的，因而降低了电动机运行的噪声。它采用高性能矢量控制技术，能提供低速高转矩输出和良好的动态特性，同时具备超强的过载能力。MM440 变频器的保护功能全面而完善，为变频器和电动机提供了良好的保护。

MM440 变频器具有默认的工厂设置参数，它是为众多简单电动机变速驱动系统供电的理想变频驱动装置。MM440 变频器具有全面而完善的控制功能，包括线性 U/f 控制、抛物线 U/f 控制、多点 U/f 控制、无传感器矢量控制、带编码器反馈的转矩控制等，因此在设置相关参数后，它也可以应用于更高级的电动机控制系统中。MM440 变频器既可用于单机驱动系统，也可集成到自动化系统中。

MM440 变频器的技术规格见表 3-1。

表 3-1　MM440 变频器的技术规格

特　　性	技　术　规　格		
电源电压和功率范围	1AC200～240 V±10%	CT：0.12～3.0 kW	
	3AC200～240 V±10%	CT：0.12～45.0 kW	VT：5.50～45.0 kW
	3AC380～480 V±10%	CT：0.37～200 kW	VT：7.50～250 kW
	3AC500～600 V±10%	CT：0.75～75.0 kW	VT：1.50～90.0 kW

特　　性	技　术　规　格
输入频率	47～63 Hz
输出频率	0～650 Hz
功率因数	0.98
变频器的效率	外形尺寸 A～F：96%～97% 外形尺寸 FX 和 GX：97%～98%
过载能力 — 恒转矩（CT）	外形尺寸 A～F：$1.5I_N$，I_N 为额定输出电流（即 150%过载），持续时间 60 s，间隔周期时间 300 s 及 $2I_N$（即 200%过载），持续时间 3 s，间隔周期时间 300 s 外形尺寸 FX 和 GX：$1.36I_N$（即 136%过载），持续时间 57 s，间隔周期时间 300 s，以及 $1.6I_N$（即 160%过载），持续时间 3 s，间隔周期时间 300 s
过载能力 — 变转矩（VT）	外形尺寸 A～F：$1.1I_N$（即 110%过载），持续时间 60 s，间隔周期时间 300 s，以及 $1.4I_N$（即 140%过载），持续时间 3 s，间隔周期时间 300 s 外形尺寸 FX 和 GX：$1.1I_N$（即 110%过载），持续时间 59 s，间隔周期时间 300 s，以及 $1.5I_N$（即 150%过载），持续时间 1 s，间隔周期时间 300 s
合闸冲击电流	小于额定输入电流
控制方法	线性 U/f 控制，带 FCC（磁通电流控制）功能的线性 U/f 控制，抛物线 U/f 控制，多点 U/f 控制，适用于纺织工业的 U/f 控制，适用于纺织工业的带 FCC 功能的 U/f 控制，带独立电压设定值的 U/f 控制，无传感器矢量控制，无传感器矢量转矩控制，带编码器反馈的速度控制，带编码器反馈的转矩控制
脉冲调制频率	外形尺寸 A～C：1/3AC，200 V，55 kW，标准配置 16 kHz 外形尺寸 A～F：其他功率和电压规格 2～16 kHz，每级调整 2 kHz，标准配置 4 kHz 外形尺寸 FX 和 GX：2～8 kHz，每级调整 2 kHz，标准配置 2 kHz（VT）、4 kHz（CT）
固定频率	15 个，可编程
跳转频率	4 个，可编程
设定值的分辨率	0.01 Hz 数字输入，0.01 Hz 串行通信的输入，10 位二进制模拟输入（电动电位计 0.1 Hz）0.1%（在 PID 方式下）
数字输入	6 个，可编程（带电位隔离），可切换为高电平/低电平有效（PNP/NPN）
模拟输入	2 个，可编程，两个输入可以作为第 7 和第 8 个数字输入进行参数化；0～10 V，0～20 mA 和-10～10 V（ADC1）；0～10 V 和 0～20 mA（ADC2）
继电器输出	3 个，可编程，DC 30 V 5 A（电阻性负载），AC 250 V 2 A（电感性负载）
模拟输出	2 个，可编程，0～20 mA
串行接口	RS-485，可选 RS-232
电磁兼容性	外形尺寸 A～C：选择的 A 级或 B 级滤波器，符合 EN55011 标准的要求 外形尺寸 A～F：变频器带有内置的 A 级滤波器 外形尺寸 FX 和 GX：带有 EMI 滤波器（作为选件供货）时其传导性辐射满足 EN 55 011 A 级标准限定值的要求（必须安装线路换流电抗器）
制动	直流注入制动，复合制动，动力制动； 外形尺寸 A～F 带内置制动单元，外形尺寸 FX 和 GX 带外接制动单元
温度范围	外形尺寸 A～F：-10～50 ℃（CT），-10～40 ℃（VT） 外形尺寸 FX 和 GX：0～55 ℃

特　　性	技 术 规 格
相对湿度	<95%RH，无结露
存放温度	-40～70 ℃
工作地区的海拔	外形尺寸 A～F：海拔 1 000 m 以下不需要降低额定值运行 外形尺寸 FX 和 GX：海拔 2 000 m 以下不需要降低额定值运行
保护的特征	欠电压，过电压，过负载，接地，短路，电动机失步保护，电动机锁定保护，电动机过热，变频器过热，参数联锁
标准	外形尺寸 A～F：UL，eUL，CE，C-tick； 外形尺寸 FX 和 GX：UL（认证正在准备中），eUL（认证正在准备中），CE

3.2　变频器的运行环境与安装方法

变频器的正确安装是确保变频器和整个自控系统安全、可靠运行的前提条件，只有遵守安装规范，才能保证变频器能够长期安全、可靠地运行。

本节将介绍变频器常用的安装及配线方式。

3.2.1　变频器的设置环境

变频器是精密电子装置，为了使变频器能够长期稳定工作，必须确保变频器的运行环境满足其操作说明书中所规定的允许环境。

一般来说，在变频器的设置环境方面应主要考虑以下因素。

1. 环境温度

与其他电子设备一样，为保证变频器内各种 IC 模块能够正常工作，保证变频器内各电子元器件的使用寿命，变频器对周围环境温度有一定的要求，通常为-10～+50 ℃。由于变频器内部多是大功率的电子器件，极易受到工作温度的影响，因此为了保证变频器工作的安全性和可靠性，使用时应留有余量，最好控制在 40 ℃以内。

40～50 ℃之间降额使用时，环境温度每升高 1 ℃，额定输出电流必须减少 1%。外形尺寸为 A～F 的 MM440 变频器运行时，环境温度与允许输出电流的关系参见图 3-2。

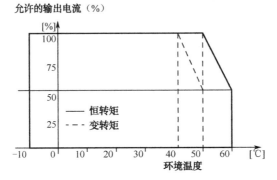

图 3-2　变频器运行的环境温度与允许输出电流的关系

温度对电子元器件的寿命和可靠性影响很大，特别是当半导体元器件的结温超过规定值时将会直接造成元器件的损坏。因此，在环境温度较高的场所使用变频器时，必须采取安装冷却装置和避免日光直晒等措施，保证环境温度在厂家要求的范围之内，从而达到保证变频器正常工作的目的。

此外，在进行定期保养维修时，还应及时清扫控制柜内的空气过滤器和检查冷却风扇是否正常工作。

2. 环境湿度

变频器对环境湿度也有一定要求。一般来说，变频器的安装环境湿度应在 20%～90%范围内，无结露，并要注意防止水或水蒸气直接进入变频器内，以免引起漏电，甚至打火、击穿。

当空气中的湿度较大时，将会引起元器件的金属腐蚀，导致电气绝缘能力降低，并由此引发变频器故障。变频器厂家都在变频器的技术说明书中给出了对湿度的要求，因此应该按照厂家的具体要求采取各种必要的措施，保证变频器安全、稳定地运行。

当变频器长期处于不适用的状态时，应该特别注意变频器内部是否会因为周围环境的变化（如停用了空调等）而出现结露状态，并采取有效措施，以保证变频器在重新使用时仍能正常工作。

如果受安装场所的限制，变频器不得已要安装在湿度较高的场所，则变频器的柜体应尽量采用密封结构。为了防止变频器停止时的结露，有时装置需加对流加热器。

3. 振动

变频器在运行的过程中要注意避免受到振动和冲击。变频器的耐振性因机种的不同而不同，但一般来说，变频器的振动加速度 G 多被限制在 0.3～0.6 g 以下（即振动强度≤5.9 m/s^2）。

如果设置场所的振动加速度超过容许值，将会产生紧固件的松动，接线材料机械疲劳引起的折损，以及继电器、接触器等有可动部分器件的误动作，最终导致系统不能稳定运转。

对于传送带和冲压机械等振动较大的设备，在必要时应采取安装防振橡胶等措施，将振动抑制在规定值以下。对于由机械设备的共振而造成的振动来说，则可以利用变频器的频率跳跃功能，使机械系统避开这些共振频率，以达到降低振动的目的。对于机床、船舶等事先能预测振动的场合，必须选择有耐振措施的机种。

4. 周围气体

变频器周围不可有腐蚀性、爆炸性或燃烧性气体，并且要选择粉尘和油雾少、不受日光直晒的设置场所。

变频器内有易产生火花的继电器和接触器，还有长期在高温下使用的电阻器等，这些器件均可成为发火源。如果变频器的设置场所存在爆炸性或燃烧性气体，将会引起火灾或爆炸事故；如果变频器周围存在腐蚀性气体，将会对各器件的金属部分产生腐蚀，进而影响变频器的长期运行；如果设置场所粉尘或油雾较多，这些气体在变频器内附着、堆积，除了会使电子元器件生锈，出现接触不良等现象之外，还会吸收水分使绝缘变差，并导致短路；对于强迫冷却方式的变频器，如果过滤器堵塞将会引起变频器内温度异常上升，致使变频器不能稳定运转。

为防止上述状况的发生，可以对变频器的壳体进行涂漆处理并采用防尘结构。在某些情况下，也可以采用清洁空气内压式或全封闭结构。此外，对于强制冷却式的控制柜来说，更应注意保证环境空气的清洁。

5. 海拔高度

变频器对应用场所的海拔高度大多规定在 1 000 m 以下。海拔过高，则气压下降，容易破坏电气绝缘，在 1 500 m 时耐压将降低 5%，3 000 m 时耐压将降低 20%，另外高海拔地区空气稀薄，散热条件差，冷却效果也下降，因此必须注意温升。从 1 000 m 开始，海拔每超过 100 m，允许的温升就下降 1%。在海拔超过 1 000 m 以上时，选用变频器时要适当放大其功率等级。

如果变频器安装在海拔高度大于 1 000 m 或大于 2 000 m 的地方，其输出电流和输入电源电压随海拔高度增加降格的要求如图 3-3 所示。

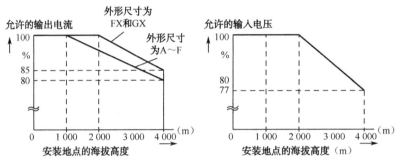

图 3-3 变频器性能参数随安装地点海拔高度的降格

6. 电磁辐射

变频器的电气主体是功率模块及其控制系统的硬件电路、软件程序，这些元器件和软件程序受到一定的电磁干扰时会发生硬件电路失灵、软件程序乱码等故障，造成运行事故。因此，不允许把变频器安装在电磁辐射源附近。

为了避免电磁干扰，变频器应根据所处的电气环境，采取有效防止电磁干扰的措施，具体如下：

（1）输入电源线、输出电动机线及控制线应尽量远离。

（2）容易受影响的设备和信号线应尽量远离变频器。

（3）关键的信号线应使用屏蔽电缆。

3.2.2 变频器的机械安装

1. 变频器的固定方法

MM440 系列变频器有 A、B、C、D、E、F、FX、GX 共 8 种不同的尺寸，下面以外形尺寸为 A 型的变频器为例说明它们的安装固定方法。

A 型变频器的大小为 73 mm×173 mm×149 mm（宽×高×深），因为它体积小，质量轻，所以可以有两种安装方式，既可以利用螺钉固定在安装面板上，也可以固定在安装面板上的 DIN 导轨上。

1）螺钉固定安装

A 型变频器的安装钻孔图如图 3-4 所示，其他尺寸变频器的安装钻孔图可查阅相应手册。

2）导轨安装

A 型变频器可安装到 35 mm 标准 DIN 导轨上，安装与拆卸方法如下：

（1）安装。用标准导轨的上闩销把变频器固定到导轨的安装位置上；向导轨上按压变频器，直到导轨的下闩销嵌入到位。

（2）拆卸。为了松开变频器的释放机构，将螺丝刀插入释放机构中；向下施加压力，导轨的下闩销就会松开；将变频器从导轨上取下。

MM440 A 型尺寸变频器的闩销及释放机构位置如图 3-5 所示，变频器的安装与拆卸方法如图 3-6 所示。

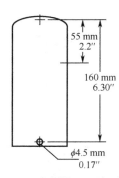

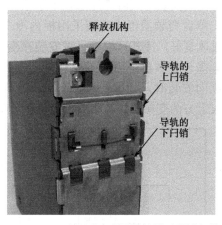

图 3-4　MM440 变频器（A 型）的安装钻孔图　　图 3-5　MM440 A 型尺寸变频器的闩销及释放机构位置图

图 3-6　MM440 A 型尺寸变频器的安装与拆卸

2. 变频器的安装方式

变频器在运行过程中会有一定的功率损耗，这部分损耗会转化为热能，使变频器自身温度升高。每 1kVA 容量，其功率损耗约为 40～50 W。因此，变频器在安装过程中最需要关注的就是变频器的散热问题，也就是要考虑如何把变频器运行时产生的热量充分地散发出去。

常见的安装方式有壁挂式安装和柜式安装。

1）壁挂式安装方式

由于变频器的外壳设计得比较牢固，一般情况下可直接安装在墙壁或安装面板上，称为壁挂式。为了保证通风良好，变频器应垂直安装，且变频器与周围物体之间应保证足够的距离，如图 3-7 所示。左、右两侧空间距离应大于 100 mm，上、下空间距离应大于 150 mm，而且为了防止杂物掉进变频器的出风口阻塞风道，在变频器出风口的上方最好安装挡板。

2）柜式安装方式

当现场的灰尘较多、湿度较大或者变频器的外围配件较多且必须和变频器安装在一起时，可以采用柜式安装。变频器柜式安装是目前最好的使用最广泛的一种安装方式，不仅能起到防灰尘、防潮湿、防光照等作用，也起到很好的屏蔽辐射干扰的作用。

使用柜式安装方式时需注意以下事项：

（1）单台变频器柜式安装采用柜内冷却方式时，变频柜顶端应加装抽风式冷却风机，为保证通风良好，冷却风机应尽量安装在变频器的正上方。

（2）多台变频器采用柜式安装时，应尽量采用横向并列安装。如果由于空间限制，必须采用纵向安装时，则应在两台变频器之间加装隔板，避免位于下方的变频器排出的热风直接进入上方的变频器中。多台变频器的安装方法如图 3-8 所示。

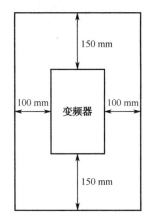

图 3-7 变频器的壁挂式安装

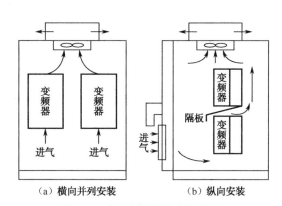

图 3-8 多台变频器的安装方法

壁挂式安装的主要优点是散热较好，但对周围环境要求较高。当周围环境较差时，最好采用柜式安装，并加装冷却风机。

3. 温度控制

变频器运行过程中要对外散发热量，变频器运行场所的环境温度也可能发生变化，因此变频器周围的温度可能会出现高温、低温、温度突变等特殊状况。

（1）通常应对高温的措施：采用强迫通风技术；安装空调；避免光照；避免直接暴露在热辐射或暖空气中；配电柜周围空气要流通。

（2）应对低温的措施：配电柜内安装加热器；不要关闭变频器，仅关闭变频器启动信号。

（3）为防止变频器周围温度突变，应重点考虑变频器的安装位置：避免将变频器放置在空气调节器的管口处；如果窗户的打开与关闭会使温度突然变化，则应将变频器安装在远离窗户的位置。

4. 湿度控制

湿度控制包括应对高湿度措施和应对低湿度措施。

（1）应对高湿度的措施：使用污垢防护结构的配电柜，并在其中放置湿气吸收剂；向配电柜中吹入干燥空气；在配电柜中加装加热器。

（2）应对低湿度的措施：向配电柜中吹入适当的干燥空气；人身和设备静电的释放。

5. 安装变频器的注意事项

（1）变频器工作时，其散热片的最高温度可达 90 ℃，因此变频器的安装底板必须采用耐热材料。由于变频器工作时内部产生的热量从上部排出，因此安装时不可将其安装在木板等易燃材料的下方。

（2）对于采用强迫风冷的变频器，为防止外部灰尘的吸入，应在吸入口处设置空气过滤器，在门扉部设置屏蔽垫。为确保冷却风道畅通，电缆配线槽不要堵住机壳上的散热孔。

（3）多台变频器横向并列安装时，相互之间必须留有足够的距离（不小于 50 mm）。若多台变频器上下垂直安装，即纵向配置（应尽量避免），相互间必须至少相距 100 mm，并且为了使下部的热量不致影响上部的变频器，变频器之间应加装隔板，并采用抽风风扇排热。

（4）变频器不能安装在有可燃气体、爆炸气体、爆炸物等危险场所附近。

（5）变频器应安装在电控柜中或其他防尘、防潮、防腐、防止液体喷溅和滴落的空间内。

（6）安装时要避免变频器受到冲击和跌落。

（7）变频器必须可靠接地。

3.2.3　变频器的电气安装

大多数变频器都属于交-直-交型变频器，它们的硬件结构大致可以分为两大部分：一部分是完成电能转换（整流、逆变）的主电路；另一部分是负责信息收集、变换和传输的控制电路。

MM440 变频器的电路结构如图 3-9 所示。

1. MM440 变频器端子介绍

MM440 变频器也是由主电路和控制电路两部分组成的。

1）主电路

主电路是由电源输入单相或三相恒定电压、恒定频率的正弦交流电，经过变频器内的整流电路转换成恒定的直流电压，供给逆变电路，逆变电路在 CPU 的控制下，将恒定的直流电压逆变成电压和频率均可调节的三相交流电供给电动机负载。由图 3-9 可以看出，该变频器的中间直流环节是通过电容器进行滤波的，因此该变频器属于电压型交-直-交变频器。

2）控制电路

MM440 变频器的控制电路是由 CPU、模拟量输入（AIN1+、AIN1-及 AIN2+、AIN2-）、

模拟量输出（AOUT1+、AOUT1-、AOUT2+、AOUT2-）、数字量输入（DIN1～DIN6）、输出继电器触点（RL1-A、RL1-B、RL1-C、RL2-B、RL2-C、RL3-A、RL3-B、RL3-C）、操作面板（BOP）等组成的。

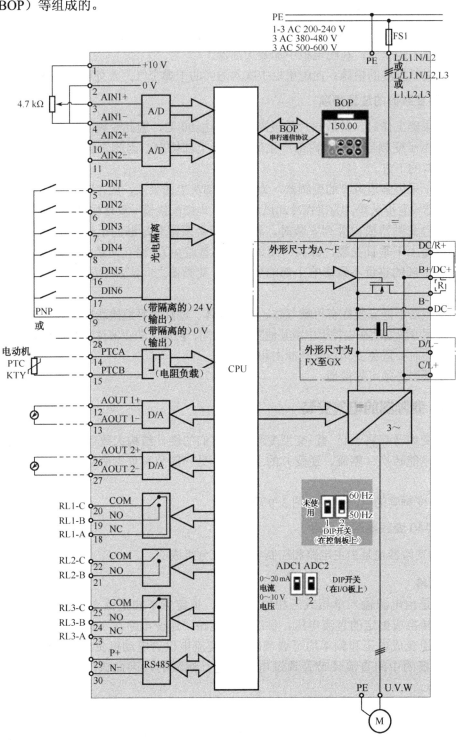

图 3-9 MM440 变频器的电路结构

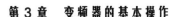

端子 1、2 是变频器为用户提供的 10V 直流稳压电源。当采用模拟电压信号输入方式输入给定频率时，为了提高交流变频调速系统的控制精度，必须配备一个高精度的直流稳压电源。

端子 3、4 和 10、11 是为用户提供的两路模拟量输入端，可作为频率给定信号。这一信号经变频器内的模数转换器可将模拟量转换成数字量，并传输给 CPU。

模拟量输入回路可以另行配置，作为两个附加的数字输入 DIN7 和 DIN8 端口，如图 3-10 所示。当模拟输入作为数字输入时电压门限值应为

$$OFF = 1.75 \text{ V DC}$$
$$ON = 3.70 \text{ V DC}$$

端子 5、6、7、8、16、17 是为用户提供的 6 个完全可编程的数字输入端，数字信号经光电隔离输入 CPU，对电动机进行正/反转、正/反向点动、固定频率设定值控制等。

端子 9 和 28 是 24 V 直流电源端，为变频器的控制电路提供 24 V 直流电源。端子 9（24 V）在作为数字输入使用时也可用于驱动模拟输入，要求端子 2 和 28（0 V）必须连接在一起。

端子 14、15 为电动机过热保护输入端。

端子 29 和 30 为 RS-485（USS 协议）端。

端子 12、13 和 26、27 为两路模拟量输出端。

端子 18、19、20、21、22、23、24、25 为输出继电器的触点。

外形尺寸为 A 形的 MM440 变频器控制电路接线端子如图 3-11 所示。

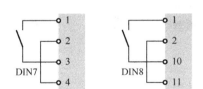

图 3-10　模拟输入作为数字输入　　　　图 3-11　MM440 变频器控制电路
　　　　时外部线路的连接　　　　　　　　　接线端子（外形尺寸为 A）

2. 主电路的接线

主电路的接线主要是完成外界到变频器及变频器到电动机的电源线的配接线，为保证设备的安全工作，主电路接线中还包含接地线的配接线。

1）基本接线

基本接线包括电源线的配接线和接地线的配接线。

（1）电源线的配接线

大多数变频器均为三进三出变频器（输入侧和输出侧都是三相交流电），主电路中电源线的基本接线如图 3-12 所示，图中，Q 是低压断路器，R 是熔断器，KM 是交流接触器的主触点。

其中，L_1、L_2、L_3 是变频器的输入端，接电源进线。U、V、W 是变频器的输出端，与

电动机相连。接线时需要特别注意，变频器的输入端和输出端绝对不能接错，如果将电源进线误接到 U、V、W 端，则无论哪个逆变器导通，都将引起两相间的短路而将逆变管迅速烧坏。

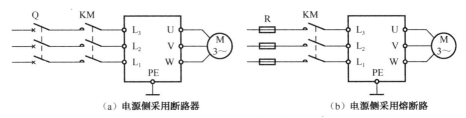

（a）电源侧采用断路器　　　　　　　　（b）电源侧采用熔断路

图 3-12　主电路电源线的配接线（1）

有些变频器属于单进三出变频器（输入侧为单相交流电，输出侧为三相交流电），一般家用电器里的变频器均属此类，这类变频器通常容量较小。此类变频器主电路中电源线的基本接线如图 3-13 所示。其中，L_1 为火线，N 为零线。

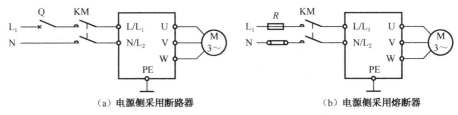

（a）电源侧采用断路器　　　　　　　　（b）电源侧采用熔断器

图 3-13　主电路电源线的配接线（2）

MM440 变频器电源和电动机的接线端子在控制端子的下方，接线时需要首先卸下 MM440 变频器的操作面板，然后拆除变频器的前端盖板，此时才会露出变频器主电路的接线端子，可以拆卸和连接 MM440 变频器与电源、电动机的接线，如图 3-14 所示。

（2）接地线的配接线

由于变频器主电路中的半导体开关器件在工作过程中要进行高速的开闭动作，变频器主电路和变频器单元外壳及控制柜之间的漏电流也相对变大。因此，为了防止操作者触电，必须保证变频器的接地端（PE 为接地端）可靠接地。

在进行接地线布线时，应该注意以下事项：

① 应该按照规定的电气施工要求进行布线。

② 绝对避免同电焊机、动力机械、变压器等强电设备共用接地电缆或接地极。此外，接地电缆布线上也应与强电设备的接地电缆分开。

③ 尽可能缩短接地电缆的长度。

④ 当变频器和其他设备或有多台变频器一起接地时，每台设备都必须分别和地线相连，不允许将一台设备的接地端和另一台设备的接地端相连后再接地，如图 3-15 所示。

2）主电路线径的选择

选择主回路电缆时，必须考虑电流容量、短路保护、电缆压降等因素。

图 3-14　MM440 变频器主电路接线端子（外形尺寸为 A）

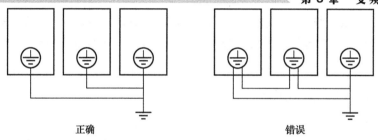

图 3-15 接地合理化配线图

一般情况下，电源与变频器之间的导线选择方法和同容量的普通电动机的电线选择方法相同。考虑到其输入侧的功率因数往往较低，应本着宜大不宜小的原则来决定线径。

变频器与电动机之间的连接电缆要尽量短，因为如果距离长，则电压降大，可能会引起电动机转矩不足。特别是变频器输出频率低时，其输出电压也低，线路电压损失所占百分比加大，有可能导致电动机发热，所以在决定变频器与电动机之间的导线线径时，最关键的因素便是线路压降 ΔU 的影响。

一般要求：变频器与电动机之间的线路压降规定不能超过额定电压的 2%，人们往往会根据这一规定来选择电缆。工厂中采用专用变频器时，如果有条件对变频器的输出电压进行补偿，则线路压降损失容许值可取为额定电压的 5%。

容许压降给定时，主电路电线的电阻值必须满足下式：

$$R_c \leqslant \frac{1\,000 \times \Delta U}{\sqrt{3}LI}$$

式中，R_c 为单位长电线的电阻值（Ω/km）；ΔU 为容许线间压降（V）；L 为一相电线的铺设距离（m）；I 为电流（A）。

为方便用户选择，现将常用电缆的单位长度电阻值列于表 3-2 中。

表 3-2 常用电缆的单位长度电阻值

电缆截面（mm²）	1.0	1.5	2.5	4.0	5.5	6.0	10.0	16.0	25.0	35.0
导体电阻（Ω/km）	17.8	11.9	6.92	4.40	3.33	2.92	1.73	1.10	0.69	0.49

实际进行变频器与电动机之间的电缆铺设时，需根据变频器和电动机的电压、电流及铺设距离通过计算来确定选择何种截面的电缆。

实例 3-1 某变频器控制一台电动机，该电动机的额定电压为 AC220 V，额定功率为 7.5 kW，4 极，额定电流为 15 A，电缆铺设距离为 50 m，线路电压损耗允许在额定电压的 2%之内，试选择所用电缆的截面大小。

解：① 求额定电压下的容许压降。

$$\Delta U = 220 \times 2\% = 4.4 \text{ V}$$

② 求容许压降以内的电线电阻值。

$$R_c = \frac{1\,000 \times \Delta U}{\sqrt{3}LI} = \frac{1\,000 \times 4.4}{\sqrt{3} \times 50 \times 15} = 3.39 \ \Omega/\text{km}$$

③ 根据计算出的电阻值选择导线截面。

由计算出的 R_c 值，根据厂家提供的相关数据表格来选择电缆截面。根据表 3-2 常用电缆选用表，可以看出，应选择电缆电阻为 3.39 Ω/km 以下、截面为 5.5 m² 的电缆。

为保证安全，变频器和电动机必须可靠接地，接地电阻应小于 10 Ω，接地电缆的线径要求应根据变频器功率的大小而定。

3）注意事项

安装变频器时一定要遵守规定，确保安全。在对变频器的主电路进行接线过程中需注意以下事项：

（1）不要用高压绝缘测试设备测试与变频器连接的电缆的绝缘。

（2）在连接变频器或改变变频器接线之前要确保电源已经断开。需要特别注意的是，即使变频器不处于运行状态，其电源输入线、直流回路端子和电动机端子上仍然可能带有危险电压。因此，断开开关以后还必须等待 5 min，确保变频器放电完毕再开始安装工作。

（3）确信电动机与电源电压的匹配是正确的，不允许把变频器连接到电压更高的电源上。

（4）电源电缆和电动机电缆与变频器相应的接线端子接好以后，在接通电源前必须盖好变频器的前盖板。

（5）电源输入端子需要通过线路保护用断路器或带漏电保护的断路器连接到三相交流电源上。需要特别注意的是，三相交流电源绝对不能直接接到变频器输出端子，否则将导致变频器内部器件损坏。

（6）通常，如果变频器安装质量良好，即便在有较强电磁干扰的工业环境下仍可确保安全和无故障运行。如果在运行中遇到问题可以采取如下措施：

① 确信机柜内的所有设备都已用短而粗的接地线与公共接地母线进行可靠连接。

② 确信与变频器相连的任何控制设备（如 PLC 等），也用短而粗的接地线与同一接地网或星形接地点进行可靠连接。

③ 由电动机返回的接地线直接连接到控制该电动机变频器的接地端子 PE 上。

④ 截断电缆端头时尽可能整齐，未经屏蔽的线段尽可能短。

⑤ 导电的导体最好是扁平的，因为它们在高频时阻抗比较低。

⑥ 确信机柜内安装的接触器是带阻尼的，也就是说，在交流接触器的线圈上连接有 R-C 阻尼回路；在直流接触器的线圈上连接有续流二极管。安装压敏电阻对抑制过电压也是有效的，当接触器由变频器的继电器进行控制时这一点尤为重要。

⑦ 接到电动机的连接线应采用屏蔽的或带有铠甲的电线，并用电缆接线卡子将屏蔽层的两端接地。

3. 控制电路的接线

变频器控制电路的控制信号均为微弱的电压、电流信号，容易受外界强电场或高频杂散电磁波的影响，容易受主电路高次谐波场的辐射及电源侧震动的影响，因此必须对控制电路采取适当的屏蔽措施。

控制线可以分为模拟量控制线和开关量控制线两类。

1）模拟量控制线

模拟量控制线主要包括变频器模拟信号输入端和变频器模拟信号输出端。

（1）变频器模拟信号输入端

变频器的模拟信号输入端可以连接频率的给定信号线或反馈信号线。MM440 变频器有两路模拟输入，端子号分别为 3、4 和 10、11。

（2）变频器模拟信号输出端

变频器的模拟信号输出端可以将变频器的频率信号或电流信号输送到外围智能器件上。MM440 变频器有两路模拟量输出，端子号分别为 12、13 和 26、27。

模拟信号的抗干扰能力较差，因此必须使用屏蔽线。屏蔽层靠近变频器的一端，应该接在控制电路的公共端（COM）上，但不要接到变频器的地端（PE）或大地，屏蔽层的另一端应该悬空。

2）开关量控制线

电动机启动、点动、多段速控制等的信号线都是开关量控制线。模拟量控制线的接线原则也都适用于开关量控制线。但由于开关量的抗干扰能力较强，因此在距离不是很远的情况下也可以不使用屏蔽线。

建议：控制电路的连接线都应采用屏蔽电缆。

3）注意事项

当对变频器的控制回路进行接线时，应注意以下内容。

（1）电缆种类的选择。可参照相应规范进行控制电缆种类的选择。

（2）电缆截面。控制电缆的截面选择一般要考虑机械强度、线路压降、费用等因素。建议使用截面积为 1.25 mm² 或 2 mm² 的电缆。当铺设距离较近、线路压降在容许值以下时，使用截面积为 0.75 mm² 的电缆较经济。

（3）主、控电缆分离。主回路电缆与控制回路电缆必须分离铺设，相隔距离按电气设备技术标准执行。

（4）电缆的屏蔽。如果主、控电缆无法分离或即使分离但干扰仍然存在，则应对控制电缆进行屏蔽。常用的屏蔽措施：将电缆封入接地的金属管内；将电缆置入接地的金属通道内；采用屏蔽电缆。

（5）采用绞合电缆。弱电压、电流回路（4～20 mA，1～5 V）用电缆，尤其是长距离的控制回路电缆宜采用绞合线，绞合线的绞合间距应尽可能小，并且都使用屏蔽铠装电缆。

（6）铺设路线。由于电磁感应干扰的大小与电缆的长度成比例，所以控制电缆的铺设路线应尽可能短；大容量变压器及电动机的漏磁通对控制电缆直接感应产生干扰，铺设线路时要远离这些设备；弱电压、电流回路用电缆不要接近装有很多断路器和继电器的仪表盘；控制电缆的铺设路线应尽可能远离供电电源线，使用单独走线槽，在必须与电源线交叉时，应采取垂直交叉的方式。

（7）电缆的接地。弱电压、电流回路（4～20 mA，1～5 V）有一接地线，该接地线不能作为信号线使用。

4. 变频器的防雷

变频器装置的防雷击措施是确保变频器安全运行的另一重要外设措施，特别在雷电活跃地区或活跃季节，这一问题尤为重要。

现在的变频器产品一般都设有雷电吸收装置，主要用来防止瞬间的雷电侵入致使变频器损坏。但在实际工作中，特别是电源线架空引入的情况下，单靠变频器自带的雷电吸收装置是不能满足要求的，还需要设计变频器专用避雷器。具体措施如下：

（1）可在电源进线处装设变频专用避雷器（可选件）。

（2）或按相关规范的要求，在离变频器 20 m 远处预埋钢管作专用接地保护。

（3）如果电源是电缆引入，则应做好控制室的防雷系统，以防雷电窜入破坏设备。

5. 长期存放后变频器的处理

变频器长时间存放会导致电解电容的劣化，因此存储过程中必须保证在 6 个月之内至少通电一次，每次通电时间至少 5 h，输入电压应用调压器缓缓升高至电压的额定值。长期存放后投运前变频器的处理如图 3-16 所示。

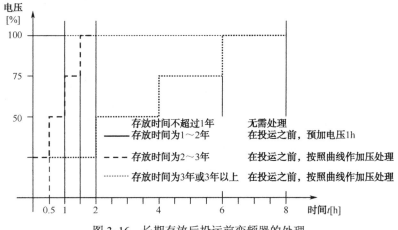

图 3-16　长期存放后投运前变频器的处理

实践 1　变频器的拆装与配线

1）实践内容

（1）MM440 变频器前面板的拆卸与安装。

（2）MM440 变频器主电路的线缆选择与接线。

（3）MM440 变频器控制电路的线缆选择与接线。

2）实践步骤

（1）将 MM440 变频器固定在标准导轨上。

（2）将 SDP 状态显示板从变频器上拆卸下来，拆卸步骤如图 3-17 所示。

（3）将端子盖板从变频器上拆卸下来，拆卸步骤如图 3-18 所示。

（4）将控制电路端子板从变频器上拆卸下来。

在释放 I/O 板的闩锁装置时，不需要太大的压力。拆卸步骤如图 3-19 所示。

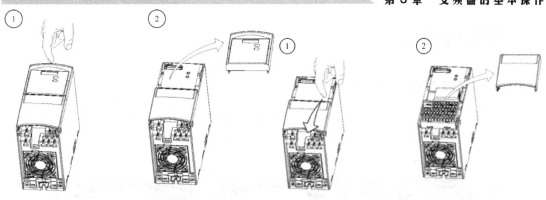

图 3-17　SDP 面板的拆卸　　　　　图 3-18　端子盖板的拆卸

（5）选择 MM440 变频器主电路线缆，并按照图 3-20 所示将变频器的进线与出线分别接到 QS 空气开关和电动机上。

（6）接好线后仔细检查，确保准确、无误。

（7）将控制电路端子板安装到变频器上。

（8）选择控制电路线缆，熟悉控制电路线缆的接线方式。

（9）将端子盖板安装到变频器上。

（10）将 SDP 安装到变频器上。

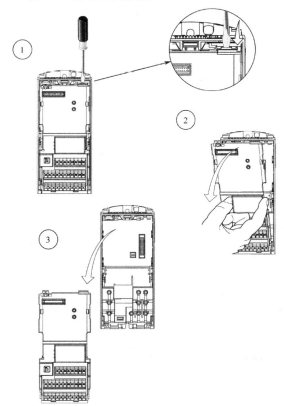

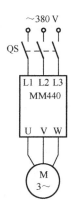

图 3-19　控制电路端子板的拆卸　　　　　图 3-20　变频器主电路接线图

3.3 变频器的调试

3.3.1 变频器的调试方式

不同厂家的变频器内部功能的形式不同，因此数字设定器或数字操作面板也不尽相同，MM440 变频器的参数设置和调试需要借助于操作面板。适用于 MM440 变频器的操作面板共有三种（参见图 3-21），分别如下。

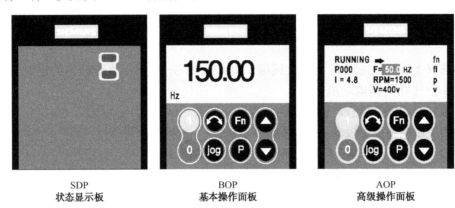

|SDP|BOP|AOP|
|状态显示板|基本操作面板|高级操作面板|

图 3-21 适用于 MM440 变频器的操作面板

（1）SDP（Status Display Panel，状态显示板）。

（2）BOP（Basic Operator Panel，基本操作面板）。

（3）AOP（Advanced Operator Panel，高级操作面板）。

这三种操作面板可分别以不同的方式对变频器进行控制。

状态显示板（SDP）是西门子 MM440 变频器标准供货方式中随机配备的。一般来说，利用 SDP 和变频器的默认设置值，按照某种固定的方式，就可以使变频器成功地投入运行。

如果工厂的默认设置值不适用用户的设备情况，则可以利用基本操作面板（BOP）或高级操作面板（AOP）来修改变频器的参数，使之匹配起来。BOP 和 AOP 是作为变频器的可选件供货的。

在调试变频器之前首先要正确设置电动机频率的拨码开关，即正确选择 DIP 开关 2 的位置。西门子 MM440 变频器中对电动机频率的设置，除了要在变频器参数 P0100 中进行设置外，还需要在相应的 DIP 开关上进行硬件设定。设置电动机频率的 DIP 开关位于 I/O 板的下面，拆下 I/O 板就可以看到，如图 3-22 所示。DIP 开关共有两个，即 DIP 开关 1 和 DIP 开关 2。DIP 开关 1 不供用户使用。DIP 开关 2 设置在 Off 位置时，默认值为 50 Hz，功率单位为 kW，用于欧洲地区；DIP 开关 2 设置在 On 位置时，默认值为 60 Hz，功率单位为 hp，用于北美地区。

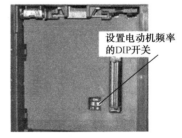

设置电动机频率的DIP开关

图 3-22 DIP 开关

1. 用 SDP 进行调试

SDP 上有绿色和黄色两个 LED 指示灯，用于指示变频器的运行状态、故障信息和报警信息。

变频器运行状态信息见表 3-3。

表 3-3　变频器运行状态信息

LED 指示灯状态		变频器运行状态
绿色指示灯	黄色指示灯	
OFF	OFF	电源未接通
ON	ON	运行准备就绪
ON	OFF	变频器正在运行
OFF	ON	变频器故障

SDP 上只有两个 LED 指示灯，主要用于显示变频器的相关信息。但是利用 SDP，按照某种固定的方式，也可以对变频器进行控制。

（1）利用 SDP 进行控制时，必须满足下列条件：

① 变频器的设定值必须与电动机的参数（额定功率、额定电压、额定电流、额定频率等）相兼容。

② 按照线性 U/f 控制特性，由模拟电位计控制电动机的速度。

③ 频率为 50 Hz 时，最大速度为 3 000 r/min（60 Hz 时为 3 600 r/min），可以通过变频器的模拟输入端用电位计进行速度控制。

④ 斜坡上升时间/斜坡下降时间均为固定值 10 s。

（2）使用变频器上装设的 SDP 可以进行以下操作：

① 启动和停止电动机。

② 电动机换向。

③ 故障复位。

（3）利用 SDP 实现对电动机速度控制的接线方法参照图 3-23。

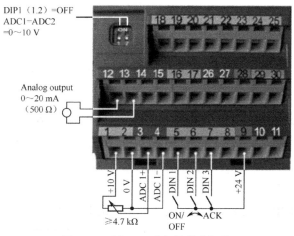

图 3-23　用 SDP 进行的基本操作

2. 用 BOP 进行调试

BOP 是 MM440 变频器的可选件，利用 BOP 可以查看及更改变频器的各个参数。

BOP 具有 5 位数字的 7 段显示，用于显示参数的序号和数值、报警和故障信息，以及参数的设定值和实际值。BOP 不能存储参数的信息。

若要使用 BOP 调试变频器、进行参数设置，则首先必须将 SDP 从变频器上拆卸下来，然后装上 BOP。变频器加上电源时，也可以进行 BOP 的安装与拆卸。从经济性和方便性角度出发，BOP 是目前使用最多的一种变频器调试方式。

3. 用 AOP 进行调试

AOP 是 MM440 变频器的可选件，它具有以下特点：

（1）清晰的多种语言文本显示。

（2）多组参数组的上传和下载功能。

（3）可以通过 PC 编程。

（4）具有连接多个站点的能力，最多可以连接 30 台变频器。

3.3.2 BOP 面板的基本操作

1. BOP 按键及功能说明

BOP 的外形如图 3-24 所示。

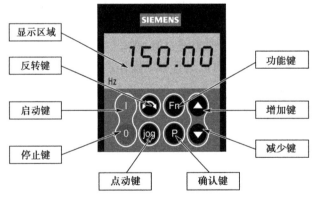

图 3-24 BOP 的外形结构

由图 3-24 可以看出，整个 BOP 可以分为数据显示区和触摸按键区两部分。

1）数据显示区

数据显示区用于显示变频器的参数值及当前运行信息，如输出频率、输出电压、电动机电流等，故障出现时能显示故障内容。简易型变频器一般为 7 段数码管（LED）显示，高性能变频器采用液晶（LCD）显示，因此能显示更多的信息。

2）触摸按键区

基本操作面板（BOP）上共有 8 个按键，每个按键的定义及其功能说明如表 3-4 所示。

表 3-4　基本操作面板（BOP）上的按键及其功能说明

显示/按钮	功 能	功 能 说 明
P(1) `r 0000` Hz	状态显示	LCD 显示变频器当前的设定值
I	启动电动机	按此键启动变频器。默认值运行时此键是被封锁的。为了使此键的操作有效，应设定 P0700=1
O	停止电动机	OFF1：按此键，变频器将按选定的斜坡下降速率减速停车；默认值运行时此键被封锁；为了允许此键操作，应设定 P0700=1。 OFF2：按此键两次（或一次，但时间较长），电动机将在惯性作用下自由停车。此功能总是"使能"的
↻	改变电动机的转动方向	按此键可以改变电动机的转动方向。电动机的反向用负号（－）表示或用闪烁的小数点表示。默认值运行时此键是被封锁的，为了使此键的操作有效，应设定 P0700=1
jog	电动机点动	在变频器无输出的情况下，按此键将使电动机启动，并按预设定的点动频率运行。释放此键时，变频器停车。如果变频器/电动机正在运行，按此键将不起作用
Fn	功能键	此键用于浏览辅助信息。 变频器运行过程中，在显示任何一个参数时按下此键并保持 2 s，将显示以下参数值： ① 直流回路电压（用 d 表示，单位为 V）。 ② 输出电流（A）。 ③ 输出频率（Hz）。 ④ 输出电压（用 o 表示，单位为 V）。 ⑤ 由 P0005 选定的数值，如果 P0005 选择显示上述参数中的任何一个（3、4 或 5），这里将不再显示。 连续多次按下此键，将轮流显示以上参数。 此键有跳转功能。 在显示任何一个参数（r××××或 P××××）时短时间按下此键，将立即跳转到 r0000，如果需要，用户可以接着修改其他参数。跳转到 r0000 后，按此键将返回原来的显示点。 在出现故障或报警的情况下，按此键可以将操作板上显示的故障或报警信息复位
P	访问参数	按此键可访问参数
▲	增加数值	按此键即可增加面板上显示的参数数值
▼	减少数值	按此键即可减少面板上显示的参数数值

2. 利用 BOP 修改参数

1）MM440 变频器参数类型

MM440 变频器有两种参数类型，其中以字母 P 开头的参数用户可以改动，是进行编程的参数；以字母 r 开头的参数表示本参数为只读参数，用于指明变频器的某种状态。

所有参数分成命令参数组（CDS）及与电动机、负载相关的驱动参数组（DDS）两大类。每个参数组又分为三组，其结构如图 3-25 所示。

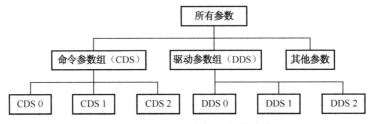

图 3-25　MM440 变频器参数分类

默认状态下，使用的当前参数组是第 0 组参数，即 CDS0 和 DDS0。本书后面如果没有特殊说明，所访问的参数都是指当前参数组，以 PXXXX[0]或者 PXXXX 的形式表示。

下面通过将参数 P1000 的第 0 组参数设置为 1，即以设置 P1000[0]=1 的过程为例介绍通过 BOP 操作面板修改一个参数的流程，参见表 3-5。

在后续介绍出现参数的修改过程中，将直接使用 P1000=1 的方式来表达这一设置过程。

2）修改参数步骤

利用 BOP 面板修改变频器参数，需要按照表 3-5 所示步骤进行。

表 3-5　修改参数 P1000[0]=1 的操作步骤表

	操 作 步 骤	BOP 显示结果
1	按 P 键，访问参数	r0000
2	按 ▲ 键，直到显示 P1000	P1000
3	按 P 键，显示 in000，即 P1000 的第 0 组值	in000
4	按 P 键，显示当前值 2	2
5	按 ▼ 键，达到所要求的数值 1	1
6	按 P 键，存储当前设置	P1000
7	按 FN 键，显示 r0000	r0000
8	按 P 键，显示频率	50.00

实践 2　利用 BOP 面板设置参数

1）实践内容

（1）BOP 键盘面板的拆卸与安装。

（2）熟悉 BOP 面板上各按键的功能。

（3）熟悉利用 BOP 面板修改变频器参数的步骤。

2）实践步骤

（1）将 SDP 从 MM440 变频器上拆卸下来。

（2）将 BOP 面板安装到变频器上，拆卸、安装步骤如图 3-26 所示。拆卸、安装时注意一定要将接线端口对准，防止插针变弯损坏。

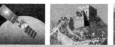

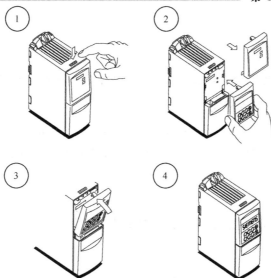

图 3-26　面板的拆卸、安装操作步骤

（3）按照图 3-20 将变频器主回路线缆接好，确保准确、无误。

（4）合上空气开关 QS，为变频器通电。

（5）按照表 3-5 的步骤设置参数 P0004=3。

（6）参数 P0004、P0003 的含义。

① P0004　参数过滤器

功能：按功能的要求筛选（过滤）出与该功能有关的参数，从而可以更方便地进行调试。

最小值：0　默认值：0　最大值：22　访问级：1

可能的设定值（部分）：

P0004=0　全部参数。

P0004=2　变频器参数。

P0004=3　电动机参数。

……

P0004=22　工艺参量控制器（如 PID）。

例如，若设置参数 P0004=22，则意味着只能看到 PID 参数。

② P0003　用户访问级

功能：本参数用于定义用户访问参数组的等级。对于大多数简单的应用对象，采用默认设定值（标准模式）就可以满足要求。

最小值：0　默认值：1　最大值：4　访问级：1

可能的设定值：

P0003=0　用户定义的参数表。

P0003=1　标准级：可以访问最经常使用的一些参数。

P0003=2　扩展级：允许扩展访问参数的范围，如变频器的 I/O 功能。

P0003=3　专家级：只供专家使用。

P0003=4　维修级：只供授权的维修人员使用，具有密码保护。

（7）修改参数 P0719=12。

 思考

修改参数的过程中可能会出现要修改的参数找不到的现象，如何解决？

3. MM440 变频器的频率限制

所谓频率限制，是指用户可以设置电动机的运行频率区间，以及所要避开的一些共振点，主要指下限频率、上限频率、跳跃频率等，分别在参数 P1080、P1082、P1091～P1094 中进行设定。

1）变频器的基本频率

在介绍频率限制之前，首先介绍几个变频器中常用的基本频率概念：给定频率、输出频率、基准频率、点动频率。

（1）给定频率

给定频率是指用户根据生产工艺的需求所设定的变频器的输出频率。鉴于频率给定方式的不同，给定频率可由不同的参数来设定。

例如，原来工频供电的风机电动机现改为变频调速供电，则可设置给定频率为 50 Hz，常用的设置方法为：一种是用变频器的操作面板通过 P1040 参数来输入频率的数字量 50；另一种是从控制接线端上用外部给定（电压或电流）信号进行调节，最常见的形式是通过外接电位器来完成的。

（2）输出频率

输出频率是指变频器的实际输出频率。当电动机所带的负载发生变化时，为使拖动系统稳定，此时变频器的输出频率会根据系统的情况不断进行调整，因此输出频率是在给定频率附近经常变化的。从另一个角度来说，变频器的输出频率就是整个拖动系统的运行频率。

（3）基准频率

基准频率又称基本频率，用 f_b 表示。一般以电动机的额定频率 f_N 作为基准频率 f_b 的给定值。基准电压是指输出频率到达基准频率时变频器的输出电压，基准电压通常取电动机的额定电压 U_N。基准电压和基准频率的关系如图 3-27 所示。

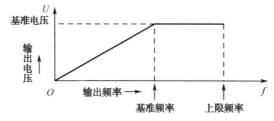

图 3-27 基准电压和基准频率的关系

MM440 变频器的基准频率通过参数 P2000 设定，默认值为 50 Hz。

（4）点动频率

生产机械在调试及每次新的加工过程开始前常需要进行点动，以观察整个拖动系统各部分的运转是否正常。为防止意外，大多数点动运转的频率都较低。如果每次点动前都需将给定频率修改成点动频率是很麻烦的，所以一般的变频器都提供了预置点动频率功能。

如果预置了点动频率，则每次点动时，只需要将变频器的运行模式切换至点动运行模式即可，不必再改动给定频率。

所谓点动是指以很低的速度驱动电动机转动，点动频率是指变频器在点动时的给定频率，包括正向点动频率（Hz）和反向点动频率（Hz），分别由参数 P1058 和 P1059 来设定。点动操作由 BOP 的 JOG（点动）按键控制，或由连接在一个数字输入端的不带闩锁（按下时接通，松开时自动复位）的开关来控制，参见图 3-28。

图中的 P1060 和 P1061 参数为点动的斜坡上升和下降时间。

2）频率限制

（1）上、下限频率

下限频率和上限频率是指变频器输出的最低、最高频率，分别通过参数 P1080 和 P1082来设置。这两个参数用于限制电动机的最低和最高运行频率，不受频率给定源的影响。

根据拖动系统所带的负载不同，有时要对电动机的最高、最低转速给予限制，以保证拖动系统的安全和产品的质量。另外，操作面板的误操作及外部指令信号的误动作会引起频率的过高和过低，设置上限频率和下限频率可起到保护作用。当变频器的给定频率高于上限频率或低于下限频率时，变频器的输出频率将被限制在上限频率或下限频率，如图 3-29 所示。

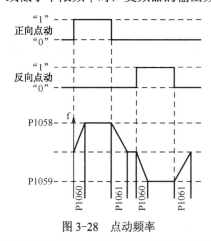

图 3-28　点动频率

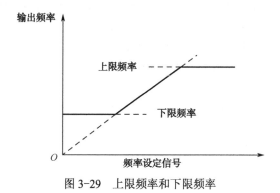

图 3-29　上限频率和下限频率

实例 3-2　若已知参数 P1080=10 Hz，P1082=60 Hz，那么当给定频率为 30 Hz 或 50 Hz时，输出频率为多少？如果给定频率为 70 Hz 或 5 Hz 呢？

解答：P1080=10 Hz，P1082=60 Hz，说明电动机运行时最高频率不能超过 60 Hz，最低频率不能低于 10 Hz。

如果给定频率为 30 Hz 或 50 Hz，则输出频率与给定频率一致，仍然是 30 Hz 或 50 Hz。

如果给定频率为 70 Hz 或 5 Hz，则输出频率被限制在 60 Hz 或 10 Hz。

（2）跳跃频率

跳跃频率也叫回避频率，是指不允许变频器连续输出的频率。

生产机械运转时的振动是和转速有关的，当电动机调到某一转速（变频器输出某一频率）时，如果此时机械振动的频率和它的固有频率一致，则会发生谐振，这种状况对机械设备的损害是非常大的。为了避免机械谐振的发生，应当让拖动系统跳过谐振所对应的转速，所以变频器的输出频率要跳过谐振转速所对应的频率。

变频器在预置跳跃频率时通常预置一个跳跃区间。为方便用户使用，大部分变频器都提供了 2～4 个跳跃区间。MM440 变频器最多可设置 4 个跳跃区间，分别由 P1091、P1092、P1093、P1094 设定跳跃区间的中心点频率，由 P1101 设定跳跃的频带宽度，如图 3-30 所示。

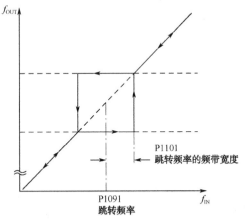

图 3-30　跳跃频率

实例 3-3　若参数 P1091=15 Hz，P1101=2 Hz，如果给定频率为 16 Hz 或 30 Hz，则输出频率为多少？

解答：参数 P1091=15 Hz，P1101=2 Hz，说明变频器的跳跃范围为 13～17 Hz，在这个区间内不允许变频器有输出。

如果给定频率为 16 Hz，则由图 3-30 可知输出频率应为 13 Hz；如果给定频率为 30 Hz，那么在加、减速过程中，需要跳过 13～17 Hz 频段，最终达到 30 Hz 或 0 Hz。

实例 3-4　有一台鼓风机，每当运行在 20 Hz 时振动特别严重。怎么解决？

解答：当这台鼓风机运行在 20 Hz 时振动特别严重，说明此时和机械设备的振动频率一致，发生了谐振。为解决此现象，应该在变频器中设置跳跃频率。

可设置参数 P1091=20，P1101=1。

若如此设置参数后鼓风机运行到 20 Hz 附近时仍有小幅振动，则可将频带宽度 P1101 调整为 2 Hz。

实践 3　BOP 键盘面板的基本使用

1）实践内容

（1）进一步熟悉 BOP 面板上按键的功能及使用方法。

（2）掌握参数复位过程。

（3）了解 BOP 控制变频器运行的简单过程。

（4）掌握变频器基本频率及频率限制的含义。

2）实践步骤

（1）按照图 3-20 所示接线原理图，将变频器调速实训装置进行补充配线。

（2）对接线结果进行检查，确保准确无误。

（3）线路检查无误后，合上 QS 空气开关，为变频器送电。

（4）变频器的参数复位。

在变频器停车状态下，对变频器进行参数复位。参数复位过程中，需设置：P0010=30；P0970=1。整个复位过程中，变频器显示屏上会出现"BUSY"字符并不断闪烁，整个复位过程约持续 1 min。

（5）变频器控制电动机连续运行。

① 设置电动机参数。

为了使电动机数据与变频器参数相匹配，需设置电动机参数。例如，选用 SIEMENS 公司 0.75 kW 变频电动机，其参数设置见表 3-6。

表 3-6　电动机参数设置表

参 数 号	出 厂 值	设 定 值	说 　明
P0003	1	3	用户访问级为专家级
P0010	0	1	快速调试
P0100	0	0	使用地区：欧洲 50 Hz
P0304	230	380	电动机额定电压（V）
P0305	3.25	2.1	电动机额定电流（A）
P0307	0.75	0.75	电动机额定功率（kW）
P0310	50	50	电动机额定频率（Hz）
P0311	0	1 380	电动机额定转速（r/min）

电动机参数设置完成后，将 P0010 参数修改为 0，变频器处于准备状态，可正常运行。

② 设置变频器参数 P0700=1（由 BOP 键盘输入设定值）。

③ 设置变频器参数 P1000=1（频率设定值为键盘 MOP 设定值）。

④ 设置给定频率。

在 P1040 参数中进行频率设定：P1040=30 Hz。

⑤ 按下变频器面板上的"启动按键"，可见电动机由 0 Hz 逐渐加速到 30 Hz 正向连续运行，按下"停止按键"后电动机停止运行。

⑥ 按下变频器面板上的"换向按键"后，再按"启动按键"，电动机由 0 Hz 逐渐加速到-30 Hz 反向连续运行，按"停止按键"后电动机停止运行。

（6）变频器控制电动机点动运行。

① 设置变频器参数 P1058=10 Hz（电动机正向点动频率）。

② 设置变频器参数 P1059=10 Hz（电动机反向点动频率）。

③ 按变频器上点动键、换向键，使变频器点动运行，监测运行频率及电动机转速。

按住"JOG"点动按键，电动机由 0 Hz 逐渐加速到 10 Hz，连续正向运行，松开"JOG"点动按键，电动机停止运行；按下"换向按键"，再按住"JOG"键，电动机开始反向点动，此时，变频器 BOP 面板上显示运行频率为-10 Hz，松开"JOG"键后电动机停止运行。

（7）变频器上限频率和下限频率的设定及运行。

① 设置上、下限频率：P1080=10 Hz，P1082=50 Hz。

② 按下启动键使变频器正向运行，观察变频器的运行频率及电动机转速。运行几秒后给出停机指令。

③ 将 P1040 的参数进行修改，依次为 5 Hz、20 Hz、40 Hz、60 Hz、70 Hz，再重复第②步，分别观察变频器的运行情况。

> **❓ 思考**
>
> 当给定频率位于变频器的上、下限频率范围之外时，输出频率等于多少？当给定频率位于变频器的上、下限频率范围之内时，输出频率等于多少？

（8）变频器跳跃频率的设定及运行。

① 设置变频器跳跃频率相关功能参数：P1091=20 Hz，P1101=2 Hz。

② 按下启动键使变频器正向运行，观察变频器的运行频率及电动机转速。运行几秒后，给出停机指令。

③ 将 P1040 的参数进行修改，依次为 5 Hz、15 Hz、19 Hz、21 Hz、25 Hz，再重复第②步，分别观察变频器的运行情况。

> **❓ 思考**
>
> 当给定频率位于变频器的跳跃范围之外时，输出频率等于多少？当给定频率位于变频器的跳跃范围之内时，输出频率等于多少？

3.3.3 MM440 变频器的调试过程

通常一台新的 MM440 变频器使用前需要经过如下 3 个步骤进行调试：

（1）参数复位是将变频器参数恢复到出厂状态下的默认值的操作。一般在变频器出厂和参数出现混乱的时候需要进行此项操作。

（2）快速调试需要用户输入电动机相关参数和一些基本驱动控制参数，使变频器可以良好地驱动电动机运转。一般在复位操作或者更换电动机后需要进行此项操作。

（3）功能调试指用户按照具体生产工艺的需要进行的设置操作。功能调试阶段需要进行开关量输入/输出功能、模拟量输入/输出功能、加/减速时间、频率显示、多段速功能、停车和制动、自动再启动和捕捉再启动、矢量控制、本地远程控制、闭环 PID 控制和通信等功能的设置。这一部分的调试工作比较复杂，常常需要在现场进行多次调试。

1. 参数复位

在变频器停车状态下，参数复位操作可以将变频器的参数复位为工厂的默认值。

如果在参数调试过程中遇到问题，并且希望重新开始调试，实践证明这种复位操作的方法是非常有效的。

复位过程见表 3-7，整个复位过程大约需要 60 s。

表 3-7　参数复位过程

参 数 号	出 厂 值	设 定 值	说　明
P0010	0	30	参数为工厂的设定值
P0970	0	1	全部参数复位

对参数 P0010 和 P0970 分别说明如下。

1）P0010 调试参数过滤器

功能：该参数对与调试相关的参数进行过滤，只筛选出那些与特定功能组有关的参数。

最小值：0　默认值：0　最大值：30　访问级：1

可能的设定值：

（1）P0010=0　准备。

（2）P0010=1　快速调试。

（3）P0010=2　变频器。

（4）P0010=29　下载。

（5）P0010=30　工厂的设定值。

说明：

（1）P0010=1。

将 P0010 设定为 1 时表示接下来要进行快速调试过程。此时，过滤器只将一些非常重要的变频器及电动机的相关参数（如 P0304、P0305 等）留下来，而将其他无关参数滤掉，然后将这些参数的数值一个一个地输入变频器。当最后一个参数 P3900 设定为 1～3 时，表明快速调试结束后立即开始变频器参数的内部计算，然后自动把参数 P0010 复位为 0。通过此设置可以非常快速和方便地完成变频器的调试。

（2）P0010=2。

若将 P0010 设定为 2，则只列出变频器相关参数。当需要对变频器维修时需如此设置。

（3）P0010=29。

为了利用 PC 工具（如 DriveMonitor、STARTER）传送参数文件，首先应借助于 PC 工具将参数 P0010 设定为 29，并在下载完成以后利用 PC 工具将参数 P0010 复位为 0。

（4）P0010=30

在复位变频器的参数时，参数 P0010 必须设定为 30。此时，过滤器只将与参数复位相关的参数（只有 P0970 一个参数）留下来，而将其他无关参数滤掉，用户只需将这个参数的数值输入变频器即可。从设定 P0970=1 起便开始参数复位，变频器自动把所有参数都复位为各自的默认设置值。

（5）变频器投入运行前应将本参数复位为 0。

2）P0970 工厂复位

功能：P0970=1 时所有的参数都复位为默认值。

最小值：0　默认值：0　最大值：1　访问级：1

可能的设定值：

（1）P0970=0　禁止复位。

（2）P0970=1　参数复位。

说明：

工厂复位前，首先要设定 P0010=30；工厂复位前，必须先使变频器停车（即封锁全部脉冲）。

2. 快速调试内容

快速调试是指通过设置电动机参数和变频器的命令源及频率给定源，来达到简单、快速运转电动机的一种操作模式。

在进行快速调试之前，必须完成变频器的机械和电气安装。

快速调试阶段需要设置电动机和变频器的主要参数，主要内容如下。

电动机参数主要包括电动机的额定参数和电动机的启动、制动参数两大部分。

1）电动机的额定参数

电动机的额定参数主要有电动机的额定电压（V）、电动机的额定电流（A）、电动机的额定功率（kW）、电动机的额定频率（Hz）、电动机的额定转速（rpm）等，需要根据电动机的铭牌输入。

下面以西门子电动机为例说明电动机额定参数的设置，如图 3-31 所示。

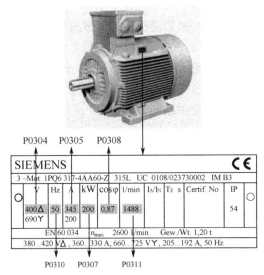

图 3-31　典型的电动机铭牌举例

2）电动机启动、制动参数

快速调试阶段设置的电动机启动、制动参数主要指升速和降速过程所需设置的主要参数。

在生产机械工作过程中，升速过程属于从一种状态转换到另一种状态的过渡过程，在这段时间内，通常不进行生产活动。因此，从提高生产力的角度出发，升速时间越短越好，但升速时间越短，频率上升越快，越容易产生"过电流"。

电动机在降速过程中有时会处于再生制动状态，将电能反馈到直流电路，产生泵生电压，使直流电压升高。降速过程与升速过程一样，也属于从一种状态转换到另一种状态的过渡过程。从提高生产力的角度出发，降速时间越短越好，但降速时间越短，频率下降越快，直流电压就越容易超过上限值。

（1）升速功能

通常可供选择的升速功能包括升速时间和升速方式两个方面。

① 升速时间

升速时间又叫加速时间、斜坡上升时间，指电动机从静止状态加速到最高频率（P1082）所需要的时间。

变频启动时，启动频率可以很低，升速时间可以自行给定，从而能有效地解决启动电流大和机械冲击的问题。加速时间越长，启动电流就越小，启动也越平缓，从而延长拖动系统的过渡过程，对于某些频繁启动的机械来说，将会降低生产效率。但是如果设定的斜坡上升时间太短，则有可能导致变频器跳闸（过电流）。因此，给定加速时间的基本原则是在电动机的启动电流不超过允许值的前提下尽量地缩短加速时间。

加速时间在参数 P1120 中进行设定。

② 升速方式

升速方式主要有线性方式、S 形方式和半 S 形方式 3 种。

线性方式在升速过程中频率与时间成线性关系，如果无特殊要求，一般的负载大多选用线性方式，如图 3-32 所示。

S 形方式在升速过程中开始和结束阶段较缓慢，升速过程的中间阶段按线性方式升速，整个升速过程的频率与时间曲线呈 S 形，如图 3-33 所示。这种升速方式适用于带式输送机一类的负载，这类负载往往满载启动，传送带上的物体静摩擦力较小，刚启动时加速较慢，以防止输送带上的物体滑倒，到末段加速减慢也是这个原因。

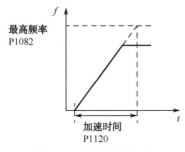

图 3-32 线性升速方式

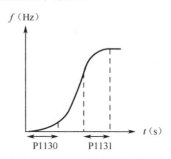

图 3-33 S 形升速方式

半 S 形方式包含两种情况，一种是在升速过程中开始较为缓慢，升速过程的中间阶段和结束阶段按线性方式升速，整个升速过程的频率与时间曲线呈半 S 形，如图 3-34（a）所示。对于一些惯性较大的负载，适宜此种形式，加速初期加速过程较为缓慢，到加速后期可适当加快其加速过程；另一种是升速过程的开始阶段和中间阶段按线性方式升速，在升速过程的结束阶段升速缓慢，整个升速过程的频率与时间曲线呈半 S 形，如图 3-34（b）所示。风机和泵类负载适宜此种加速形式，低速时负载较轻，加速过程可以快一些，随着转速的升高，其阻转矩迅速增加，加速过程应适当减慢。

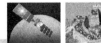

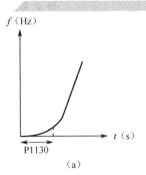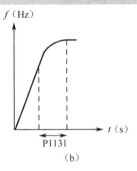

图 3-34　半 S 形升速方式

MM440 变频器用参数 P1120（斜坡上升时间）设定加速时间，由参数 P1130（斜坡上升曲线的起始段圆弧时间）和 P1131（斜坡上升曲线的结束段圆弧时间）直接设置加速模式曲线。

（2）降速功能

与升速过程相似，电动机的降速和停止过程是通过逐渐降低频率来实现的。在降速时电动机的同步转速低于转子转速，电动机处于再生制动状态，电动机将机械能转化为交流电能送回给变频器，变频器的逆变电路将交流电能转换为直流电能从而使直流电压升高。如果频率下降太快，使转差增大，一方面使再生电流增大，可能造成过电流，另一方面，直流电压可能升高至超过允许值的程度，进而造成过电压。

通常可供选择的降速功能有降速时间和降速方式两个方面。

① 降速时间

降速时间，又叫减速时间、斜坡下降时间，指电动机从最高频率（P1082）减速到静止状态所需要的时间。

变频调速时，减速是通过逐步降低给定频率来实现的。在频率下降的过程中，电动机将处于再生制动状态。如果拖动系统的惯性较大，降速时间越短，频率下降越快，越容易产生过电压和过电流。为了避免上述情况的发生，可以在减速时间和减速方式上进行合理的选择。

减速时间的给定方法同加速时间一样，其值的大小主要考虑系统的惯性。惯性越大，减速时间就越长。

一般情况下，加、减速选择同样的时间。减速时间在参数 P1121 中进行设定。

② 降速方式

同升速方式一样，降速方式也有线性方式、S 形方式和半 S 形方式 3 种。

线性方式在降速过程中频率与时间成线性关系，如图 3-35 所示；

S 形方式在降速过程中的开始和结束阶段较缓慢，降速过程的中间阶段按线性方式降速，整个降速过程的频率与时间曲线呈 S 形，如图 3-36 所示。

半 S 形方式也包含两种情况，一种是在降速过程中开始较缓慢，降速过程的中间阶段和结束阶段按线性方式降速，整个降速过程的频率与时间曲线呈半 S 形，如图 3-37（a）所示；另一种是降速过程的开始阶段和中间阶段按线性方式降速，在降速过程的结束阶段降速缓慢，整个降速过程的频率与时间曲线呈半 S 形，如图 3-37（b）所示。

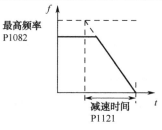

图 3-35 线性降速方式

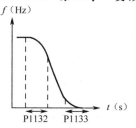

图 3-36 S 形降速方式

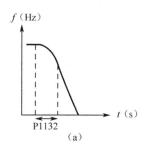

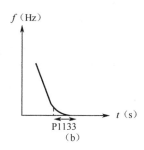

图 3-37 半 S 形降速方式

MM440 变频器用参数 P1121（斜坡下降时间）设定减速时间，由参数 P1132（斜坡下降曲线的起始段圆弧时间）和 P1133（斜坡下降曲线的结束段圆弧时间）直接设置减速模式曲线。

（3）MM440 变频器的停车和制动

① 变频器的停车

停车（停机）指的是将电动机的转速降到零的操作。MM440 变频器支持 3 种停车方式，分别是 OFF1（减速停机）、OFF2（自由停机）、OFF3（低频状态下短暂运行后停机）。

减速停机是指变频器按照预置的减速时间和减速方式停机。在减速过程中，电动机容易处于再生制动状态。

自由停机是指变频器通过停止输出进行停机。这时，电动机的电源被切断，拖动系统处于自由制动状态，停机时间的长短将由拖动系统的惯性决定。

低频状态下短暂运行后停机是指当频率下降到接近 0 时，先在低速下运行较短时间，然后再将频率下降为 0。在负载惯性较大时，可以使用这种方式消除滑行现象；对于附有机械制动装置的电磁制动电动机，采用这种方式可以降低磁抱闸的磨损。

3 种停车方式的功能及应用场合见表 3-8。

表 3-8 MM440 变频器的停车方式

停车方式	功能解释	应用场合
OFF1	变频器按照 P1121 所设定的斜坡下降时间由全速降为零速（减速停机）	一般场合
OFF2	变频器封锁脉冲输出，电动机惯性滑行状态，直至速度为零速（自由停机）	设备需要急停，配合机械抱闸
OFF3	变频器按照 P1135 所设定的斜坡下降时间由全速降为零速（低频状态下短暂运行后停机）	设备需要快速停车

② 变频器的制动

为了缩短电动机减速时间，MM440 变频器支持直流制动和能耗制动两种制动方式，可以实现将电动机快速制动。

如果电动机在启动前拖动系统的转速不为 0，而变频器的输出频率从 0 开始上升，则在启动瞬间将引起电动机的过电流。常见于拖动系统以自由制动的方式停机，在尚未停住前又重新启动；风机在停机状态下叶片由于自然通风而自行转动（通常是反转）。因此，可于启动前在电动机的定子绕组内通入直流电流，以保证电动机在零速状态下开始启动。

MM440 变频器的制动方式及其功能解释见表 3-9。

表 3-9   MM440 变频器的制动方式

制 动 方 式	功 能 解 释	相 关 参 数
直流制动	变频器向电动机定子注入直流电流	P1230=1 使能直流制动 P1232=直流制动强度 P1233=直流制动持续时间 P1234=直流制动的起始频率
能耗制动	变频器通过制动单元和制动电阻，将电动机回馈的能量以热能的形式消耗掉	P1237=1～5，能耗制动的工作停止周期 P1240=0，禁止直流电压控制器，从而防止斜坡下降时间的自动延长

快速调试阶段设置的变频器参数主要有两个，选择命令源 P0700 和选择频率给定源 P1000。本节中需要设置 P0700=1（由 BOP 面板发出启停命令），P1000=1（由 MOP 电位计来指定运行频率），两个参数的详细含义将在后续内容中介绍。

3. 快速调试流程

MM440 变频器的快速调试（QC）流程如图 3-38 所示。

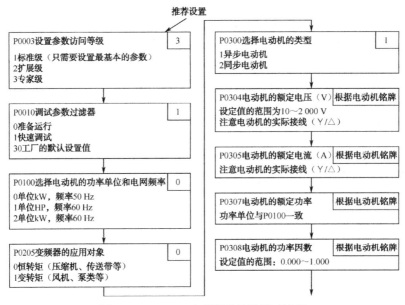

图 3-38   MM440 变频器的快速调试流程

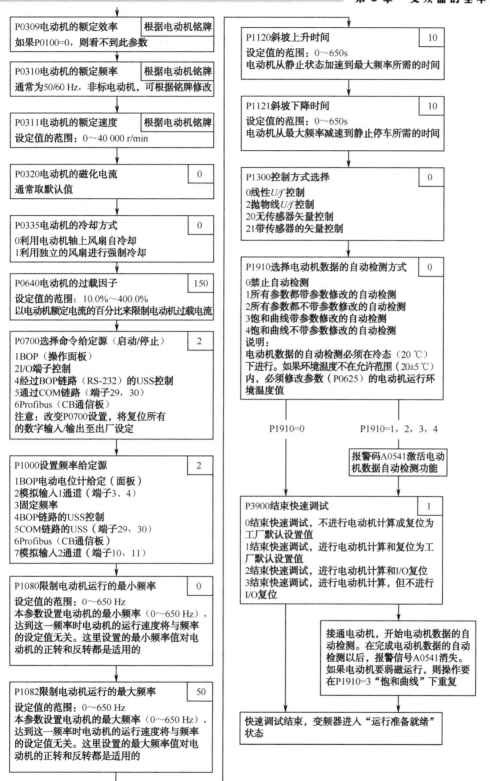

图 3-38　MM440 变频器的快速调试流程（续）

変频器技术及应用

下面将快速调试过程中部分参数进行简单说明。

（1）P0010 的参数过滤功能和 P0003 选择用户访问级别的功能在快速调试时是十分重要的。MM440 变频器有 3 个用户访问级，分别是标准级、扩展级和专家级，进行快速调试时如果访问级设置较低，则用户能够看到的参数就较少，因此建议快速调试时将 P0003 设置为 3。

快速调试的进行与参数 P3900 的设定有关，当 P3900 被设定为 1 时，快速调试结束后要完成必要的电动机计算，并使其他所有的参数复位为工厂的默认设置。在 P3900 =1 时，完成快速调试以后，变频器即已作好运行准备。

（2）P0100 参数只能在快速调试 P0010=1 时进行修改。

本参数用于确定功率设定值（如铭牌的额定功率 P0307）的单位是 kW 还是 hp。除了基准频率（P2000）以外，还有铭牌的额定频率默认值（P0310）和最大电动机频率（P1082）的单位也都在这里自动设定。

可能的设定值：

P0100=0 欧洲（kW），频率默认值为 50 Hz。

P0100=1 北美（hp），频率默认值为 60 Hz。

P0100=2 北美（kW），频率默认值为 60 Hz。

改变本参数之前，首先要使驱动装置停止工作，即封锁全部脉冲。

本参数的设置与 I/O 板上 DIP 开关 2（如图 3-39 所示）的设定值关联密切，用于确定 P0100 的设定值 0 或 1 哪个有效，即根据图 3-40 来确定 P0100 设定的使用地区及功率和频率的确切信息。

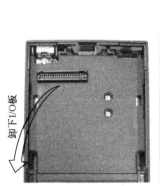

图 3-39 MM440 变频器 DIP2 拨码开关

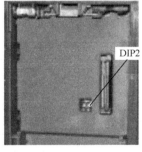

图 3-40 使用地区判别流程

（3）P0205 变频器的应用对象。

本参数只能在快速调试 P0010=1 时进行修改。

选择变频器的应用对象，可能的设定值为：

70

P0205=0　恒转矩 CT。

P0205=1　变转矩 VT。

如果在整个频率调节范围内驱动的对象都需要恒定的转矩时就采取 CT 运行方式，许多负载都可以看成恒转矩负载，典型的恒转矩负载有皮带运输机、空气压缩机等。如果驱动对象的频率–转矩特性是抛物线型的，如许多风机和水泵，则采取 VT 运行方式，见表 3-10。

表 3-10　常见负载的转矩特性

转矩	$M\sim\frac{1}{f}$	$M=$常数	$M\sim f$	$M\sim f^2$
功率	常数	$P\sim f$	$P\sim f^2$	$P\sim f^3$
特性				
应用	卷取机 平面加工车床 回转式切割机	起重绞车 皮带运输机 生产过程机械 加工成型设备 轧钢机、刨床 压缩机	具有黏滞摩擦的 压光机 涡流制动器	泵类 风机 离心机

（4）P0300 选择电动机的类型。

本参数只能在快速调试 P0010=1 时进行修改。

调试期间，在选择电动机的类型和优化变频器的特性时需要选定这一参数。

实际使用的电动机大多是异步电动机；如果不能确定所用的电动机是异步电动机还是同步电动机，则可以按照式（3-1）进行计算：

$$X = \frac{电动机的额定频率(P0310\times60)}{电动机的额定速度(P0311)} \tag{3-1}$$

若 X=1，2，…，n；则该电动机是同步电动机；

若 $X\neq1$，2，…，n；则该电动机是异步电动机。

可能的设定值：

P0300=1 异步电动机。

P0300=2 同步电动机。

（5）P0304 电动机的额定电压。

额定电压的设定范围是 10～2 000 V，默认设置为 230 V，设定时需要根据电动机的铭牌进行输入。

本参数只能在快速调试 P0010=1 时进行修改。

输入变频器的电动机铭牌数据必须与电动机的接线（星形或是三角形）相一致，也就是说，如果电动机采取三角形接线，则必须输入三角形接线的铭牌数据。

三相电动机的接线如图 3-41 所示。

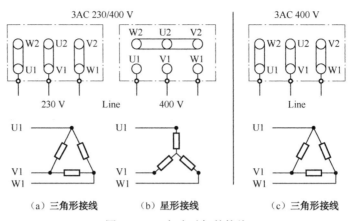

（a）三角形接线　　　　（b）星形接线　　　　（c）三角形接线

图 3-41　三相电动机的接线

（6）P0305 电动机的额定电流。

额定电流的设定范围为 0.01～10 000 A，默认设置为 3.25 A，设定时需要根据电动机的铭牌进行输入。

本参数只能在快速调试 P0010=1 时进行修改。

对于异步电动机，电动机电流的最大值可定义为变频器的最大电流（r0209）；对于同步电动机，电动机电流的最大值可定义为变频器最大电流（r0209）的两倍。

（7）P0307 电动机的额定功率。

额定功率的设定范围为 0.01～2 000，默认设置为 0.75，设定时需要根据电动机的铭牌进行输入。

若 P0100=1，则本参数的单位为 hp。

本参数只能在快速调试 P0010=1 时进行修改。

（8）P0308 电动机的额定功率因数。

额定功率因数的设定范围为 0.000～1.000，默认设置为 0.000，设定时需要根据电动机的铭牌进行输入（$\cos\phi$）。

本参数只能在 P0010=1（快速调试）时进行修改，且只能在 P0100=0 或 2（输入的功率以"kW"表示）时才能见到。

参数的设定值为 0 时，将由变频器内部来计算功率因数。

（9）P0309 电动机的额定效率。

铭牌数据，电动机的额定效率以"%"表示。

本参数只能在 P0010=1（快速调试）时进行修改，且只有在 P0100=1（即以 hp 表示输入的功率）时才是可见的。

（10）P0310 电动机的额定频率。

额定频率的设定范围为 12.00～650.00，默认设置为 50.00，设定时需要根据电动机的铭牌进行输入。

本参数只能在 P0010=1（快速调试）时进行修改。

（11）P0311 电动机的额定速度。

额定速度的设定范围为 0～40 000，默认设置为 0，设定时需要根据电动机的铭牌进行输入。

本参数只能在 P0010=1（快速调试）时进行修改。

参数的设定值为 0 时，将由变频器内部来自动计算电动机的额定速度。

对于带有速度控制器的矢量控制和 U/f 控制方式，以及在 U/f 控制方式下需要进行滑差补偿时，必须要有这一参数才能正常运行。

如果这一参数进行了修改，则变频器将自动重新计算电动机的极对数。

（12）P0335 电动机的冷却。

本参数用于选择电动机采用的冷却系统，设定时需要根据电动机的铭牌进行输入。

可能的设定值为：

P0335=0 自冷。采用安装在电动机轴上的风机进行冷却。

P0335=1 强制冷却。采用单独供电的冷却风机进行冷却。

P0335=2 自冷和内置冷却风机（有的电动机带有内置冷却风机）。

P0335=3 强制冷却和内置冷却风机。

本参数只能在 P0010=1（快速调试）时进行修改。

（13）P0640 电动机的过载因子。

本参数的设定范围为 10.0%～400.0%，是以电动机额定电流（P0305）的百分值表示的电动机过载电流限值，默认值为 150%。

本参数只能在 P0010=1（快速调试）时进行修改。

（14）P1080 电动机最低频率。

本参数的设定范围为 0.00～650.00 Hz，默认值为 0.00 Hz。本参数设定最低电动机频率，当电动机达到这一频率时，电动机的运行速度将与频率设定值无关。本参数的设定值既适用于电动机顺时针方向转动，也适用于逆时针方向转动。

（15）P1082 电动机最高频率。

本参数的设定范围为 0.00～650.00 Hz，默认值为 50.00 Hz。本参数设定电动机频率最高值，当电动机达到这一频率时，电动机的运行速度将与频率设定值无关。本参数的设定值既适用于电动机顺时针方向转动，也适用于逆时针方向转动。

（16）P1120 斜坡上升时间。

本参数的设定范围为 0.00～650.00 s，默认值为 10.00 s，表示斜坡函数曲线不带平滑圆弧时电动机从静止状态加速到最高频率（P1082）所用的时间。

设定的斜坡上升时间不能太短，否则可能会因为过电流而导致变频器跳闸。

（17）P1121 斜坡下降时间。

本参数的设定范围为 0.00～650.00 s，默认值为 10.00 s，表示斜坡函数曲线不带平滑圆弧时电动机从最高频率（P1082）减速到静止停车所用的时间。

设定的斜坡下降时间不能太短，否则可能会因为过电流或过电压而导致变频器跳闸。

（18）P1300 变频器的控制方式。

通过选择不同的控制方式来控制电动机的速度和变频器的输出电压之间的相对关系，如图 3-42 所示。

可能的设定值：

P1300=0 线性特性的 U/f 控制，如图 3-42 中的曲线'0'所示。

P1300=1 带磁通电流控制（FCC）的 U/f 控制。

P1300=2 带抛物线特性（平方特性）的 U/f 控制，如图 3-42 中的曲线'2'所示。

P1300=3 特性曲线可编程的 U/f 控制。

P1300=4 ECO（节能运行）方式的 U/f 控制。

P1300=5 用于纺织机械的 U/f 控制。

P1300=6 用于纺织机械的带 FCC 功能的 U/f 控制。

P1300=19 具有独立电压设定值的 U/f 控制。

P1300=20 无传感器的矢量控制。

P1300=21 带有传感器的矢量控制。

P1300=22 无传感器的矢量-转矩控制。

P1300=23 带有传感器的矢量-转矩控制。

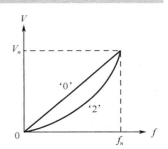

图 3-42　电动机速度与变频器输出电压间的关系曲线

若 P1300≥20，控制方式为矢量控制时，变频器内部将输出最高频率限制为 200 Hz 和 5×电动机额定频率（P0310）中的较低值，并在显示频率最高设定值 r1084 中显示。矢量控制方式只适用于异步电动机的控制。

（19）P1910 选择电动机数据是否自动检测（识别）。

本参数用于完成电动机参数的自动检测，可能的设定值为：

P1910=0 禁止自动检测功能。

P1910=1 所有参数都自动检测，并改写参数数值。

P1910=2 所有参数都自动检测，但不改写参数数值。

P1910=3 饱和曲线自动检测，并改写参数数值。

P1910=4 饱和曲线自动检测，但不改写参数数值。

…

在选择电动机数据自动检测之前，必须首先完成快速调试。当 P1910=1 时会产生一个报警信号 A0541 给予报警，在接着发出 ON 命令时，立即开始电动机参数的自动检测。

（20）P3900 结束快速调试。

本参数用于完成优化电动机运行所需的计算，可能的设定值为：

P3900=0 不用快速调试。

P3900=1 结束快速调试，并按工厂设置使参数复位。

P3900=2 结束快速调试。

P3900=3 结束快速调试，只进行电动机数据的计算。

本参数只在快速调试 P0010=1 时才能改变。在完成计算以后，P3900 和 P0010（调试参数组）自动复位为其初始值 0。

实践 4　MM440 变频器的快速调试

1）实践内容

（1）熟悉变频器的快速调试过程。

（2）掌握加/减速时间、三种加/减速曲线的设定原则与方法。

2）实践步骤

（1）按图 3-20 所示接线原理图，对变频调速实训装置进行补充配线。

（2）对接线结果进行检查，确保准确、无误。

（3）线路检查无误后，合上 QS 空气开关，为实训装置送电。

（4）进行变频器的参数复位。

（5）进行变频器的快速调试

按照图 3-38 所示的流程，对变频器进行快速调试。

（6）变频器的功能调试

变频器的功能调试是指用户按照具体生产工艺的需要进行的设置操作。

① 线性加/减速模式的调整。

a．进行如下功能参数的修改与设定：

P0700=1；P1000=1；P1080=0；P1082=60；P1120=8；P1121=8；P1040=45。

b．按下变频器 BOP 面板上的"启动按键"，使变频器正向运行，此时变频器的运行频率为＿＿＿Hz，加速时间为＿＿s。运行几秒后，按下变频器 BOP 面板上的"停止按键"，使变频器停止运行，此时的减速时间为＿＿＿s。

c．对相关功能参数进行如下修改：

P0700=1；P1000=1；P1080=0；P1082=50；P1120=6；P1121=6；P1040=70。

d．按下变频器 BOP 面板上的"启动按键"，使变频器正向运行，此时变频器的运行频率为＿＿＿Hz，加速时间为＿＿s。运行几秒后，按下变频器 BOP 面板上的"停止按键"，使变频器停止运行，此时的减速时间为＿＿＿s。

e．画出线性方式的加/减速曲线。

② 半 S 形加/减速方式的调整。

a．进行如下功能参数的修改与设定：

P1082=60；P1120=5；P1121=8；P1040=40；P1130=3；P1133=3。

b．按下变频器 BOP 面板上的"启动按键"，使变频器正向运行，此时变频器的运行频率为＿＿＿Hz，加速时间为＿＿s。运行几秒后，按下变频器 BOP 面板上的"停止按键"，使变频器停止运行，此时的减速时间为＿＿＿s。

c．画出半 S 形方式的加/减速曲线。

③ S 形加/减速方式的调整。

a．进行如下功能参数的修改与设定：

P1082=60；P1120=5；P1121=8；P1040=40；P1130=3；P1131=3；P1132=3；P1133=3。

b．按下变频器 BOP 面板上的"启动按键"，使变频器正向运行，此时变频器的运行频率为＿＿＿Hz，加速时间为＿＿s。运行几秒后，按下变频器 BOP 面板上的"停止按键"，使变频器停止运行，此时的减速时间为＿＿＿s。

c．画出 S 形方式的加/减速曲线。

3.4　变频器的命令给定方式

变频器的命令给定方式（运转指令给定方式）是指如何控制变频器的基本运行功能，这些功能包括启动、停止、正转与反转、正向点动与反向点动等，简单地说，变频器的命令给定方式就是指采用什么方式来控制变频器的启停。

3.4.1　通用变频器的命令给定方式

变频器的命令给定方式主要有 3 种，分别是操作面板键盘控制、端子控制和通信控制。应用时具体选用哪一种命令给定方式是按照实际工程需要进行选择设置的，同时 3 种给定方式之间也可以根据功能需要进行相互切换。

1.　操作面板键盘控制

操作面板键盘控制是变频器最简单的命令给定方式，用户可以通过变频器操作面板键盘上的运行按键、停止按键、点动按键、换向按键来直接控制变频器的运转。

操作面板键盘控制方式的最大特点是简单、方便、实用，用户只需将主电路配好线，就能直接控制电动机的运行。也就是说，用户无须对控制电路配线就能够控制电动机的正/反转及点动，并可通过 LED 数码或 LCD 液晶屏显示故障类型，了解变频器是否处于运行过程、运行频率是多少，是否处于报警故障（过载、超温、堵转等）过程、报警故障代码是多少等。

在操作面板键盘控制方式下，变频器的正转和反转可以通过换向按键进行切换和选择。如果键盘定义的正转方向与实际电动机的正转方向（或设备的前行方向）相反，也可以通过修改相关的参数进行更正，如有些变频器参数定义是"正转有效"或"反转有效"，有些变频器参数定义则是"与命令方向相同"或"与命令方向相反"。

对于某些不允许反转的生产设备，如泵类负载，变频器则专门设置了禁止电动机反转的功能参数。该功能对端子控制、通信控制都有效。

变频器的操作面板键盘通常直接安装在变频器上，还可以通过延长线放置在用户容易操作的短距离空间里（如 5 m 以内），距离较远时还可以使用远程操作面板键盘。

2.　端子控制

端子控制方式是指变频器的运转指令是利用变频器的外接输入端子通过外部输入开关信号（或电平信号）进行控制的方式。

这些连接到变频器输入端子的外部输入开关信号可能是按钮、选择开关，也可能是继电器的触点，还有可能是 PLC 或 DCS 的继电器模块，这些器件的通断代替了操作面板键盘上的运行按键、停止按键、点动按键等，实现对变频器的远距离控制。

端子控制是在实际工程应用中经常使用的一种命令给定方式。

3.　通信控制

通信控制方式是指利用变频器的通信端口，由上位机对变频器进行正/反转、点动、故障复位等控制。

所有的变频器都会配置通信端口，但接线方式却因变频器通信协议的不同而有所差异。一般来说，变频器大多提供 RS-232 或 RS-485 的通信端口。

变频器的通信方式可以组成单主单从或单主多从的通信控制系统，利用上位机（PC、PLC 控制器或 DCS 控制系统）软件实现对网络中变频器的实时监控，完成远程控制、自动控制，以及实现更复杂的运行控制，如无限多段程序运行等。

3.4.2　MM440 变频器的命令给定方式

MM440 变频器的命令给定方式是通过参数 P0700 来选择的。

1. P0700 参数介绍

P0700 选择命令源。

本参数用于选择数字的命令信号源。

最小值为 0，默认值为 2，最大值为 6，可能的设定值为：

P0700=0 工厂的默认设置。

P0700=1 BOP（键盘）设置。

P0700=2 由端子排输入。

P0700=4 BOP 链路的 USS 设置。

P0700=5 COM 链路的 USS 设置。

P0700=6 COM 链路的通信板（CB）设置。

当 P0700 的设定值从 1 改为 2 时，所有的数字输入都设定为默认设置。

2. MM440 变频器面板控制方式

当设置参数 P0700=1 时，表明启动、停止等命令由 BOP 面板键盘发出，也就是说，此时 BOP 面板上的启动按键、停止按键、换向按键、点动按键都是有效的，按动这些按键，可以控制变频器的运行。

3. MM440 变频器外端子控制方式

当设置参数 P0700=2 时，表明启动、停止等命令是由变频器的外端子发出的，此时 BOP 面板上的启动按键、停止按键、换向按键、点动按键都无效，变频器的运行是通过变频器数字控制端子的通断来实现的。

1）MM440 变频器的数字端口

MM440 变频器包含 6 个数字开关量的输入端子（参见图 3-9），每个端子都由一个对应的参数用来设定该端子的功能。

端子 5、6、7、8、16、17 是数字开关量输入端子，以 DIN1～DIN6 表示，它们的功能分别由参数 P0701～P0706 来设定。每个参数的设置范围均为 0～99，工厂默认值为 1，下面列出其中几个参数值，并说明其含义。

0：禁止数字输入。

1：ON/OFF1，接通正转 OFF1 停车。

2：ON reverse/OFF1，接通反转 OFF1 停车。

3：OFF2（停车命令 2），按惯性自由停车。

4：OFF3（停车命令 3），按斜坡函数曲线快速降速。

9：故障确认。

10：正向点动。

11：反向点动。

13：MOP（电动电位计）升速（增加频率）。

14：MOP 降速（减小频率）。

15：固定频率设定值（直接选择）。

16：固定频率设定值（直接选择+ON 命令）。

17：固定频率设定值（二进制编码选择+ON 命令）。

25：使能直流注入制动。

将上述内容可简化为表 3-11。

表 3-11　MM440 变频器的数字端口设定

端 子 号	代 号	名 称	参 数	参数设定值
5	DIN1	数字端口 1	P0701	1：接通正转/OFF1 停车
6	DIN2	数字端口 2	P0702	2：接通反转/OFF1 停车
7	DIN3	数字端口 3	P0703	10：正向点动
8	DIN4	数字端口 4	P0704	11：反向点动
16	DIN5	数字端口 5	P0705	17：固定频率设定值（二进制）
17	DIN6	数字端口 6	P0706	（只有 P0701～P0704 可以等于 17）

2）外端子控制变频器的启停

有两个按钮，SB1 为自锁按钮，SB2 为自复位按钮，若要实现 SB1 按钮控制变频器的正向运行，SB2 按钮控制变频器的正向点动，利用变频器的外端子控制变频器的运行，如何实现？

如图 3-43 所示，可将两个按钮分别接入 MM440 变频器的 5、6 端口。

SB1 按钮接入端口 5 控制变频器的正向运行，由表 3-11 可知，端口 5 的功能由参数 P0701 设置，因此可设置 P0701=1。

SB2 接入端口 6 控制变频器的正向点动，由表 3-11 可知，端口 6 的功能由参数 P0702 设置，因此可设置 P0702=10。

功能调试结束后，变频器运行时，接通 SB1 按钮，变频器可按给定的频率值正向运行，电动机正转，断开 SB1 按钮，变频器执行减速停机，按照 P1121 所设定的斜坡下降时间由全速降为零；接通 SB2 按钮，变频器可按 P1058 给定的正向点动频率正向点动运行，电动机正向点动运转，断开 SB2 按钮，变频器停机。

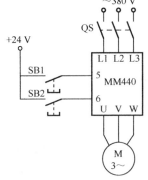

图 3-43　外端子控制变频器运行接线图（1）

实践 5　利用外端子控制变频器的运行

1）实践内容

（1）正确进行变频器的外部接线。

（2）正确设置变频器的相关参数。

（3）利用 BOP 面板控制变频器的运行。

（4）利用外端子控制变频器的运行。

2）实践步骤

（1）按照图 3-44 的接线原理图，将变频器与电动机正确连接，经检查确认接线无误，合上 QS 空气开关，为装置送电。

（2）进行变频器的参数复位。

（3）进行变频器的快速调试。

（4）利用 BOP 面板控制变频器的运行。

功能调试：设置参数 P0700=1，P1000=1。

设置参数 P1080=0，P1082=50，P1040=40。

运行：按下变频器 BOP 面板上的"启动按键"，变频器正向运行，运行频率为 40 Hz。

按下变频器 BOP 面板上的"停止按键"，使变频器停止运行。

按下变频器 BOP 面板上的"换向按键"，再按下"启动按键"，变频器反向运行，运行频率为 40 Hz。

（5）利用外端子控制变频器的运行。

① 4 个按钮中 SB1 和 SB2 为自锁控制按钮，SB3 和 SB4 为自复位按钮，按照图 3-44 所示接入 MM440 变频器，要求：

SB1 控制电动机正向运行，运行频率为 50 Hz；

SB2 控制电动机反向运行，运行频率为 50 Hz；

SB3 控制电动机正向点动运行，点动频率为 10 Hz；

SB4 控制电动机反向点动运行，点动频率为 20 Hz。

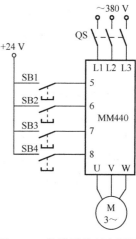

图 3-44　外端子控制变频器运行接线图（2）

② 进行变频器的功能调试，设置变频器数字输入控制端口及其他相关参数：

P0700	P0701	P0702	P0703	P0704	P1000	P1040	P1058	P1059

③ 运行及监测

● 按下 SB1 按钮后，变频器数字输入端口 5 为"ON"，电动机正向运行，由 0 逐渐加速到由_____参数设置的 50 Hz；断开 SB1 按钮，变频器数字输入端口 5 为"OFF"，电动机按照 P1121 默认设置的____s 斜坡下降时间停车。按下 SB2 按钮后，电动机反向运行，反向运行情况与正向运行类似。

● 按住 SB3 按钮后，变频器数字输入端口 7 为"ON"，电动机按照_____参数设置的 10 Hz 正向点动运行，松开 SB3 按钮，数字输入端口 7 为"OFF"，电动机按照 P1061 设置的____s 点动斜坡下降时间停车。按住 SB4 按钮后，电动机反向点动运行，情况与正向点动运行类似。

3.5 变频器的频率给定方式

3.5.1 频率给定的方式与选择

要调节变频器的输出频率，必须首先向变频器提供改变频率的信号，这个信号被称为给定信号。所谓给定方式就是指调节变频器输出频率的具体方法，也就是提供给定信号的方式。

常见的频率给定方式主要有面板给定方式和外部给定方式两种。

1. 面板给定方式

面板给定方式是指通过操作面板上的键盘或电位器进行频率给定（即调节频率）的方法。

1）键盘给定

频率的大小可以通过键盘上的升键（增大键）和降键（减小键）来进行给定。键盘给定属于数字量给定，精度较高。

图 3-45 所示为台达 VFD-B 系列变频器所用操作面板，频率的设定及变更可以通过面板上的数值变更键进行调整。

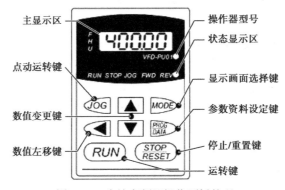

图 3-45 台达变频器操作面板外观

2）电位器给定

部分变频器在操作面板上设置了电位器，频率的大小也可以通过电位器进行调节。电位器给定属于模拟量给定，精度稍低。

图 3-46 所示为三菱适用于 A800 系列通用变频器的 FR-DU08 操作面板，图中⑨为 M 旋钮，通过旋转 M 旋钮，可以进行频率设定值和参数设定值的变更和修改。

大多数变频器的操作面板上并没有设置电位器，因此说明书中所说的"面板给定"实际就是"键盘给定"。

变频器的面板通常可以取下，通过延长线安置在用户操作方便的地方，如图 3-47 所示。

工程应用时，具体采用哪一种给定方式，须通过功能预置来事先决定。

2. 外部给定方式

从外部输入频率给定信号来调节变频器输出频率的大小，主要的外部给定方式有如下几种。

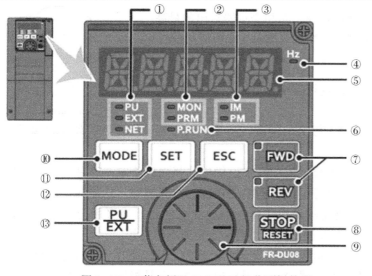

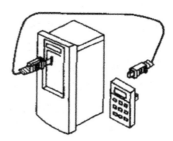

图 3-46　三菱变频器 FR-DU08 操作面板外观　　　　图 3-47　面板遥控给定

1）外接模拟量给定

外接模拟量给定是指通过变频器的模拟输入端子从变频器外部输入模拟量信号（电压或电流）进行给定，并通过调节给定信号的大小来调节变频器的输出频率。

模拟量给定信号的种类有电压信号和电流信号。

（1）电压信号

以电压的大小作为给定信号，常见的给定信号范围有：0～10 V、2～10 V、0～±10 V、0～5 V、1～5 V、0～±5 V 等。

（2）电流信号

以电流的大小作为给定信号，常见的给定信号范围有：0～20 mA、4～20 mA 等。

当变频器有两个或多个模拟量给定信号同时从不同的端子输入时，其中必有一个为主给定信号，其他为辅助给定信号。大多数变频器的辅助给定信号都是叠加到主给定信号（相加或相减）上去的。

2）外接数字量给定

外接数字量给定是指通过变频器的数字量输入端子从变频器外部输入开关信号进行频率的给定。常用的给定方法有两种，一是把开关做成频率的增加键或减小键，开关闭合时给定频率不断增加或减小，开关断开时给定频率保持。二是用开关的组合选择已经设定好的固定频率，也就是 3.7 节将要介绍的多段速功能。

3）外接脉冲给定

部分变频器通过功能预置，可以从指定的输入端子通过输入脉冲序列来进行频率给定，即变频器的输出频率将和外接的给定脉冲频率成正比，这种方式称为外接脉冲给定。

例如，艾默生 TD3000 系列变频器，功能码 F5.08 决定输入端子"X8"的功能，若将它设置为"0"，则"X8"端口将成为外接脉冲给定的输入口。

功能码 F0.03（频率给定方式）预置为"9"，则给定方式为"开关频率给定"（即脉冲给定），给定信号从端子"X8"输入，如图 3-48 所示。

81

功能码 F2.43 选择最大给定脉冲频率，即和变频器输出的最高频率（f_{max}）相对应的脉冲给定频率，预置范围是 1～50 kHz。

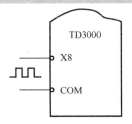

图 3-48　外部脉冲给定

4）通信给定

由 PLC 或计算机通过通信接口进行频率给定的方式称为通信给定。

多种频率给定方式给用户带来了极大的便利，应用时可以根据需要进行给定方式的选择。

如果既可以面板给定又可以外接给定，一般来说优先选择面板给定，这是因为变频器的操作面板包括键盘和显示屏，不仅可以进行频率的精确给定和调整，功能齐全的显示屏还可以显示运行过程中的各种参数及故障代码等。需要注意的是，当采用面板遥控给定时，由于受连接线长度的限制，控制面板与变频器之间的距离不能过长。

如果既可以数字量给定又可以模拟量给定，一般来说要优先选择数字量给定，这是因为数字量给定频率精度较高，而且数字量给定常用按键操作，不易损坏，而模拟量给定通常用电位器操作，容易磨损。

当已经选定用外接模拟量进行频率给定时，必须具体地对如下项目进行选择：

（1）选择模拟量给定的输入通道。

（2）选择模拟给定的物理量（电压或电流）及其量程范围。

（3）选择多个输入通道之间的组合方式。

如果既可以采用电压信号给定又可以采用电流信号给定，一般来说优先选择电流信号，这是因为电流信号在传输过程中，不易受线路电压降、接触电阻及其压降、杂散的热电效应及感应噪声等的影响，抗干扰能力较强，但由于电流信号电路比较复杂，因此在距离不远的情况下，仍以选用电压给定方式居多。

3.5.2　MM440 变频器的频率给定方式

变频器采用哪一种频率给定方式需要通过功能参数来预置。不同的变频器其预置方法各不相同，MM440 变频器是通过参数 P1000 来预置的。

1. P1000 参数

P1000 频率设定值的选择。

P1000 参数是用来选择频率设定值的信号源。在下面给出的可供选择的设定值表中，主设定值由最低一位数字（个位数）来选择（即 0～7），而附加设定值由最高一位数字（十位数）来选择（即 X0～X7），其中，X=1～7）。

P1000=0　无主设定值。

P1000=1　MOP 设定值。

P1000=2　模拟设定值。

P1000=3　固定频率。

…

P1000=10　无主设定值+MOP 设定值。

P1000=11　MOP 设定值+MOP 设定值。

P1000=13 固定频率+MOP 设定值。

…

P1000=20 无主设定值+模拟设定值。

P1000=21 MOP 设定值+模拟设定值。

P1000=22 模拟设定值+模拟设定值。

P1000=23 固定频率+模拟设定值。

…

P1000 参数最小值为 0，最大值为 77，默认设置值为 2。

例如，若设定 P1000=12，那么设定值选择的是主设定值（个位数字 2）由模拟输入，而附加设定值（十位数字 1）则来自电动电位计。

只有一位数字时，表示只有主设定值，没有附加设定值。

2. 电动电位计指定频率

若设置 P1000=1，则 MM440 变频器频率设定值的信号源来自 MOP 电动电位计，具体的频率值需要在参数 P1040 中进行指定。

P1040 MOP 的设定值。

P1040 参数用来确定电动电位计控制（P1000=1）时的设定值。

如果电动电位计的设定值已选作主设定或附加设定值，则将由 P1032 的默认值（禁止 MOP 反向）来防止反向运行。如果想要使反向运行重新成为可能，则应设定 P1032=0。

本参数的最小值为-650.00 Hz，最大值为 650.00 Hz，默认设置值为 5.00 Hz。

例如，实践 4 中，利用外端子控制变频器的启停，要求电动机以 50 Hz 的速度运转，需要设置参数 P1000=1，P1040=50。

3. 模拟设定值指定频率

若设置 P1000=2，则 MM440 变频器频率设定值的信号源来自模拟设定值。

MM440 变频器有两路模拟量输入 AIN1、AIN2（参见图 3-9），通过参数 P0756 进行设置，每路通道的属性以 in000 和 in001 进行区分。

P0756 参数可以定义模拟输入信号的类型，并允许模拟输入的监控功能投入。

可能的设定值为：

P0756=0：单极性电压输入（0～+10 V）。

P0756=1：带监控的单极性电压输入（0～+10 V）。

P0756=2：单极性电流输入（0～20 mA）。

P0756=3：带监控的单极性电流输入（0～20 mA）。

P0756=4：双极性电压输入（-10 V～+10 V）。

设置模拟输入信号的类型，仅仅通过修改参数 P0756 是不够的。确切地说，应该在正确设置 P0756 参数的同时，要求变频器端子板上的 DIP 开关也必须设定在正确的位置上。如图 3-49 所示。

DIP 开关的设定值约定如下：

OFF=电压输入（0～10 V）。

ON =电流输入（0～20 mA）。

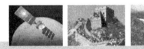

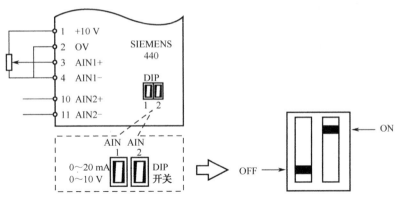

图 3-49　MM440 变频器外接模拟量给定

DIP 开关的安装位置与模拟输入的对应关系如下：

左面的 DIP 开关（DIP1）=模拟输入 1。

右面的 DIP 开关（DIP2）=模拟输入 2。

DIP 开关位于变频器端子板上，如图 3-50 所示。

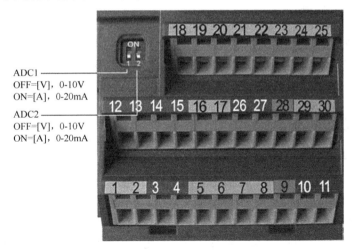

图 3-50　DIP 开关位置

实践 6　MM440 变频器运行频率的给定

1）实践内容

（1）正确进行变频器的外部接线。

（2）利用 MOP 电位计进行电动机频率的调节。

（3）利用外接模拟量进行电动机频率的调节。

2）实践步骤

（1）利用 MOP 电位计进行电动机频率的调节。

要求：利用 BOP 面板控制变频器的运行，MOP 电动电位计指定运行频率，运行频率为 40 Hz。

① 按照图 3-51 所示的接线原理图，将变频器与电动机正确连接，经检查确认接线无误，合上 QS 空气开关，为装置送电。

② 进行变频器的参数复位。

③ 进行变频器的快速调试。

④ 功能调试：

设置参数 P0700=1；P1000=1；

设置参数 P1040=40。

⑤ 运行。

按下变频器 BOP 面板上的"启动按键"，变频器正向运行，运行频率为 40 Hz。

图 3-51　实践 6 接线原理图（1）

按下变频器 BOP 面板上的"停止按键"，使变频器停止运行。

按下变频器 BOP 面板上的"换向按键"，再按下"启动按键"，变频器反向运行，运行频率为 40 Hz。

⑥ 运行正常后，断开 QS 空气开关，将实训装置断电。

（2）利用外接模拟量进行电动机频率的调节。

要求：利用外端子控制变频器的运行，模拟量调节运行频率。

① 按照图 3-52 所示的接线原理图将变频器与电动机正确连接，经检查确认接线无误，合上 QS 空气开关，为装置送电。

② 功能调试。

设置参数 P0700=2，P0701=1，P0702=2。

设置参数 P1000=2。

③ 运行。

按下 SB1 按钮，变频器正向运行，随着对电位器 R_{P1} 的调节，电动机的运行频率在 0～50 Hz 之间变化，断开 SB1 按钮，电动机停止。

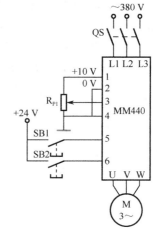

图 3-52　实践 6 接线原理图（2）

按下 SB2 按钮，变频器反向运行，随着对电位器 R_{P1} 的调节，电动机的运行频率在 0～50 Hz 之间变化，断开 SB2 按钮，电动机停止。

实践 7　变频器的组合运行操作

1）实践目的及内容

（1）能够正确进行变频器的外部接线。

（2）能够正确设置变频器的相关参数。

（3）能够灵活运用变频器的 BOP 面板和外端子进行变频器的组合控制。

2）实践步骤

（1）变频器的操作面板控制电动机的正/反转，变频器的操作面板设置电动机的运行频率。

要求：用 BOP 面板控制电动机的启停，要求运行频率为 35 Hz，点动频率为 5 Hz。

步骤：略。

（2）变频器的操作面板控制电动机的正/反转，变频器的外端子设定电动机的运行频率。

要求：用 BOP 面板控制电动机的启停，运行频率由连接到变频器第 1 路模拟端口的外接电位器进行调节。

步骤：

① 按照图 3-53 所示的接线原理图，将变频器与电动机正确连接，经检查确认接线无误，合上 QS 空气开关，为装置送电。

② 功能调试。

设置参数 P0700=1，P1000=2。

③ 运行。

按下变频器 BOP 面板上的"启动按键"，变频器正向运行，随着对电位器 R_{P1} 的调节，电动机的运行频率在 0～50 Hz 之间变化。

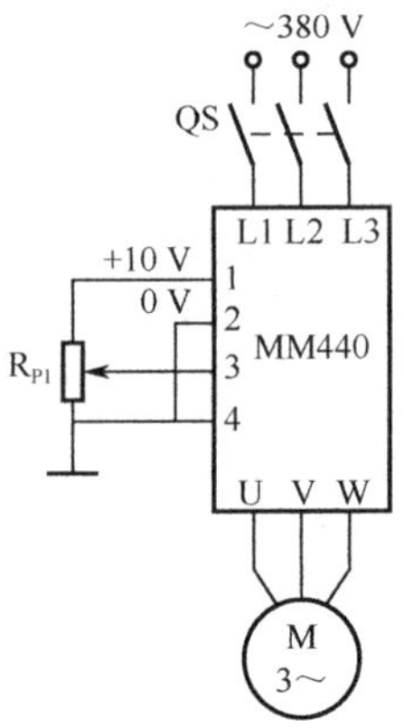

图 3-53　实践 7 接线原理图（1）

按下变频器 BOP 面板上的"停止按键"，变频器停止运行。

按下变频器 BOP 面板上的"换向按键"，再按下"启动按键"，变频器反向运行，随着对电位器 R_{P1} 的调节，电动机的运行频率在 0～50 Hz 之间变化。

按下变频器 BOP 面板上的"停止按键"，变频器停止运行。

④ 运行正常后，断开 QS 空气开关，将实训装置断电。

（3）变频器的外端子控制电动机的正/反转，变频器的外端子设定电动机的运行频率。

要求：自锁按钮 SB1、SB2 控制电动机的正/反转，电动机的运转频率由外接的电位器进行调节。自复位按钮 SB3、SB4 控制电动机的正向点动和反向点动，正向点动频率为 10 Hz，反向点动频率为 15 Hz。

步骤：略。

（4）变频器的外端子控制电动机的正/反转，变频器的操作面板设置电动机的运行频率。

要求：

自锁按钮 SB1 控制电动机正向运行，频率为 45 Hz。

自锁按钮 SB2 控制电动机反向运行，频率为 45 Hz。

自复位按钮 SB3 控制电动机正向点动运行，频率为 5 Hz。

自复位按钮 SB4 控制电动机反向点动运行，频率为 8 Hz。

步骤：略。

3）实践总结

应用参数单元和外部接线共同控制变频器运行的方法称为变频器的组合运行操作。

工业控制中，经常需要参数单元和外部接线的灵活组合运用来控制变频器的运行。例如，生产车间内，各个工段之间运送物料时常使用的平板车就是正/反转变频调速的应用实例。一般常设定为用外部按钮控制电动机的启停（将启停按钮放置在操作人员附近方便控制），用变频器面板调节电动机的运行频率。这种用参数单元控制电动机的运行频率，用外部接线控制电动机启停的运行模式是变频器组合运行模式的一种，是工业控制中常用的方法。

3.6　频率给定线的设定及调整

3.6.1　频率给定线的概念

1. 频率给定线

由模拟量进行外部频率给定时，变频器的给定信号 x 与对应的给定频率 f_x 之间的关系曲线 $f_x = f(x)$ 称为频率给定线。这里的给定信号 x 既可以是电压信号 U_G，也可以是电流信号 I_G。

2. 基本频率给定线

在给定信号 x 从 0 增大至最大值 x_{max} 的过程中，给定频率 f_x 线性地从 0 增大到最大频率 f_{max} 的频率给定线称为基本频率给定线。

基本频率给定线的起点为（$x=0$，$f_x=0$），终点为（$x=x_{max}$，$f_x=f_{max}$），如图 3-54 所示。

例如，给定信号为电压信号，给定范围为 $U_G=0 \sim 10$ V，要求对应的输出频率为 $f_x=0 \sim 50$ Hz。

由要求可知，$U_G=0$ V 与 $f_x=0$ Hz 相对应，$U_G=10$ V 与 $f_x=50$ Hz 相对应。由基本频率给定线（图 3-54）可知，$U_G=5$ V 与 $f_x=25$ Hz 相对应。

在数字量给定（包括键盘给定、外接升速/降速给定、外接多档转速给定等）时，最大频率是指变频器允许输出的最高频率。

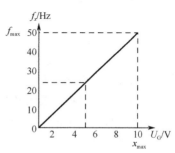

图 3-54　基本频率给定线

在模拟量给定时，最大频率是指与最大给定信号相对应的频率。在基本频率给定线上，它是与终点对应的频率。

最大频率用 f_{max} 表示。

3.6.2　频率给定线的调整

在生产实践中常常遇到这样的情况：生产机械所要求的最低频率及最高频率常常不是 0 和额定频率，或者说，实际要求的频率给定线与基本频率给定线并不一致，所以需要对频率给定线进行适当调整，使之符合生产实际的需要。

由于频率给定线是直线，所以只要确定好频率给定线的起点（即当给定信号为最小值时对应的频率）和终点（即当给定信号为最大值时对应的频率），即可完成对频率给定线的调整。

不同厂家变频器频率给定线的调整方式不尽相同，但大致不外乎设定偏置频率和频率增益，以及设定坐标两种方式。

1. 偏置频率和频率增益设定方式

1）偏置频率

部分变频器把给定信号为"0"时的对应频率称为偏置频率，用 f_{BI} 表示，如图 3-55 所示。偏置频率的表示方法主要有以下几种。

（1）频率表示。

频率表示即直接用偏置频率 f_{BI} 值来表示。

（2）百分数表示。

用百分数 $f_{BI}\%$ 表示。

$$f_{BI}\% = \frac{f_{BI}}{f_{max}} \times 100\%$$

式中　　$f_{BI}\%$——偏置频率的百分数。

　　　　f_{BI}——偏置频率，单位为 Hz。

　　　　f_{max}——变频器实际输出的最大频率，单位为 Hz。

2）频率增益

当给定信号为最大值 X_{max} 时，变频器的最大给定频率与实际最大输出频率之比的百分数，用 $G\%$ 表示：

$$G\% = \frac{f_{XM}}{f_{max}} \times 100\%$$

式中　　$G\%$——频率增益。

　　　　f_{max}——变频器预置的最大频率，单位为 Hz。

　　　　f_{XM}——虚拟的最大给定频率，单位为 Hz。

在这里，变频器的最大给定频率 f_{XM} 不一定与最大频率 f_{max} 相等。

当 $G\%<100\%$ 时，变频器实际输出的最大频率等于 f_{XM}，如图 3-56 中的曲线②所示（曲线①是基本频率给定线）；当 $G\%>100\%$ 时，变频器实际输出的最大频率只能与 $G\%=100\%$ 时相等，如图 3-56 中的曲线③所示。

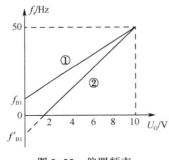

图 3-55　偏置频率

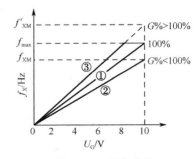

图 3-56　频率增益

2. 坐标设定方式

部分变频器的频率给定线是通过预置其起点和终点的坐标来进行调整的，具体的调整方法又可细分为直接坐标预置和预置上、下限值两种方式。

1）直接坐标预置

如图 3-57 所示，通过直接预置起点坐标（x_{min}，f_{min}）与终点坐标（x_{max}，f_{max}）来预置频率给定线，如图中（a）所示；如果要求频率与给定信号成反比，则起点坐标为（x_{min}，f_{max}），终点坐标为（x_{max}，f_{min}），如图中（b）所示。

2）预置上、下限值

有的变频器并不是直接预置坐标点，而是通过预置给定信号或给定频率的上、下限值间接进行坐标预置。具体地说，又有预置给定信号的上、下限值和预置给定频率的上、下限值。

（1）预置给定信号的上、下限值

给定信号的最大限值用 $x_{\max}$ 表示，最小限值用 $x_{\min}$ 表示，也可以用百分数 $x_{\min}\%$ 表示，如图 3-58 所示。其中，百分数 $x_{\min}\%$ 的定义为

$$x_{\min}\% = \frac{x_{\min}}{x_{\max}} \times 100\%$$

式中　$x_{\min}\%$——最小给定信号的百分数。

　　　　$x_{\min}$——最小给定信号，单位为 V 或 mA。

　　　　$x_{\max}$——最大给定信号，单位为 V 或 mA。

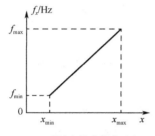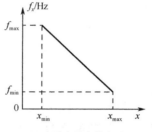

（a）频率与给定值成正比　　　　（b）频率与给定值成反比

图 3-57　直接预置坐标调整频率给定线

（2）预置给定频率的上、下限值

预置给定频率的最大值 $f_{\max}$ 和最小值 $f_{\min}$，如图 3-58（b）所示。

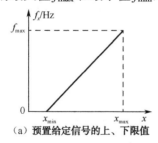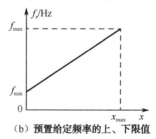

（a）预置给定信号的上、下限值　　（b）预置给定频率的上、下限值

图 3-58　预置给定信号和给定频率的上、下限值

3. 频率给定线的应用举例

实例 3-5　某用户要求，当模拟量给定信号为 1～5 V 时，变频器输出频率为 0～50 Hz。

要满足上述要求，众多变频器的处理方法大致可分为两大类。

1）具有信号范围选择功能

对于这类变频器，可以将给定信号范围直接预置为 1～5 V，并设置与 1 V 对应的频率为 0，与 5 V 对应的频率为 50 Hz，作出频率给定线，如图 3-59 中曲线②所示（曲线①为基本频率给定线）。

例如明电舍 VT230S 系列变频器，将功能码 B00-1（最大频率的简单设定）预置为"1"，意味着最高频率选择为"50 Hz"；将功能码 C12-0（FSV 端子输入模式）预置为"3"，意味着将端子 FSV 输入的给定信号范围预置为"1～5 V"。

2）不具有信号范围选择功能

这类变频器的模拟量给定信号范围通常规定为 0～10 V，针对这种情况，首先应正确作出频率给定线。如图 3-60 所示，由"$X_G=1$ V、$f_x=0$"得到频率给定线②的起点 A，又由"$X_G=5$ V、$f_x=50$ Hz"得到频率给定线②的终点 B。图中，曲线①为基本频率给定线。

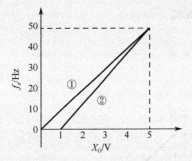

图 3-59　例 3-5 频率给定线（1）

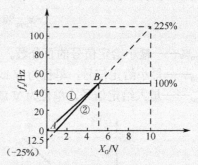

图 3-60　例 3-5 频率给定线（2）

由曲线①的延长线可知：

（1）与 $X_G=0$ 对应的频率是-12.5 Hz，为最高频率的-25%。

（2）与 $X_G=10$ V 对应的频率是 112.5 Hz，为最高频率的 225%。

例如安川 G7A 系列变频器，为完成例 3-5 的控制要求，需将功能码 E1-04（最高输出频率）预置为 50 Hz，将功能码 H3-01（选择频率指令端子 A1 的信号值）预置为"0"（意味着给定信号的范围为 0～+10 V），将功能码 H3-02（频率指令端子 A1 输入增益）预置为"225%"，使与 5 V 对应的频率为 50 Hz，将功能码 H3-03（频率指令端子 A1 输入偏置）预置为"-25%"，使与 1 V 对应的频率为 0 Hz。

实例 3-6　用户要求，当模拟量电流给定信号为 4～20 mA 时，变频器的输出频率为 50～0 Hz。

根据用户要求，作出频率给定线如图 3-61 所示。

若选用富士 G11S 系列变频器，为完成用户要求，需要将功能码 F01（频率设定 1）预置为"2"，则给定信号从端子 C1 输入，信号范围为"4～20 mA"；将功能码 F17（频率设定信号增益）预置为"0"，使给定信号为 20 mA 时对应的频率为 0；将功能码 F18（频率偏置）预置为"+60 Hz"，则 0 mA 时的偏置频率 f_{BI} 为 60 Hz，使与 4 mA 对应的频率为 50 Hz。

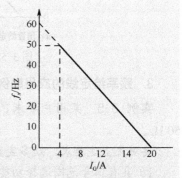

图 3-61　例 3-6 频率给定线

若选用康沃 CVF-G2 系列变频器，为完成用户要求，需要进行如下设置。

（1）将功能码 b-1（频率输入通道选择）预置为"4"，则给定信号从端子 H 输入，信号范围为"0～20 mA"。

（2）将功能码 L-43（最小模拟输入电流）预置为"4 mA"，则频率给定信号的范围为"4～20 mA"。

（3）将功能码 L-49（输入下限对应设定频率）预置为"50"，则与 4 mA 对应的频率为 50 Hz。

（4）将功能码 L-50（输入上限对应设定频率）预置为"0"，则与 20 mA 对应的频率为 0。

3.6.3　模拟量给定的正/反转控制

1.　控制方式

当由外接模拟量进行频率的给定时，对电机正/反转的控制主要采取下述两种方式：

（1）由给定信号的正/负来控制正/反转，给定信号可负可正，正信号控制正转，负信号控制反转，如图 3-62（a）所示。

（2）由给定信号中的任意值作为正转和反转的分界点，如图 3-62（b）所示。

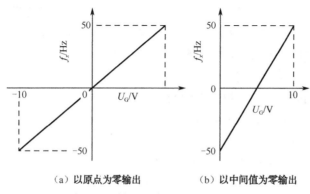

（a）以原点为零输出　　（b）以中间值为零输出

图 3-62　模拟量给定的正/反转控制

2.　死区的设置

用模拟量给定信号进行正/反转控制时，"0"速控制很难稳定，在"0"速附近常常出现正转相序与反转相序的"反复切换"现象。为了防止这种"反复切换"现象的发生，需要在"0"速附近设定一个死区 Δx，如图 3-63 所示。MM440 变频器的死区由参数 P0761 指定。

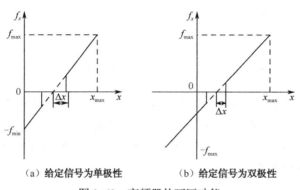

（a）给定信号为单极性　　（b）给定信号为双极性

图 3-63　变频器的死区功能

3. 有效"0"的设置

在给定信号为单极性的正/反转控制方式中存在一个特殊的问题，即万一给定信号因电路接触不良或其他原因而"丢失"，则变频器的给定输入端得到的信号为"0"，其输出频率将跳变为反转最大频率，电动机将从正常工作状态转入高速反转状态。

显然，在生产过程中，这种情况的出现是十分有害的，甚至有可能损坏生产机械。对此，变频器设置了一个有效"0"功能。也就是说，让变频器的实际最小给定信号不等于 0（$x_{min} \neq 0$），而当给定信号 $x=0$ 时，变频器将输出频率降至 0，如图 3-64 所示。

例如，将有效"0"预置为 0.3 V 或更高，则有：

（1）当给定信号 $x=0.3$ V 时，变频器的输出频率为 f_{min}；

（2）当给定信号 $x<0.3$ V 时，变频器的输出频率降为 0。

3.6.4 MM440 变频器频率给定线的调整

MM440 变频器通过调整频率给定线的起点（给定信号最小值及其对应的频率）和终点（给定信号最大值及其对应的频率）的坐标来调整频率给定线，具体通过参数 P0757、P0758、P0759 和 P0760 来实现，如图 3-65 所示。其中：

P0757 标定模拟输入的 x_1 值[V/mA]。

P0758 标定以[%]值表示的模拟输入的 y_1 值。

P0759 标定模拟输入的 x_2 值[V/mA]。

P0760 标定以[%]值表示的模拟输入的 y_2 值。

ASPmax 表示最大的模拟设定值，可以是 10 V 或 20 mA。

ASPmin 表示最小的模拟设定值，可以是 0 V 或 0 mA。

默认值是 0 V 或 0 mA=0%和 10 V 或 20 mA=100%的标定值。

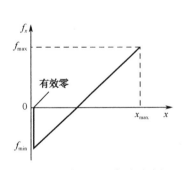

图 3-64 变频器的有效零功能

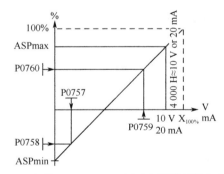

图 3-65 参数 P0757-P0760 用于配置模拟输入的标定

实例 3-7 用户要求：以 MM440 变频器的模拟量通道 1 作为频率给定源，输入 2～10 V 电压信号，变频器的输出频率为 0～50 Hz，试确定频率给定线。

由要求可知，2 V 对应的频率为 0，10 V 对应的频率为 50 Hz，作出频率给定线，如图 3-66 所示，并设置如下参数：

P0757=2

P0758=0%电压 2 V 对应 0%的标度，即 0 Hz。

P0759=10

P0760=100%电压 10 V 对应 100%的标度，即 50 Hz。

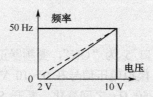

图 3-66　MM440 频率给定线（例 3-7）

实例 3-8　某用户要求：当模拟给定信号为 2～10 V 时，变频器的输出频率为-50～+50 Hz，带有中心为"0"且宽度为 0.2 V 的死区，试确定频率给定线。

由要求可知，2 V 对应的频率为-50 Hz，10 V 对应的频率为 50 Hz，作出频率给定线，如图 3-67 所示，并设置如下参数：

P0757=2 V，P0758=-100%，P0759=10 V，P0760=100%，P0761=0.1 V。

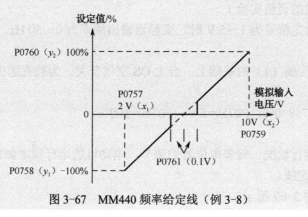

图 3-67　MM440 频率给定线（例 3-8）

实践 8　变频器的频率调整操作

1）实践目的及内容

（1）能够正确进行变频器的外部接线。

（2）能够正确设置变频器的相关参数。

（3）掌握 MM440 变频器频率给定线的调整方法。

2）实践步骤

（1）变频器的外端子控制电动机的转速。

要求：自锁按钮 SB1 控制电动机正向运行；自锁按钮 SB2 控制电动机反向运行；利用变频器的第 1 路模拟量调节电动机的运行频率。

步骤：

① 按照图 3-68 所示的接线原理图将变频器与电动机正确连接，经检查确认接线无误，合上 QS 空气开关，为装置送电。

② 参数复位。

③ 快速调试。

④ 功能调试：

设置参数 P0700=2，P0701=1，P0702=2。

设置参数 P1000=2。

⑤ 运行。

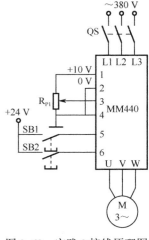

按下 SB1 按钮，数字输入端口 5 为"ON"，变频器正向运行，随着对电位器 R_{P1} 的调节，模拟电压信号在 0～10 V 之间变化，电动机的运行频率在 0～50 Hz 之间变化，断开 SB1 按钮，电动机停止运行。

按下 SB2 按钮，数字输入端口 6 为"ON"，变频器反向运行，随着对电位器 R_{P1} 的调节，模拟电压信号在 0～10 V 之间变化，电动机的运行频率在 0～50 Hz 之间变化，断开 SB2 按钮，电动机停止运行。

图 3-68 实践 8 接线原理图

⑥ 运行正常后，断开 QS 空气开关，将实训装置断电。

（2）频率给定线的调整实验 1

要求：当模拟给定信号为 1～5 V 时，变频器输出频率为 0～50 Hz，确定频率给定线。

步骤如下。

① 在实践 8 中步骤（1）的基础上，合上 QS 空气开关，为装置送电。

② 功能调试：

P0757=1 V，P0758=0%，P0759=5 V，P0760=100%。

③ 运行。

观察变频器的运行状况，随着电位器的调节，电动机的运行频率如何变化。

④ 画出频率给定线。

频率给定线如图 3-69 所示。

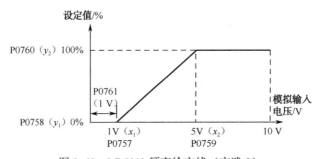

图 3-69 MM440 频率给定线（实践 8）

④ 运行正常后，断开 QS 空气开关，将实训装置断电。

（3）频率给定线的调整实验 2

要求：某变频器采用电位器给定方式，当外接电位器从"0"位旋转到底（给定信号为 10 V）时，输出频率范围为 0～30 Hz，试确定频率给定线。

自行设计实验步骤，完成用户要求。

3.7　MM440 变频器的多段速功能

多段速功能也称为固定频率，就是在设置参数 P1000=3 的条件下，用开关量端子选择固定频率的组合，从而实现电动机多段速度运行。

洗衣机是典型的多段速控制例子。在进行洗涤和甩干操作时，电动机的运转速度是不同的，针对丝织品、棉织品等不同材质的洗涤物品所采取的洗涤和甩干速度也不尽相同，此外用户还可以根据自己的要求设定甩干速度分别为 1000、800、600 等。

不难看出，多段固定频率的控制是通过变频器的数字量输入端子来实现的，具体可通过如下 3 种方法实现。

1. 直接选择（P0701~P0706=15）

在这种操作方式下，一个数字输入选择一个固定频率，见表 3-12。

表 3-12　直接选择方式下端子与参数设置对应表

端子编号	对应参数	对应频率设置	说　明
5	P0701=15	P1001	① 频率给定源 P1000 必须设置为 3； ② 当多个选择同时激活时，选定的频率是它们的总和。
6	P0702=15	P1002	
7	P0703=15	P1003	
8	P0704=15	P1004	
16	P0705=15	P1005	
17	P0706=15	P1006	

由表 3-12 可以看出，如果变频器的端口 5 闭合，则变频器将自动去执行 P1001 里设定的频率值；如果端口 7 闭合，则变频器将自动执行 P1003 参数里设定的频率；如果端口 5 和端口 7 同时闭合，则变频器将执行 P1001 和 P1003 的频率之和。

实例 3-9　由两个按钮实现对电动机的 2 段速控制，SB1 按钮按下后，电动机的运行频率为 15 Hz，SB2 按钮按下后，电动机的运行频率为 30 Hz，如何实现？

分析： 由题目可知，电动机的运行过程有两个速度，显然需要使用多段速的方法来实现。这两个按钮按下后，对变频器而言，选定的只是频率信息，而相应的启停控制命令方式却没有明确要求，因此实现本题中的控制要求可以有以下两种方法。

答：

方法 1：外端子控制变频器的启停。

接线方式如图 3-70 所示。

主要参数设置如下。

P0700=2，P1000=3，P0701=15，P0702=15，P0703=1，P1001=15，P1002=30。

方法 2：BOP 面板控制变频器的启停。

接线方式如图 3-71 所示。

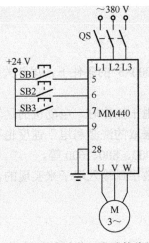
图 3-70　外端子控制启停二段速接线原理图

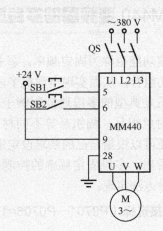
图 3-71　BOP 面板控制启停二段速接线原理图

主要参数设置如下。

P0700=1，P1000=3，P0701=15，P0702=15，P1001=15，P1002=30。

由实例 3-9 可以看出，在"直接选择"的操作方式下，还需要一个 ON 命令（启动命令）才能使变频器投入运行。

2. 直接选择+ON 命令（P0701～P0706=16）

在这种操作方式下，每一个数字量输入信号在选择固定频率（见表 3-12）的同时又具备启动功能。如果几个固定频率输入同时被激活，则选定的频率是它们的总和。

在实例 3-9 中，如果采用"直接选择+ON 命令"方式实现要求，则接线方式如图 3-72 所示。

主要参数设置如下：

P0700=2，P1000=3，P0701=16，P0702=16，P1001=15，P1002=30。

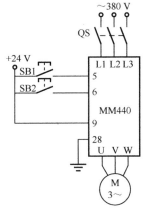
图 3-72　直接选择+ON 命令
实现二段速接线原理图

3. 二进制编码选择+ON 命令（P0701~P0704=17）

通过二进制编码的方式最多可以实现 15 个固定频率的控制，各个固定频率的编码选择及参数设定见表 3-13。

表 3-13　二进制编码+ON 命令选择方式下端子与参数设置对应表

频率设定	端子 8 P0704=17	端子 7 P0703=17	端子 6 P0702=17	端子 5 P0701=17	二进制数
P1001				1	0001
P1002			1		0010
P1003			1	1	0011

续表

频率设定	端子8 P0704=17	端子7 P0703=17	端子6 P0702=17	端子5 P0701=17	二进制数
P1004		1			0100
P1005		1		1	0101
P1006		1	1		0110
P1007		1	1	1	0111
P1008	1				1000
P1009	1			1	1001
P1010	1		1		1010
P1011	1		1	1	1011
P1012	1	1			1100
P1013	1	1		1	1101
P1014	1	1	1		1110
P1015	1	1	1	1	1111

使用二进制编码的方式实现多段固定频率控制，需要注意以下几点。

（1）MM440 变频器有 6 个数字输入端口，但只有 DIN1～DIN4 可以参与二进制编码方式，最多可以实现 15 段速。

（2）使用时注意最好从 DIN1 开始连续使用。

（3）DIN1 是二进制编码中的低位，DIN4 是二进制编码中的高位。

（4）每一段速的频率值可分别由 P1001～P1015 参数进行设置。

（5）在多段固定频率控制中，电动机转速的方向可以由 P1001～P1015 参数中设置频率的正负决定。

实例 3-10 采用二进制编码的方式实现 3 段速控制，频率分别为 15 Hz、20 Hz、35 Hz，如何实现？

分析： 由题目可知，要实现二进制编码方式的三段速，至少需要 2 个数字端口。使用 DIN1（端口 5）和 DIN2（端口 6），其中，端口 5 是二进制数中的低位，端口 6 是高位。这两个按钮按下后，对变频器而言，选定的只是频率信息，而相应的启停控制命令方式却没有明确要求，本题中采用外端子控制的方法实现。

答： 接线方式如图 3-73 所示，主要参数设置如下。

P0700=2，P1000=3，P0701=17，P0702=17，P0703=1，P1001=15，P1002=20，P1003=35。

操作过程中，按下 SB3 按钮，启动电动机。

（1）当按下 SB1 按钮时，二进制编码数据为 "01"，变频器运行于第一段速：15 Hz。

（2）当按下 SB2 按钮时，二进制编码数据为 "10"，变频器运行于第二段速：20 Hz。

（3）当同时按下 SB1 和 SB2 按钮时，变频器运行于第三段速：35 Hz。

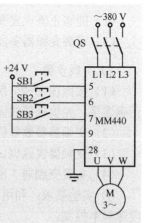

图 3-73 二进制编码实现
三段速接线原理图

实例 3-11 实现 7 段速控制，频率分别为 10、25、50、30、-10、-20、-50 Hz。如何实现？

分析：由题目可知，要实现二进制编码方式的 7 段速，至少需要 3 个数字端口。使用 DIN1（端口 5）、DIN2（端口 6）和 DIN3（端口 7），其中，端口 5 是二进制数中的低位，端口 7 是高位。这 3 个按钮按下后，对变频器而言，选定的只是频率信息，而相应的启停控制命令方式却没有明确要求，本题中采用外端子控制的方法实现。

答：接线方式如图 3-74 所示，主要参数设置如下。

P0700=2，P1000=3，P0701=17，P0702=17，P0703=17，P0704=1，P1001=10，P1002=25，P1003=50，P1004=30，P1005=-10，P1006=-20，P1007=-50。

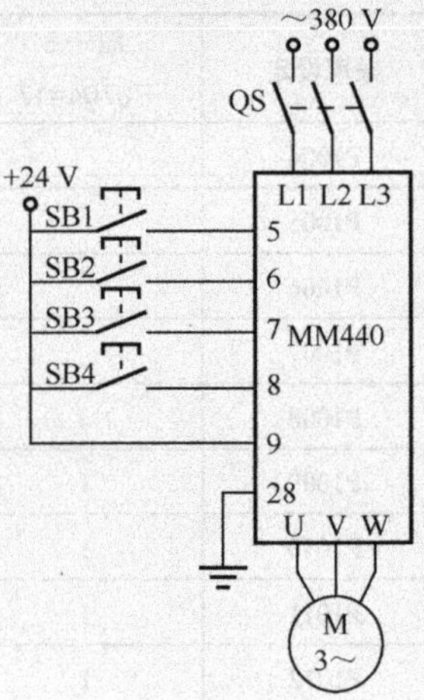

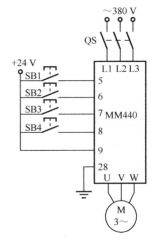

图 3-74　二进制编码实现 7 段速接线原理图

❓ **思考**

该方式是二进制编码+ON 命令的方式，为什么实现 3 段速和 7 段速时还需要启停命令？何时才不需要额外加启停命令，即可实现"二进制编码+ON 命令"形式的多段速控制？

实践 9　变频器的多段速运行操作

1）实践目的及内容

（1）能够正确进行变频器的外部接线。

（2）能够正确设置变频器参数，并调节运行。

（3）掌握变频器多段速频率控制方式。

2）实践步骤

（1）按照图 3-75 所示的接线原理图，将变频器与电动机正确连接，经检查接线无误后，合上空开 QS，为装置送电。

（2）变频器参数复位。

（3）变频器快速调试。

（4）实现变频器 3 段固定频率控制。

① 实验要求：利用 SB1、SB2、SB3 按钮，实现电动机 3 段速频率控制。

3 段速度设置如下：

第 1 段：输出频率为 10 Hz；

第 2 段：输出频率为 25 Hz；

第 3 段：输出频率为 50 Hz。

图 3-75　二进制编码实现七段速接线原理图

② 其中，_____和_____按钮进行二进制编码，实现 3 段速频率控制，_____按钮用于控制电动机的正向运转。

为完成实验要求，变频器需要设置的主要参数有：

a. _____　　　　b. _____

c. _____　　　　d. _____

e. _____　　　　f. _____

j. _____　　　　h. _____

③ 运行：参数设置结束后，按住 SB3 按钮，电动机正向启动。由于此时还没有按下 SB1 或 SB2 按钮，没有进行频率的给定，所以电动机处于_____状态。

单独按下 SB1 按钮，电动机运行于第____段速，频率为_____Hz。

单独按下 SB2 按钮，电动机运行于第____段速，频率为_____Hz。

同时按下 SB1 和 SB2 按钮，电动机运行于第____段速，频率为_____Hz。

松开 SB3 按钮，电动机处于_____状态。

（5）实现变频器 7 段固定频率控制。

① 实验要求。

将表 3-14 填写完整，并根据 7 段固定频率控制状态表进行变频器相关参数设置，实现 7 段固定频率运行。

表 3-14　7 段固定频率控制状态表

固定频率	7 端口（SB3）	6 端口（SB2）	5 端口（SB1）	设置参数	频率/Hz	电动机转速
1	0	0	1		10	
2	0	1	0		20	
3	0	1	1		50	
4	1	0	0		30	
5	1	0	1		-10	
6	1	1	0		-20	
7	1	1	1		-50	
OFF	0	0	0		0	

② 其他需要设置的参数：

P0700	P0701	P0702	P0703	P0704	P1000

③ 运行：分别按下 SB1、SB2、SB3、SB4 按钮，监测运行频率及电动机转速。

当按下带锁按钮 SB4 后，数字输入端口 8 为 "ON"，允许电动机运行。

第一频段控制：当 SB1 按钮接通，SB2、SB3 按钮断开时，变频器数字输入端口 5 为 "ON"，6、7 端口为 "OFF"，变频器工作在由_____参数所设定的频率为 10 Hz 的第一频段上，电动机运行在由 10 Hz 所对应的转速上。

......

第六频段控制：当_____按钮接通，_____按钮断开时，变频器工作在由参数_____设定的频率为 20 Hz 的第六频段上，电动机的运行方向与第一频段运行方向_____。

第七频段控制：当_____按钮接通，_____按钮断开时，变频器工作在由_____参数所设定的频率为 50 Hz 的第七频段上，电动机的运行方向与第六频段运行方向_____。

？ 思考

某项目由 MM440 变频器的 7 段固定频率实现，运行过程中发现端口 6 损坏，如何在不更换变频器的前提下，继续实现 7 段速的功能？

知识梳理与总结

（1）变频器可以壁挂式或柜式安装。柜式安装是目前最好的、应用最广泛的一种安装方式，不仅能起到防灰尘、防潮湿、防光照等作用，同时也起到很好的屏蔽辐射干扰作用。

（2）单台变频器柜式安装采用柜内冷却方式时，柜顶端应加装抽风式冷却风机，保证通风良好；多台变频器采用柜式安装时，应尽量采用横向并列安装，若必须采用纵向安装时，应在两台变频器之间加装隔板。

（3）为变频器的主回路配线时，输入端和输出端绝对不能接错；选择电缆时，须考虑电流容量、短路保护、电缆压降等因素；为变频器的控制回路配线时，须采取适当的屏蔽措施。

（4）MM440 变频器的参数设置和调试需要借助于 SDP 状态显示板、BOP 基本操作面板或 AOP 高级操作面板。

（5）为保证拖动系统的安全和产品的质量，避免操作面板的误操作及外部指令信号的误动作引起频率过高和过低，可设置上限频率和下限频率。

为了避免机械谐振的发生，应当让拖动系统跳过谐振所对应的转速，可设置跳跃频率。

（6）通常一台新的 MM440 变频器使用前需要经过参数复位、快速调试、功能调试三个步骤。

（7）变频器的加、减速主要有线性、S 形和半 S 形三种模式。MM440 变频器支持 OFF1（减速停机）、OFF2（自由停机）、OFF3（低频状态下短暂运行后停机）三种停机方式，直流制动和能耗制动两种制动方式。

（8）变频器的命令给定可以通过操作面板键盘控制、端子控制或通信控制。常见的频率给定方式主要有两种，分别是面板给定方式和外部给定方式。

（9）频率给定线的调整方式主要有设定偏置频率和频率增益，以及设置坐标两种方式。

（10）多段固定频率的控制是通过变频器的数字量输入端口来实现的。MM440 变频器的多段速可通过 3 种方法实现，即直接选择、直接选择+ON 命令、二进制编码+ON 命令。

习题3

1. 变频器有哪几种安装方式，各应注意哪些问题？

2. 多台变频器共用一台控制柜，安装时应注意什么问题？

3. 为变频器的控制回路配线时，应注意哪些问题？

4. MM440 变频器有哪几种调试方式，各有何特点？

5. 简述 BOP 面板上按键的功能。

6. 简述利用 BOP 面板设定功能参数的方法。

7. 如何进行参数复位？

8. 试述给定频率、输出频率、基准频率的区别。

9. 简述变频器给定频率，上、下限频率，跳跃频率的设置方法。

10. 试分析在下列参数设置的情况下，变频器实际运行频率为多少。

（1）P1082=60 Hz——上限频率设定值。

　　　P1080=0 Hz——下限频率设定值。

　　　P0700=1——由键盘控制运行。

　　　P1000=1——由键盘设定频率。

　　　P1040=70 Hz——给定频率。

（2）P1091=20 Hz——跳跃频率设定值。

　　　P1101=2 Hz——跳跃频率的频带宽度设定值。

　　　P1040=21 Hz（22 Hz）——给定频率为 21 Hz（22 Hz）。

11. 完成下列表格。

（1）上、下限频率限制

上限频率	下限频率	给定频率	输出频率
P1082	P1080	P1040	
60	0	45	
60	0	20	
60	0	70	
60	0	80	
结论：当给定频率位于变频器的上、下限频率之外时，输出频率等于_____； 　　　当给定频率位于变频器的上、下限频率之间时，输出频率等于_____。			

（2）跳跃频率设置

跳跃中心点频率	频带宽度	给定频率	输出频率
P1091	P1101	P1040	
18	2	15	
18	2	17	
18	2	19	
18	2	21	
结论：当给定频率在跳跃频率范围之外时，输出频率等于_____； 　　　当给定频率在跳跃频率范围之内时，输出频率等于_____。			

12. 用 MM440 变频器实现电动机的正/反转控制，要求如下：

（1）加速时间与减速时间为 5 s。

（2）上限频率为 45 Hz，下限频率为 15 Hz。

（3）运行频率为 35 Hz。

请画出接线原理图，并写出需要设置的主要参数。

13. 变频器跳跃频率功能有什么作用？在什么情况下要选用此功能？

14. 简述变频器的频率给定方式。

15. 某控制器的输出信号为 2～8 V，要求变频器的对应频率是 0～50 Hz，如何处理？

16. 简述 MM440 变频器以二进制编码方式实现多段速的方法。

17. 有一个提升机应用，用户要求实现以下功能：

（1）正/反转提升；

（2）提升频率由外接电位器调节；

（3）正/反向点动定位功能，点动速度为 5 Hz。

18. 有一个变频驱动的包装生产线，用户要求实现以下功能：

（1）正向运行，运行频率为 35 Hz；

（2）由两个按钮分别控制升/降速调节。

19. 用两种方法实现变频器控制电动机 7 段固定频率运行，频率分别为 5、15、40、20、-10、-30、-45 Hz。请画出接线原理图，并写出设置的主要参数。

20. 用自锁按钮控制变频器实现电动机 10 段速频率运转。10 段速设置分别为 5、10、15、20、25、30、35、40、45、50 Hz。请画出接线原理图，并写出主要参数。

第4章 变频器的优化特性设置

学习目标

1. 了解变频器的优化特性。
2. 掌握变频器变频-工频切换的工作过程。
3. 掌握 PID 的控制原理及预置实现。

技能目标

1. 能够分析并设计变频器的变频-工频故障切换电路。
2. 能够进行 PID 控制的简单调试。

4.1 变频器的优化特性

变频器的优化特性是指除了最基本的变频调速功能以外的一些特性，使用这些特性功能后会使变频器处于更佳的工作状态、更安全的工作环境，更加节能。

下面介绍几个比较典型的优化特性功能。

4.1.1 失速防止功能

大多数情况下变频器都是应用于开环控制，既无法实现转速的闭环自动调整，也不能根据实际转速控制加/减速过程，因此，在加/减速或突然加重负载时就可能出现电动机无法跟随变频器的输出而变化，进而导致失控的现象，这一现象称为"失速"。

失速防止功能是根据变频器的实际输出电流，自动调整输出频率的变化，防止电动机"失速"的功能。失速防止功能也被称为防止跳闸功能，只有在该功能不能消除过电流或电流峰值过大时，变频器才会跳闸，停止输出。

变频器的失速防止包括加速过程中的失速防止、恒速运行过程中的失速防止和减速过程中的失速防止3种情况。

加速过程中的失速防止功能是指当电动机因加速过快或负载过大等原因出现过电流现象时，变频器将暂时停止频率的增加，维持 f_x 不变，待过电流现象消失后，再进行速率的增加，如图4-1所示。

恒速运行过程中的失速防止功能是指当出现过电流现象时，变频器将自动降低输出频率，以避免变频器因为电动机过电流而出现保护电路动作和停止工作的情况，待过电流消失后，再使输出频率恢复到原值，如图4-2所示。

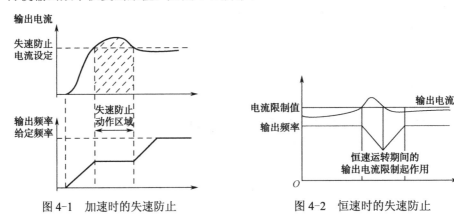

图 4-1　加速时的失速防止　　　　　图 4-2　恒速时的失速防止

对于电压型变频器来说，由于电动机在减速过程中的回馈能量将使变频器直流中间电路的电压上升，并有可能出现因保护电路动作带来的变频器停止工作的情况，因此减速过程中失速防止功能的基本原理是在电压保护电路未动作之前暂时停止降低变频器的输出频率或减小输出频率的降低速率，从而达到防止失速的目的。

对于具有失速防止功能的变频器来说，当选用失速防止功能有效后，即便在变频器的加/减速时间设置过短的场合也不会出现过电流、失速或者变频器跳闸的现象，所以可以充

分保证变频器驱动能力的发挥。

4.1.2　自寻速跟踪功能

对于风机、绕线机等惯性负载来说，当因某种原因导致变频器暂停输出，电动机进入自由运行状态时，具有这种自寻速跟踪功能的变频器可以在没有速度传感器的情况下自动寻找电动机的实际转速，并根据电动机转速自动进行加速，直至电动机转速达到所需转速，而无需等到电动机停止后再进行驱动。

MM440 变频器的自寻速跟踪功能又被称为捕捉再启动功能，在参数 P1200 中进行使能设定。当激活这一功能时，启动变频器，快速改变变频器的输出频率，去搜寻正在自由旋转的电动机的实际转速，一旦捕捉到电动机的速度实际值就将变频器与电动机接通，并使电动机按常规斜坡函数曲线升速运行到频率的设定值。

4.1.3　瞬时停电再启动功能

一般情况下，当变频器运行过程中出现 15 ms 以上的断电时，变频器将发出"瞬时断电"或"电压过低"报警，同时变频器的报警输出触点信号接通，变频器自动转入停止状态。如果要求变频器在出现 15 ms 以上的短时断电后能够自动恢复运行，则需要选择变频器的瞬时停电再启动功能。

该功能的作用是在发生瞬时停电又复电时，使变频器仍然能够根据原定的工作条件自动进入运行状态，从而避免进行复位、再启动等烦琐操作，保证整个系统的连续运行。该功能的具体实现是在发生瞬时停电时，利用变频器的自寻速跟踪功能，使电动机自动返回预先设定的速度。通常，当瞬时停电时间在 2 s 以内时，可以使用变频器的这个功能。

大多数变频器在使用该功能时，只需选择"用"或"不用"，有的变频器还需要输入一些其他参数，如再启动缓冲时间等。

4.1.4　节能特性

当异步电动机以某一固定转速 n_1 拖动一固定负载 T_L 时，其定子电压 U_x 与定子电流 I_1 之间有一定的函数关系，如图 4-3 所示。

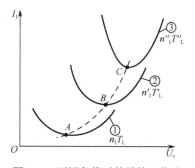

图 4-3　不同负载时的最佳工作点

在曲线①中可清楚看到，存在着一个定子电流 I_1 为最小的工作点 A，在这一点电动机的电功率最小，也就是说该点是最节能的运行点。当异步电动机所带的负载发生变化，由 T_L 变化至 T'_L 时，电动机转速稳定为 n'_1，此时的 $I_1=f(U_x)$，曲线①变成曲线②，同样也存在一个最佳节能的工作点 B。

对于风机、水泵等二次方律负载在稳定运行时，其负载转矩及转速都基本不变，如果能使其工作在最佳节能点，则可以达到最佳的节能效果。很多变频器都提供了自动节能功能，只需用户通过功能码或参数激活该功能有效，变频器就可自动搜寻最佳工作点，以达到节能的目的。需要说明的是，节能运行功能只在 U/f 控制时起作用，如果变频器选择了矢量控制，则该功能将自动取消，因为在所有的控制功能中，矢量控制的优先级是最高的。

在冲压机械和精密机床中也常常使用该功能，目的是为了节能和降低振动。在利用该功能时，变频器在电动机的加速过程中将以最大输出功率运行，而在电动机进行恒速运行过程中，则自动将功率降至设定值。

4.1.5 电动机参数的自动调整

当为变频器选配的电动机满足变频器说明书的使用要求时，用户只需要输入电动机的极数、额定电压等参数，变频器就可以自动在自己的存储器中找到该类电动机的相关参数。当选配的变频器和电动机不匹配（诸如电动机型号不匹配）时，变频器往往不能准确地得到电动机的参数。

在采用开环 U/f 控制时，这种矛盾并不突出，当选择矢量控制时，系统的控制是以电动机参数为依据的，此时电动机参数的准确性显得尤为重要。为了提高矢量控制的精度和效果，很多变频器都提供了电动机参数的自动调整功能，对电动机的参数进行自动测试。测试时，首先要将变频器和配备的电动机按要求连接好线路，然后按如下步骤进行操作。

（1）选择矢量控制。

（2）输入电动机额定值，如额定电压、额定电流、额定频率等。

（3）激活电动机参数的自动调整功能有效。

经过以上选择，当变频器接通电源后，变频器将会自动空转一段时间，必要时变频器会逐步对电动机实施加速、减速、停止等操作，从而将电动机的定子电阻、转子电阻、电感等参数计算出来并自动保存。

4.1.6 变频和工频的切换

因为在用变频器进行调速控制时，变频器内部总会有一些功率损失，所以在需要以工频进行较长时间的恒速驱动时，有必要将电动机由变频器驱动改为工频驱动，从而达到节能的目的。另外，当变频器出现故障时，也需要将电动机切换到工频状态下运行。与此相反，当需要对电动机进行调速驱动时，又需要将电动机由工频直接驱动改为变频器驱动。变频器的工频/变频切换运行功能就是为了达到上述目的而设置的。

将电动机由工频直接驱动改为变频器驱动时将要用到变频器的自寻速跟踪功能。变频/工频切换有手动和自动两种方式，这两种切换方式都需要加配专门的外电路。如果采用手动切换，则只需要在适当的时候用人工来完成，控制电路比较简单。如果采用自动切换方式，则除控制电路相对复杂外，还需要对变频器进行参数预置。

大多数变频器通常有以下两项选择：

（1）报警时的工频/变频切换选择。

（2）自动变频/工频切换选择。

只需在上面两个选项中选择"用/有效"，那么当变频器出现故障或由变频器启动的电动机运行达到工频频率后，变频器的控制回路会使电动机自动脱离变频器，而改由工频电源为电动机供电。

详细内容参见 4.2 节。

4.1.7　PID 控制功能

PID 控制就是比例积分微分控制，是使控制系统的被控量迅速而准确地接近目标值的一种控制手段。系统实时地将传感器反馈回来的信号与被控量的目标信号进行比较，如果有偏差，则通过 PID 的控制手段使偏差为 0，常用于压力控制、温度控制和流量控制等。

很多变频器都提供了 PID 控制特性功能，具体原理及实现方法参见 4.3 节。

4.1.8　变频器的保护功能

在变频调速系统中，驱动对象往往相当重要，不允许发生故障。随着变频器技术的发展，变频器的保护功能也越来越强大，保证系统在遇到特殊情况时也不会出现破坏性故障。

在变频器的保护功能中，有些功能是通过变频器内部的软件和硬件直接完成的，而另外一些功能则与变频器的外部工作环境密切相关，它们需要和外部信号配合使用，或者需要用户根据系统要求对其动作条件进行设定。前一类保护功能主要是对变频器本身的保护，而后一类保护功能则主要是对变频器所驱动电动机的保护，以及对系统的保护等。

本节将简单介绍后一类保护功能。

1）电动机过载保护

在传统的电力拖动系统中，通常采用热继电器对电动机进行过载保护。热继电器具有反时限特性，即电动机的过载电流越大，电动机的温升增加越快，允许电动机持续运行的时间就越短，继电器的跳闸也越快。

变频器中的电子热敏器可以方便地实现热继电器的反时限特性。检测变频器的输出电流，并和存储单元中的保护特性进行比较，当变频器的输出电流大于过载保护电流时，电子热敏器将按照反时限特性进行计算，算出允许的电流持续时间。如果在此时间段内过载情况消失，则变频器工作依然是正常的，但若超过此时间过载电流仍然存在，则变频器将跳闸，停止输出。

电动机过载保护功能只适用于一个变频器带一台电动机的情况。如果一个变频器带有多台电动机，则由于电动机的容量比变频器小很多，变频器将无法对电动机进行过载保护，此种情况下，通常需要在每个电动机上再加装一个热继电器。

2）电动机失速保护

通过光码盘等速度检测装置对电动机的速度进行检测，并在由于负载等原因使电动机发生失速时对电动机进行保护。

3）光（磁）码盘断线保护

在转差频率控制和矢量控制方式中需要采用光（磁）码盘进行速度检测。当光（磁）码盘出现断线时，变频器的控制电路可以根据信号的波形和电流检测出码盘的故障，从而避免变频器和驱动系统出现故障。

4）过转矩检测功能

该功能是为了对被驱动的机械系统进行保护而设置的。当变频器的输出电流达到预先设定的过转矩检测值时，保护功能动作，使变频器停止工作，并给出报警信号。

5）外部报警输入功能

该功能是为了使变频器能够和各种周边设备配合，构成稳定、可靠的调速控制系统而设置的。例如，把制动电阻等周边设备的报警信号接点连接在控制电路端子上时，若这些周边设备发生故障并给出报警信号，变频器将停止工作，从而避免更大故障的发生。

6）变频器过热预报

该功能主要为了给变频器驱动的空调系统等提供安全保障措施，其作用是当变频器周围的温度接近危险温度时发出警报，以便采取相应的保护措施。在利用该功能时需要在变频器外部安装热敏开关。

7）制动电路异常保护

该功能的作用是为了给系统提供安全保障措施。当检测到制动电路晶体管出现异常或者制动电阻过热时给出报警信号，并使变频器停止工作。

4.2 变频器的变频-工频切换控制

在变频调速系统中，变频与工频的切换控制是经常用到的，原因如下。

（1）有些机械在生产运行过程中是不允许停机的，如中央空调的冷却水泵、锅炉的鼓风机和引风机等。对于这些机械，一旦变频器发生故障而跳闸，调速系统应立即启动相应的控制把电动机自动切换到工频运行，同时进行声光报警。当变频器修复后，再切换为变频运行。

（2）有些机械在生产运行过程中往往需要工频和变频交替运行。一台变频器长时间运行于 50 Hz，从节能角度出发，此时应切换为工频运行为宜。例如，在供水系统中，为了节约成本，常常采用由一台变频器控制两台或多台水泵的控制方式（称为"1 控 X"或"1 拖 X"方式）。

图 4-4 为"1 控 2"供水系统主电路原理图。在正常工作过程中，随着用水量和管道内水压的变化，1#水泵 M1 需要不断地在变频和工频之间切换运行，以达到节能的目的。

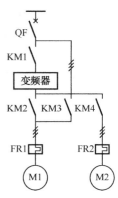

图 4-4 1 控 2 供水系统主电路原理图

4.2.1 变频-工频的切换方式与特点

一般来说，把由于故障原因导致的变频器变频-工频切换简称为故障切换，系统正常运行中的变频-工频切换简称为运行切换。

1）故障切换

变频器在什么时候、什么情况下发生故障是无法预知的，故变频器的故障切换电路应设计成能进行变频运行到工频运行的自动切换，同时伴随声光报警。

负载在任一时刻的运行频率是由工作状况决定的。变频器发生故障时，究竟运行在多大的频率下是不确定的，也就是说，进行故障切换的瞬间其频率是不定的。对于大容量电动机来说，在切换瞬间，如果电动机的转速已经十分低，那么切换到工频时的电流将接近或等于启动电流，此时需要注意应该保留原来的降压启动装置。

2）运行切换

根据切换时负载运行频率的不同，运行切换主要考虑以下两种形式：

（1）需要工频和变频低速时交替运行的切换过程。

这种形式的运行切换一般应设计成停机切换为宜。

（2）在变频 50 Hz 到工频 50 Hz 的切换过程。

切换前的转速已经接近或等于额定转速，对于这种形式的运行切换，当电动机接至工频电源时，电动机的转速不宜下降过多，以防止产生较大的冲击电流。一般来说，切换时电动机的转速以不低于额定转速的 70%为宜。对于这种形式的切换，延时时间应尽量短一些，以避免在切换过程中产生过大的冲击电流，干扰电网。

本节主要介绍变频-工频的故障切换过程。

4.2.2　变频-工频的故障切换

1. 故障切换的主电路

1）主电路的构成

主电路的构成如图 4-5 所示，图中各接触器的功能如下：

（1）KM1 用于将电源接至变频器的输入端。

（2）KM2 用于将变频器的输出端接至电动机。

（3）KM3 用于将工频电源直接接至电动机。

工频运行时，变频器不可能对电动机进行过载保护，所以必须接入热继电器 FR，用于工频运行时的过载保护。

2）切换的动作顺序

由图 4-5 可以看出，当电动机变频运行时，接触器 KM1、KM2 接通，KM3 断开；电动机工频运行时，接触器 KM1、KM2 断开，KM3 接通。

因此，当由变频运行向工频运行切换时，应先断开 KM2，使电动机脱离变频器，然后经适当延时再接通 KM3，将电动机接至工频电源。

由于变频器的输出端是不允许与电源相连接的，因此接触器 KM2 和 KM3 之间必须有非常可靠的互锁，绝对不允许同时接通。一般情况下，KM2 和 KM3 常采用有机械互锁的接触器。

为了保证 KM2 和 KM3 不在同一时刻接通，当电动机脱离变频器到接通工频电源的过程中，也就是从 KM2 断开到 KM3 闭合之间应该有一定的延迟时间，通常称为"切换延时"，用 t_C 表示。

对切换延时的要求是：在延时期间，生产机械的转速不应

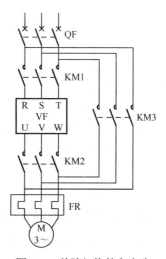

图 4-5　故障切换的主电路

下降得太多，以减小电动机与工频电源相接时的冲击电流。通常，大容量电动机在切换至工频电源时的转速不宜低于电动机额定转速的 80%，容量较小的电动机可适当放宽。

自由制动的停机过程如图 4-6 所示。图中，曲线①是自由制动时的转速下降过程，曲线②是曲线①的切线，它与横坐标的交点所对应的时间称为机械时间常数，用 τ_M 表示，常用来表达转速下降的快慢。

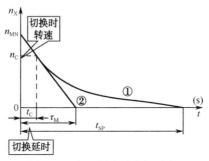

图 4-6　自由制动的停机过程

通常：

$$\tau_M = \frac{t_{SP}}{5} \sim \frac{t_{SP}}{3} \qquad (4\text{-}1)$$

式中　τ_M——拖动系统的停机时间常数（s）；

t_{SP}——拖动系统的停机时间（s）。

拖动系统的停机时间 t_{SP} 是使电动机运行到额定转速后切断电源，测量出从额定转速下降为 0 所需要的时间。不同的拖动系统，停机时间的长短主要和拖动系统的惯性大小有关。

由于曲线②和曲线①的上面部分是基本重合的，所以转速下降到额定转速的 80% 所需要的时间应不大于 $0.2\tau_M$，从增加切换的可靠性角度出发，τ_M 可取大值，有

$$t_C \leqslant 0.2\tau_M = \frac{t_{SP}}{15} \qquad (4\text{-}2)$$

式中，t_C 为切换延时的时间（s）。

例如，某鼓风机的停机时间为 20 s，则式由（4-2）得切换延时时间应不大于 1.3 s。

一般来说，大惯性负载在自由制动过程中转速下降较慢，可达数秒或数十秒，而电磁反应过渡过程的时间则很短，只有 1 s 左右。因此，当电动机从变频电源上断开到接通工频电源之间的延时只要大于 1 s，就可以"躲开"电磁过渡过程，也就避免了冲击电流的产生。对于部分水泵一类的小惯性负载，其自由制动的过程与电磁反应过渡过程十分接近，那么切换时必须要进行相位搜索，以保证在接通工频电源的瞬间，工频电源的电压与定子电动势处于同相位状态（或接近于同相位状态），从而避免冲击电流。

当 KM3 闭合，电动机接至工频电源时，必须避免产生过大的冲击电流干扰电网，这是切换控制的关键。

2. 故障切换的控制电路

故障切换的控制电路如图 4-7（b）所示，现将控制电路的工作过程说明如下：

1）工频运行

工频运行时，首先将转换开关 SA 旋至"工频"位置，表示进行工频运行。

按下启动按钮 SB2 后，继电器 KA1 线圈得电；KA1 的常开触点（与 SB2 并联）闭合，对 KA1 继电器进行自锁；KA1 的常开触点（与 SA 串联）闭合，接触器 KM3 线圈得电；KM3 的主触点闭合，电动机工频启动并运行；KM3 的常闭辅助触点断开，防止 KM2 得电（变频运行与工频运行的互锁）。

按下停止按钮 SB1 后，继电器 KA1 失电，KM3 失电，电动机停止。

2）变频运行

变频运行时，首先必须将转换开关 SA 旋至"变频"位置，表示进行变频运行。

（1）变频器通电

按下启动按钮 SB2 后，继电器 KA1 线圈得电；KA1 的常开触点（与 SB2 并联）闭合，对 KA1 继电器进行自锁；KA1 的常开触点（与 SA 串联）闭合，接触器 KM2 得电；KM2 的主触点闭合，将变频器接至电动机；KM2 的常闭辅助触点断开，防止 KM3 得电（变频运行与工频运行的互锁）；KM2 的常开辅助触点闭合，接触器 KM1 线圈得电；KM1 的主触点闭合，将外接电源接至变频器；KM1 的常开辅助触点（与 SB3、SB4 串联）闭合，允许电动机启动和运行。

② 电动机启动

按下启动按钮 SB4，继电器 KA2 线圈得电；KA2 的常开触点（图 4-7（a）中接至 DIN1 端子）闭合，电动机启动并运行；KA2 的常开触点（与 SB4 并联）闭合，对 KA2 继电器进行自锁；KA2 的常开触点（与 SB1 并联）闭合，是为了防止在电动机停机前 SB1 按钮切断变频器电源。

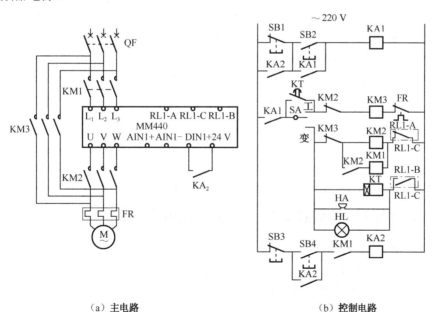

（a）主电路　　　　　　　　　（b）控制电路

图 4-7　MM440 变频器变频-工频切换电路

3）故障切换

当变频器发生故障时，其报警输出端子 RL1 动作；

（1）RL1（A-C）常闭触点断开，接触器 KM1 和 KM2 断电，电动机脱离变频器，变频器脱离电源。

（2）RL1（B-C）常开触点闭合，时间继电器 KT 得电，KT 的常开触点（并联在 SA 处）延时后闭合，接触器 KM3 的主触点闭合，实现了电动机变频运行到工频运行的自动切换。同时蜂鸣器 HA 鸣叫、报警指示灯 HL 闪烁，进行声光报警。

当操作人员接收到报警信号后，应首先将转换开关 SA 旋转至工频运行的位置：

（1）SA 接通至工频位置，使电动机保持工频运行状态；

（2）SA 与变频位置断开，时间继电器 KT 断电，同时停止声光报警。

4.2.3 MM440 变频器开关量输出功能

为方便用户监控变频器的内部状态量，可以将变频器当前的状态以开关量的形式用继电器进行输出，而且每个输出逻辑都可以进行取反操作，即通过对 P0748 参数的设定，来定义一个给定功能的继电器输出状态是高电平还是低电平，方便电路设计。

MM440 变频器有 3 组继电器输出端子（参见图 3-9），其中 RL1 和 RL3 继电器分别包含 1 对常开触点和 1 对常闭触点，RL2 继电器只包含 1 对常开触点。每个继电器都有一个对应的参数用来设定该继电器的功能，参见表 4-1。

表 4-1 继电器输出与相关参数对照表

继电器编号	对应参数	默认值	功能解释	输出状态
RL1	P0731	=52.3	故障监控	继电器失电
RL2	P0732	=52.7	报警监控	继电器得电
RL3	P0733	=52.2	变频器运行中	继电器得电

下面列出 P0731～P0733 可以设定的部分参数值及其含义：

52.0：变频器准备；52.2：变频器正在运行；52.3：变频器故障；52.7：变频器报警；52.A：已达到最大频率；52.D：电动机过载；52.E：电动机正向运行；53.4：实际频率高于比较频率 P2155；53.5：实际频率低于比较频率 P2155

……

变频器的变频-工频切换控制电路图 4-7（b）中，当变频器发生故障时，RL1 动作，实现了变频运行到工频运行的自动切换，因此应设置 P0731=52.3。

实践 10 MM440 变频器变频-工频的切换运行

1）实践目的与内容

（1）能够进行变频-工频切换电路的正确配线。

（2）理解并使用变频器的数字输出功能。

（3）能够对变频器进行正确的设置与调试。

（4）能够对变频-工频切换控制系统进行正确调试。

2）实践步骤

控制要求：电动机可以在变频-工频方式下运行。在变频运行过程中，一旦变频器出现故障，通过 RL1-C、RL1-B 端子之间的触点动作进行声光报警，并切断变频器电源，使变频器停止运行，同时启动定时器，延时时间到后自动切换到工频下运行，如图 4-7 所示。

（1）按照图 4-7 将变频-工频切换的主电路与控制电路正确连接。

（2）经检查正确无误后合上空气开关 QF，为电路送电。

（3）参数复位。

（4）快速调试。

（5）功能调试：

需要设置的主要参数：P0700=2，P1000=1，
　　　　　　　　　　　P0701=1，P0731=52.3，
　　　　　　　　　　　P1040=40。

（6）运行及调试。

① 工频运行

将转换开关 SA 旋至"工频"位置，按下启动按钮 SB2 后，电动机工频启动并运行；按下停止按钮 SB1 后，电动机停止。

② 变频运行

将转换开关 SA 旋至"变频"位置，按下启动按钮 SB2 后，将外接电源接至变频器上；按下启动按钮 SB4，电动机启动并运行。

③ 故障切换

当变频器发生故障时，其报警输出端子 RL1 动作，接触器 KM1 和 KM2 断电，电动机脱离变频器，变频器脱离电源，同时蜂鸣器 HA 鸣叫、报警指示灯 HL 闪烁，进行声光报警。经时间继电器 KT 设定时间的延时后，接触器 KM3 的主触点闭合，实现了电动机变频运行到工频运行的自动切换。切换完成后，将转换开关 SA 旋转至工频运行位置，停止声光报警，并使电动机保持在工频运行状态。

4.3 变频器的 PID 闭环控制

PID 就是比例（P）、积分（I）和微分（D）控制。变频器的 PID 控制属于闭环控制，是使控制系统的被控量在各种情况下都能够迅速而准确地无限接近控制目标的一种手段。具体地说，就是随时将传感器测得的实际信号（称为反馈信号）与被控量的目标信号进行比较，以判断是否已经达到预定的控制目标，如尚未达到，则根据两者的差值进行调整，直至达到预定的控制目标为止。

PID 控制常用于压力控制、温度控制和流量控制等。

4.3.1 PID 控制原理

1. PID 控制系统的构成

以空气压缩机的恒压控制系统为例来说明系统的构成，如图 4-8 所示。

图 4-8 中，压力传感器安放在空气压缩机出口的储气罐内，用于检测储气罐中的实际压力，并将其转换为电信号（电压或电流）反馈到 PID 调节器的输入端。这个反馈信号取自拖动系统的输出端，当输出量偏离所要求的给定值时，反馈信号将会成比例变化。在输

入端，给定信号与反馈信号相比较，存在一个偏差值。依据该偏差值，经过 PID 调节，变频器改变输出频率，迅速、准确地消除拖动系统的偏差，使储气罐中的压力维持在给定值。

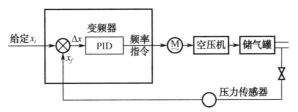

图 4-8 空气压缩机 PID 调节系统示意图

在实现 PID 调节时，必须至少具有以下两种控制信号。

1）反馈信号 x_f

反馈信号是指通过传感器测得的与被控物理量的实际值对应的信号，用 x_f 表示。在本控制系统中，反馈信号就是用压力传感器实际测得的压力信号。

2）目标信号 x_t

目标信号通常也称为给定信号，是与被控物理量的控制目标对应的信号，用 x_t 表示。在本系统中，目标信号就是与所要求的空气压力相对应的信号。

2. PID 控制系统的工作过程

空气压缩机恒压控制系统的基本要求是保持储气罐压力的恒定，系统的工作过程是：电动机拖动空气压缩机旋转，产生压缩空气储存在储气罐中。储气罐中空气压力的大小取决于空气压缩机产生压缩空气的能力和用户用气量之间的平衡状况。

为了满足用户对储气罐内气压恒定的要求，保证供气质量，需要使用变频器及其 PID 调节功能。具体地说，就是：

（1）当用户的用气量增大，使储气罐中的空气压力下降低于目标值（$x_t > x_f$）时，变频器应立即提高输出频率，使电动机加速，以提高压缩机产生压缩空气的能力，保持储气罐的空气压力恒定（$x_t \approx x_f$）。

（2）反之，当用户的用气量减小，使储气罐的空气压力上升高于目标值（$x_t < x_f$）时，变频器应立即降低输出频率，使电动机减速，以降低空气压缩机产生压缩空气的能力，保持储气罐的空气压力恒定（$x_t \approx x_f$）。

（3）储气罐内压力的大小由压力传感器 SP 进行测量，经 PID 进行实时调节，所以在恒压控制系统中，SP 的输出信号 x_f 应该始终无限接近于目标信号 x_t。

如上所述，变频器输出频率 f_x 的大小应由 x_t 和 x_f 的比较结果（$x_t - x_f$）决定。一方面，要求储气罐的实际压力（其大小由反馈信号 x_f 来体现）应无限接近于目标压力（其大小由目标信号 x_t 来体现），即要求（$x_t - x_f$）趋近于 0。另一方面，变频器的输出频率 f_x 又是由 x_t 和 x_f 相减的结果来决定的，可以想像，如果把（$x_t - x_f$）直接作为给定信号 x_G，那么当 $x_G = x_t - x_f = 0$ 时，f_x 也必等于 0，变频器就不可能维持一定的输出频率，储气罐的压力也无法保持恒定，系统将达不到预想的目的。也就是说，为了保证储气罐内压力的恒定，变频器必须维持一定的输出频率 f_x，这就要求有一个与此对应的给定信号 x_G，而这个给定信号既需要有一定的值，又要和 $x_t - x_f$ 相联系。

3. 比例、积分和微分的控制作用

1）比例控制

为了使储气罐维持一定的压力，将变频器的输出频率及其频率给定信号保持在一定范围内是必要的。为此，可将（x_t-x_f）进行放大后再作为频率给定信号，即

$$x_G = K_P(x_t - x_f) \tag{4-3}$$

式（4-3）可变换形式为

$$(x_t - x_f) = \frac{x_G}{K_P} \tag{4-4}$$

式中 x_G 为频率给定信号，K_P 为放大倍数，也叫比例增益。

由于 x_G 是与（x_t-x_f）成正比放大的结果，故这种控制过程又称为比例放大环节。

显然，因为 x_G 不能等于 0，所以 x_f 只能是无限接近 x_t，却不能等于 x_t。这说明，x_f 和 x_t 之间总会有一个差值，称为静差，用 ε 表示。显然，静差值应该越小越好。

由图 4-9（a）可以看出，当选用不同的比例增益时，静差值也会相应变化。比例增益（K_P）越大，静差（ε）越小。

为了减小静差，应尽量增大比例增益，但由于系统都具有惯性，如果 K_P 太大，当 x_f 随着用户用气量的变化而变化时，$x_G = K_P(x_t - x_f)$ 则有可能一下子增大（或减小）许多，使变频器的输出频率很容易超调（调过了头），于是又反过来调整，从而引起被控量（压力）忽大忽小，在目标信号周围形成振荡，如图 4-9（b）所示。

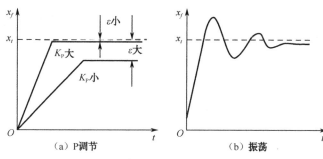

图 4-9 P 调节与振荡

2）积分与微分控制

（1）积分控制

为了消除系统振荡引入积分环节，其目的如下。

① 使给定信号 x_G 的变化与乘积 $K_P(x_t - x_f)$ 对时间的积分成正比。意思是，尽管 $K_P(x_t - x_f)$ 变化很快，但 x_G 只能在"积分时间"内逐渐增大（或减小），从而减缓了 x_G 的变化速度，防止了振荡。积分时间越长，x_G 的变化越慢。

② 只要偏差不消除（$x_t-x_f\neq0$），积分就不会停止，从而能有效消除静差，如图 4-10 所示。

积分时间（I）太长又会发生当用气量急剧变化时，被控量（压力）难以迅速恢复的情况。

（2）微分控制

微分控制是根据偏差变化率 $\dfrac{\mathrm{d}\varepsilon}{\mathrm{d}t}$ 的大小，提前给出一个相应的调节动作，从而缩短了调节时间，克服了因积分时间太长而使恢复滞后的缺点，如图 4-11 所示。

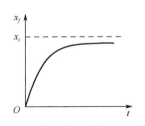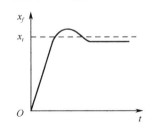

图 4-10　增加积分环节（PI 调节）　　　图 4-11　又增加了微分环节（PID 调节）

4.3.2　PID 控制功能的预置

1．PID 控制信号的预置

1）控制逻辑

（1）负反馈

如上述空气压缩机的恒压控制中，压力越高（反馈信号越大），要求电动机的转速越低。这样的控制方式称为负反馈，这种控制逻辑称为正逻辑，如图 4-12 中曲线①所示。

（2）正反馈

在空调机的温度控制中，温度越高（反馈信号越大），要求电动机的转速也越高。这样的控制方式称为正反馈，这种控制逻辑称为负逻辑，如图 4-12 中曲线②所示。用户应根据具体控制情况进行预置。

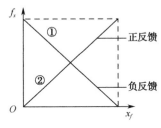

图 4-12　反馈逻辑

2）信号的输入

（1）目标信号的表示法

① 百分数表示法

目标信号的大小由传感器（SP）量程的百分数表示的方法称为百分数表示法。例如，上例中要求储气罐内的空气压力保持在 0.6 MPa，若所用压力表的量程为 0～1 MPa，则目标值应为 60%；若压力表的量程为 0～5 MPa，则目标值应为 12%。

② 物理量表示法

根据传感器（SP）的量程，计算出与目标值对应的电压或电流信号值的方法称为物理量表示法。

例如，若压力表的输出信号为电流信号，信号范围为 4～20 mA，则

如果压力表的量程为 0～1 MPa，则目标值为

$$x_t=4+(20-4)\times0.6=13.6 \text{ mA}$$

如果压力表的量程为 0～5 MPa，则目标值为

$$x_t=4+(20-4)\times0.12=5.92 \text{ mA}$$

（2）目标信号的输入

主要有以下两种输入方法。

① 键盘输入法

这种方法是指由键盘直接输入与目标值对应的百分数。

② 外接输入法

当变频器预置为"PID 功能有效"时，其频率给定输入端自动变成目标信号输入端，可以将目标信号对应的模拟量信号直接输入该输入端。例如，可以通过调节电位器来进行目标信号的输入，如图 4-13 所示，目标信号从变频器的第 1 路模拟端口 AI1 进行输入，但这时显示屏上显示的仍是百分数。具体从哪个端子输入还可通过功能预置来确定。

（3）反馈信号的输入

传感器的输出信号就是反馈信号，有的变频器专门设置了反馈信号输入端，反馈输入端也可通过功能预置来确定。图 4-13 中，将反馈信号接入变频器的第 2 路模拟端口 AI2。

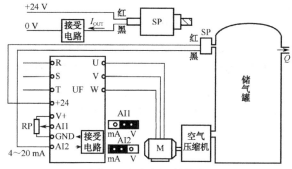

图 4-13 变频器的接线

2. PID 调节功能的预置

1）基本设定

（1）预置 PID 功能

预置的内容是变频器的 PID 功能是否有效。这是十分重要的，因为当 PID 调节功能有效后，变频器将完全按照 P、I、D 调节的规律去运行，其工作特点如下：

① 变频器的输出频率（f_x）只根据储气罐内的实际压力（x_f）与目标压力（x_t）的差值进行调整，所以频率的大小与被控量（压力）之间并无对应关系。

② 变频器的加/减速过程将完全取决于由 P、I、D 数据所决定的动态响应过程，而原来预置的"加速时间"和"减速时间"将不再起作用。

③ 变频器的输出频率（f_x）始终处于调整状态，因此其显示的数值常不稳定。

（2）信号输入通道的选择

选择输入目标信号和反馈信号的输入方法，以及从外部输入时的输入通道。

2）P、I、D 的调节功能

（1）P、I、D 功能的预置

① 比例增益 P 的选取

由于 P 的大小将直接影响系统的超调量、过渡时间和稳态误差，因此 P 的选取尤为重要。

比例增益 P 增大，系统控制的灵敏度增加，误差减小，但若 P 太大，超调量将增大，振荡次数增多；比例增益 P 减小，会使系统动作缓慢。

任何一种变频器的参数 P 都会给出一个可设置的数值范围，一般在初次调试时，P 可按中间偏大值进行预置，或者暂时默认出厂值，待设备运转时再按实际情况细调。

② 积分时间 I 的选取

若比例增益 P 过大，将会导致"超调"，形成振荡，为此引入积分环节，使经过比例增益 P 放大后的差值信号在积分时间内逐渐增大（或减小），从而减缓其变化速度，防止振荡。积分作用旨在消除稳态误差，积分时间 I 与积分作用的强弱呈反比关系。

如果积分时间 I 越小，则积分作用越强，会导致系统不稳定，振荡次数增多；如果 I 太大，对系统性能的影响将会减弱，当反馈信号急剧变化时，被控物理量难以迅速恢复，以致不能消除稳态误差。

I 的取值与拖动系统的时间常数有关：拖动系统的时间常数小，积分时间应短些；拖动系统的时间常数较大时，积分时间应略长些。

③ 微分时间 D 的选取

微分环节是根据差值信号变化的速率提前给出一个相应的调节动作，从而缩短调节时间，克服因积分时间过长而使恢复滞后的缺陷。微分作用能够预测偏差，产生超前校正作用，可以较好地改善动态性能。微分时间 D 决定了 PID 调节器对 PID 反馈量和给定量偏差的变化率进行调节的强度，微分时间越长，调节强度越大。

D 的取值也与拖动系统的时间常数有关，拖动系统的时间常数较小时，微分时间应短些；拖动系统的时间常数较大时，微分时间应长些。

由此可以看出，比例作用的快速性、积分作用的彻底性、微分作用的超前性三个参数之间是相互影响、相互制约的。另外，PID 的取值与系统惯性的大小也有很大关系，因此调试时很难一次调定。

一般来说，在许多要求不高的控制系统中，微分功能 D 可以不用，保持变频器的出厂值不变，先使系统运转起来，观察其工作情况：如果在压力下降或上升后难以恢复，说明反应太慢，应加大比例增益 K_P，直至比较满意为止；在增大 K_P 后，虽然反应快了，但如果容易在目标值附近波动，说明系统有振荡，应加大积分时间 I，直至基本不振荡为止。总之，在反应太慢时，应调大 K_P 或减小积分时间；在发生振荡时，应调小 K_P 或加大积分时间。在某些对反应速度较高的控制系统中，应考虑增加微分环节 D。

（2）对反馈信号的检测和限制功能

当目标信号或反馈信号不正常时，选择变频器应采取的对策。具体功能如下：

① 目标信号丢失的对策选择

万一目标信号丢失时，变频器应采取的对策选择。

② 反馈信号丢失的检测功能

由于传感器通常安装在被检测点，和接收反馈信号的变频器之间往往有较长的距离，这增加了断线的概率，此外，传感器本身也有可能发生故障。为此，有的变频器设置了反馈信号丢失的检测功能，并设置了采取对策的相关功能。

③ 反馈信号的限制功能

如果反馈信号过大或过小，则说明 PID 调节功能未能取得预期的效果，应进行报警或采取适当措施。

由上述分析可知，PID 控制是用于过程控制的一种常用方法，通过对被控量反馈信号与目标信号的差值进行比例、积分、微分运算来调节变频器的输出频率，使被控量稳定在目标量上。PID 控制可广泛应用于石化、供暖、供水、冶金、食品、热变换等行业，对温度、压力、液位、流量等参数进行测量、显示和精确控制。

4.3.3　MM440 变频器 PID 的控制实现

1. 接线

1）传感器的引线

传感器是各种物理量的检测装置，其任务是将被控量转换成电压信号或电流信号。以压力传感器为例，其接线方法如图 4-14 所示，其中，图（a）是电压输出型，其输出电压与被测压力成正比，通常是 1～5 V 或 0～5 V；图（b）是电流输出型，其输出电流与被测压力成正比，通常是 4～20 mA 或 0～20 mA。

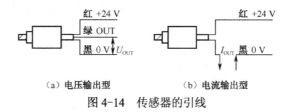

（a）电压输出型　　　　（b）电流输出型

图 4-14　传感器的引线

2）反馈信号的接入

以空气压缩机为例，其反馈信号接线情况如图 4-15 所示。

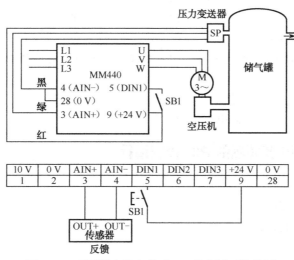

图 4-15　面板设定给定值时 PID 控制端子接线图

图中，将电压输出型压力传感器 SP 的红线和黑线分别接至变频器的"+24 V"和"0 V"端口，将绿线和黑线接到变频器的"AIN1+"和"AIN1-"端口，则通过 SP 的绿线与黑线将与被测压力成正比的电压信号输入到变频器的第 1 路模拟输入端，从而变频器得到压力反馈信号。

有的变频器不提供 24 V 电源，则须另行配置。

2. 参数设置

图 4-16 列出了 MM440 变频器实现 PID 控制功能时需设置的各参数之间的相互关系。

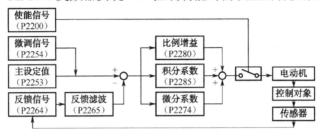

图 4-16　MM440 变频器 PID 控制原理简图

使用 PID 控制功能时，PID 给定源和 PID 反馈源是非常重要的两个参数。

1）PID 给定源 P2253

该参数为 PID 设定值信号源（给定源），定义 PID 设定值输入的信号源。

本参数既可以用 PID 固定频率设定值，也可以用已激活的设定值来选择数字的 PID 设定值。可能的设定值为：

P2253=755：模拟输入 1（通过模拟量大小来改变目标值）。

P2253=2224：固定的 PID 设定值。

P2253=2250：已激活的 PID 设定值（通过改变 P2240 来改变目标值）。

2）PID 反馈源 P2264

该参数为 PID 反馈信号，选择 PID 反馈的信号源。

选择模拟输入信号时，可以用参数 P0756～P0760（ADC 标定）实现反馈信号的偏移和增益匹配。可能的设定值为：

P2264=755：模拟输入 1 设定值（当模拟量波动较大时，可适当加大滤波时间，确保系统稳定）。

P2264=2224：PID 固定设定值。

P2264=2250：PID-MOP 的输出设定值。

实践 11　MM440 变频器的 PID 控制运行

1）实践目的及内容

（1）PID 控制系统的接线。

（2）PID 控制系统的调试。

2）实践步骤

（1）控制要求：

给定信号由面板键盘输入，反馈信号由第 1 路模拟通道的电位器进行调节。

实现该 PID 控制过程。

（2）按照图 4-17 接线。

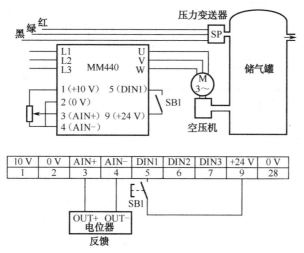

图 4-17 空气压缩机恒压控制系统模拟接线图

① 反馈信号的接入。

在图 4-17 中，反馈信号由模拟电位器进行调节，接入到变频器的第 1 路模拟输入端口 AIN1。

② 目标信号的确定。

目标信号由变频器面板键盘进行设定。

（3）对电路进行仔细检查，确保无误后，为装置送电。

（4）参数复位。

（5）快速调试。

（6）功能调试。

① 控制参数，见表 4-2。

表 4-2 控制参数表

参 数	出 厂 值	设 置 值	说 明
P0003	1	2	设置用户访问级为扩展级
P0004	0	0	参数过滤显示全部参数
P0700	2	2	由端子排输入
P0701	1	1	端子 DIN1 功能为接通正转，OFF1 停机
P0702	12	0	端子 DIN2 禁用
P0703	9	0	端子 DIN3 禁用
P0704	0	0	端子 DIN4 禁用
P0725	1	1	端子 DIN 输入为高电平有效

续表

参　数	出　厂　值	设　置　值	说　明
P1000	2	1	频率由 BOP 设置
P0004	0	7	命令，二进制 I/O
*P1080	0	20	电动机运行最低频率（Hz）
*P1082	50	50	电动机运行最高频率（Hz）
P2200	0	1	PID 控制功能有效

注：标*的参数可根据用户实际要求进行设定。

② 设置目标参数，见表 4-3。

表 4-3　目标参数表

参　数	出　厂　值	设　置　值	说　明
P0003	1	3	设置用户访问级为专家级
P0004	0	0	参数过滤显示全部参数
P2253	0	2250	已激活的 PID 设定值（参看 P2240）
*P2240	10	60	由 BOP 设定的目标值（%）
*P2254	0	0	无 PID 微调信号源
*P2255	100	100	PID 设定值的增益系数
*P2256	100	0	PID 微调信号增益系数
*P2257	1	1	PID 设定值斜坡上升时间
*P2258	1	1	PID 设定值斜坡下降时间
*P2261	0	0	PID 设定值无滤波

注：标*的参数可根据用户实际要求进行设定。

③ 设置反馈参数，见表 4-4。

表 4-4　反馈参数表

参　数	出　厂　值	设　置　值	说　明
P0003	1	3	设置用户访问级为专家级
P0004	0	0	参数过滤显示全部参数
P2264	755.0	755.0	PID 反馈信号由 AIN1 设定
*P2265	0	0	PID 反馈信号无滤波
*P2267	100	100	PID 反馈信号的上限值（%）
*P2268	0	0	PID 反馈信号的下限值（%）
*P2269	100	100	PID 反馈信号的增益（%）
*P2270	0	0	禁止使用 PID 反馈功能选择器
*P2271	0	0	PID 传感器的反馈形式为正常

注：标*的参数可根据用户实际要求进行设定。

④ 设置 PID 参数，见表 4-5。

表 4-5 PID 参数表

参 数	出 厂 值	设 置 值	说 明
P0003	1	3	设置用户访问级为专家级
P0004	0	0	参数过滤显示全部参数
*P2280	3	25	PID 比例增益系数
*P2285	0	5	PID 积分时间（s）
*P2291	100	100	PID 输出上限值（%）
*P2292	0	0	PID 输出下限值（%）
*P2293	1	1	PID 限幅的斜坡上升/下降时间（s）

注：标*的参数可根据用户实际要求进行设定。

（7）运行。

按下带锁按钮 SB1 时，变频器数字输入端 DIN1 为"ON"，变频器启动电动机。当调节模拟电位器的值时，输入 AIN1 的电压信号（反馈信号）发生改变，将会引起电动机速度发生变化。

若反馈的电压信号小于目标值 6 V（即 P2240 值），则变频器将驱动电动机升速；电动机速度上升又会引起反馈的电压信号变大。当反馈的电压信号大于目标值 6 V 时，变频器将驱动电动机降速，从而使反馈的电压信号变小；当反馈的电压信号小于目标值 6 V 时，变频器将驱动电动机升速。如此反复，能使变频器达到一种动态平衡状态，变频器将驱动电动机以一个动态稳定的速度运行。

如果需要，则目标设定值（P2240 值）可直接通过操作面板上的增加键和减小键来改变。当设置 P2231=1 时，由增加键和减小键改变了的目标设定值将被保存在内存中。

放开带锁按钮 SB1，数字输入端 DIN1 为"OFF"，则电动机停止运行。

知识梳理与总结

（1）变频器的优化特性包括失速防止功能、自寻速跟踪功能、瞬时停电再启动功能、节能特性、电动机参数的自动调整功能、变频-工频的切换、PID 控制功能、变频器的保护功能等。

（2）变频-工频切换控制系统中，在开始切换时，变频器应首先封锁逆变管。此外，变频器的输出接触器与工频接触器之间必须有可靠的互锁，最好采用具有机械互锁装置的接触器。

电动机的供电形式从一种电源（变频电源或工频电源）到另一种电源之间进行切换时，必须有一定时间的延时。在延时时间内，电动机的转速不宜下降太多，以免在接入另一种形式的电源时，产生较大的冲击电流。

（3）PID 控制的目的是在被控的物理量偏离控制目标时，能够使其快速、准确地回复到

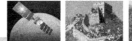

控制目标。

　　加入比例增益的目的，一是加快回复的速度，二是减小偏差，但拖动系统常常有许多滞后环节，使系统容易发生振荡。

　　加入积分环节的目的，一是使系统不易发生振荡，二是消除偏差，但积分时间太长，则又可能使系统反应缓慢。

　　加入微分环节的目的是根据被控物理量的变化趋势，提前给出回复信号，从而使系统能够迅速地回复到控制目标。

　　（4）由于目标信号和反馈信号可以是不同的物理量，所以两者都用百分数来表示。因为目标信号最终要和传感器检测到的反馈信号进行比较，所以目标信号的大小和传感器的量程有关。

　　当控制系统要求变频器的输出频率和反馈信号的变化趋势相同时，称为正反馈；而当控制系统要求变频器的输出频率和反馈信号的变化趋势相反时，称为负反馈。

　　当变频器的 PID 功能有效时，其频率给定端将自动地变为目标信号和反馈信号的输入端，变频器原先设定的加/减速时间将不再起作用。

　　当拖动系统从停止状态刚开始启动时，目标信号和反馈信号之间的偏差较大，有可能因加速过快而导致过电流跳闸，须注意防止。

习题4

　　1．变频器有哪些优化特性？

　　2．有哪些场合需要进行变频和工频的切换？

　　3．变频-工频有哪几种切换方式，各有何特点？

　　4．什么是PID？

　　5．什么是目标信号，什么是反馈信号？

　　6．什么是正反馈，什么是负反馈？

　　7．变频器的PID功能有效后，在哪些方面将发生变化？

　　8．某恒压控制系统在运行过程中，发现压力忽高忽低，为什么？如何解决？

　　9．上述恒压控制系统在运行中，压力发生变化后回复过程较慢，如何解决？

　　10．PID调试过程比较复杂，很难一次搞定，一般情况下，应如何调节 P、I、D 的参数？

第5章 变频器在调速系统中的应用

学习目标

1. 掌握 PLC 与变频器的连接方法。
2. 掌握变频调速控制系统的设计过程。
3. 掌握变频器在恒压供水系统中的应用。
4. 掌握变频器在高炉卷扬机中的应用。
5. 掌握变频器在冷却塔风机控制中的应用。
6. 掌握变频器在龙门刨床控制系统中的应用。
7. 掌握变频器在自动装箱生产线中的应用。

技能目标

1. 能够进行 PLC 与变频器的正确连接。
2. 熟练进行简单调速控制系统的设计及实现。

5.1 PLC 与变频器的连接

PLC 是一种以计算机技术为基础、专为工业环境而设计的数字运算与操作的电子控制装置。PLC 作为传统继电器-接触器控制的替代产品，主要依靠用户软件来改变控制过程，同时又具有体积小、功能强、速度快、组装灵活、抗干扰能力强和可靠性高等优点，现已广泛应用于机械制造、冶金、化工、电子、纺织、印刷等工业控制等各个领域。

在当今的生产条件下，如果利用变频器构成自动控制系统，则很多情况下都需要和 PLC 相互配合使用，如包装纸印刷、轴承清洗、PCB 制板等。在 PLC 和变频器组成的自动控制系统中，PLC 是核心，它可通过输出点或通信提供各种控制信号（如速度）和指令通断信号（如启动、停止、换向、点动等）来控制变频器，变频器再控制电动机。

本章主要介绍西门子 S7-200 PLC 与变频器的连接方法，其他 PLC 与变频器的连接与此类似。

PLC 与变频器的连接可以通过以下 3 种形式。

5.1.1 数字信号的连接

1. PLC 的数字量输出与变频器的数字量输入之间的连接

PLC 的数字量输出与变频器的数字量输入连接，可以对变频器进行启停及多段固定频率的控制。

PLC 的数字量输出主要有继电器、晶体管和晶闸管三种输出方式。这三种输出方式由于各自特性的不同，所适用的外部负载也各不相同，继电器输出可以外接交流负载或直流负载，晶体管输出仅可接直流负载，晶闸管输出仅可接交流负载。PLC 的输出接口电路方式如图 5-1 所示。

变频器的数字量输入端口主要连接对运行/停止、正转/反转、正向点动/反向点动、多段速等运行状态进行控制的开关型指令信号，因此变频器需要具有继电器触点开关特性的元器件与之相连得到运行状态指令，通常用具有继电器输出或晶体管输出类型的 PLC 与变频器相连。

1）PLC 的晶体管输出和继电器触点输出之间的主要区别

（1）负载电压、电流不同

负载类型：晶体管只能带直流负载，而继电器既可带交流负载，也可带直流负载。

电流：晶体管电流为 0.2~0.3 A，继电器电流为 2 A。

电压：晶体管可接 DC24 V（最大约为 DC30 V），而继电器可接 DC24 V 或 AC220 V。

（2）负载能力不同

晶体管带负载能力小于继电器带负载能力。用晶体管输出时，一般要通过外接继电器、固态继电器等器件来带动大负载。

（3）响应速度不同

晶体管的响应速度快于继电器的响应速度。

继电器输出型的工作原理是 CPU 驱动继电器线圈，令触点动作，使外部电源通过闭合

的触点驱动外部负载，其开路漏电流为零，响应时间慢（约 10 ms）。

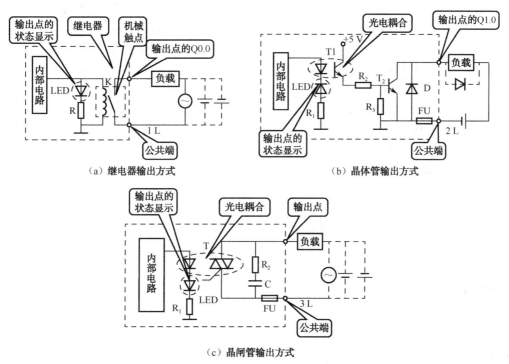

(a) 继电器输出方式 　　　(b) 晶体管输出方式

(c) 晶闸管输出方式

图 5-1　PLC 的输出接口电路方式

晶体管输出型的工作原理是 CPU 通过光耦合使晶体管通断，以控制外部直流负载，响应时间短（约 0.2 ms 甚至更小）。晶体管输出一般用于动作频率高的输出，如伺服/步进等。

（4）使用寿命不同

继电器是机械元件，所以有动作次数寿命，而且其每分钟的开关次数也是有限制的；而晶体管是电子元件，只有老化，没有使用次数限制。

晶体管也有大电流产品，如 0.5 A 以上，晶体管的输出接继电器时要特别注意继电器线圈的极性，否则会烧坏晶体管。

2）PLC 继电器输出与变频器的连接

继电器触点输出是 PLC 常见的输出形式，它的主要优点是使用灵活，既可以驱动交流负载，也可以驱动直流负载，允许的负载电压和电流一般为 AC250V/DC50V、2 A 以下。在 SIEMENS S7 系列 PLC 中，负载电流最大可达 10 A，容量可达 80～1000 V·A。

通常，继电器输出触点的连接主要有两种类型：一种是每个输出触点之间完全隔离，每一点都是独立输出的，输出触点没有公共端，如西门子 S7-200 数字量输出模块 6ES7222-1HD22-0XA0，接线形式如图 5-2 所示；另一种是输出触点一端独立，另一端由若干输出点共用，如数字量输出模块 6ES7222-1HF22-0XA0，接线形式如图 5-3 所示。

当连接感性负载时，为了延长触点的使用寿命，通常在直流驱动的负载两端并联续流二极管，交流驱动的负载两端加 RC 抑制器。

使用 PLC 的继电器输出模块与变频器相连时，接线方式如图 5-4 所示。

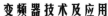

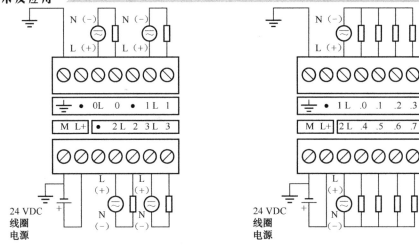

图 5-2　6ES72221-HD22-0XA0 接线图　　　　图 5-3　6ES7222-1HF22-0XA0 接线图

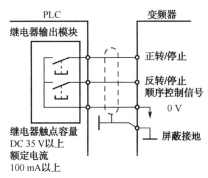

图 5-4　PLC 的继电器输出触点与变频器的连接

在将继电器输出触点接入变频器时，有时会因为触点的接触不良而带来误动作，有时可能会因继电器接通关断时产生的浪涌电流引起变频器内部元器件的损坏或失效进而导致变频器的误动作，因此在设计变频器的输入电路时应尽量避免这些情况的发生。

3）晶体管输出与变频器的连接

直流晶体管输出的主要优点是响应时间短，使用寿命长。当 PLC 需要与系统其他控制装置进行连接时，采用晶体管输出可以显著提高系统的处理速度。

直流晶体管输出可以分为 NPN 集电极开路输出与 PNP 集电极开路输出两种形式，分别如图 5-5 和图 5-6 所示。

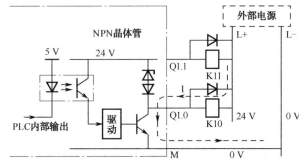

图 5-5　NPN 晶体管集电极开路输出与外部接线图

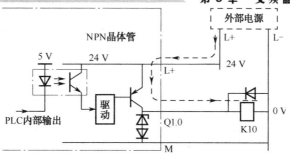

图 5-6 PNP 晶体管集电极开路输出与外部接线图

在西门子 S7 系列 PLC 中，一般采用场效应管作为驱动元件，其连接方式与 PNP 集电极开路输出方式相同，输出额定电流可达 5 A。

使用 PLC 的晶体管输出模块与变频器连接，其接线方式如图 5-7 所示。

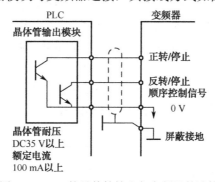

图 5-7 PLC 的晶体管输出与变频器的连接

在将晶体管输出连接到变频器时，需要考虑晶体管本身的电压、电流容量等因素，保证系统的可靠性。

2. 变频器的数字量输出与 PLC 的数字量输入之间的连接

变频器的数字量输出与 PLC 的数字量输入连接，可以将变频器的运行状况及故障信息反馈到 PLC，以便采取相应的控制动作。

PLC 的输入电路形式多样，从信号类型上看，开关量输入主要有直流输入和交流输入两种形式，其中以直流输入最为常见。从输入信号的连接形式与信号电源提供方式上看，开关量输入可以分为汇点输入（也称为漏形输入或负端共用输入）、源输入（也称为源形输入或正端共用输入），以及汇点/源混用输入三种类型。

1）直流汇点输入

"汇点输入"是一种由 PLC 内部提供输入信号电源，且全部输入信号的一端需要汇总到输入公共端（COM）的输入形式。汇点输入的优点是不需要外部提供输入信号的电源，输入电源由 PLC 内部向外部"泄漏"，因此又被称为"漏形输入"。

直流汇点输入常见于日本生产的 PLC 产品中。MM440 变频器的开关量输出端子均为继电器触点输出，类似于按钮开关等的干接点信号，与 PLC 输入模块的连接比较简单，与PLC 汇点输入的连接方法如图 5-8 所示。此时，电流从 PLC 的输入点流出，经过变频器的继电器输出触点，从 PLC 公共端（COM 端或 M 端）流回。

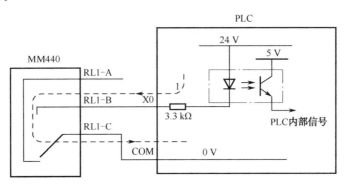

图 5-8　变频器输出点与 PLC 汇点输入的连接

2）直流源输入

"源输入"是一种由外部提供输入信号的电源（或使用 PLC 内部提供给输入回路的电源），全部输入信号为"有源"信号，并独立输入 PLC 的输入连接形式。

这种输入方法的优点是：当输入连接线与外部地短路或断路时，不可能有"ON"信号的错误输入，防止了设备的误动作；此外，由于输入回路使用的电源是外部电源，输入故障对 PLC 的损害较小。缺点是：输入信号需要外部电源，在一定程度上增加了成本。

变频器的输出点与 PLC 源输入的连接方法如图 5-9 所示。

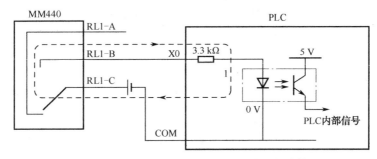

图 5-9　变频器的输出点与 PLC 源输入的连接

此时，电流从外部电源的正极出发，经过变频器的继电器输出触点，进入 PLC 的输入点，最后从 PLC 的公共端流回外部电源的负极。

3）汇点/源混用输入

"汇点/源混用输入"是一种可以根据外部要求连接"有源"输入信号或"汇点"输入信号的连接方式。"汇点/源混用输入"一般在 PLC 内部采用双向光耦合器，以适应不同连接方式时电流方向改变的需要。

西门子 S7—200 小型 PLC 的输入模块全部为此种类型的输入，变频器与输入点的连接方式如图 5-10 所示。

需要注意的是，西门子公司关于输入点源形和漏形接口电路的划分与三菱等日本公司正好相反，使用时请查阅相关手册，以免造成接线错误。

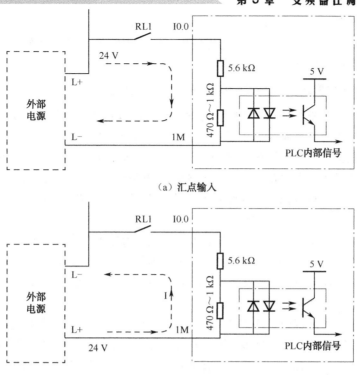

（a）汇点输入

（b）源形输入

图 5-10　变频器输出点与 S7—200 PLC 的连接

5.1.2　模拟信号的连接

PLC 与变频器之间模拟信号的连接主要包括以下两种形式。

1. PLC 的模拟量输出与变频器的模拟量输入之间的连接

PLC 的模拟量输出与变频器的模拟量输入连接可以进行频率的给定。MM440 变频器有 2 路模拟输入端口，通常可接收 0～10 V/5 V 的电压信号或 0/4～20 mA 的电流信号。由于接口电路因输入信号而异，因此必须根据变频器的输入阻抗选择 PLC 的输出模块。

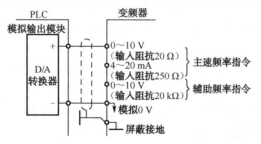

图 5-11　PLC 模拟量输出与变频器模拟量输入之间的连接

PLC 模拟量输出模块信号范围较广，当变频器和 PLC 的模拟信号量程不同时，例如，变频器的输入信号为 0～10 V 而 PLC 的输出电压信号范围为 0～5 V，或者 PLC 一侧的输出信号为 0～10 V 而变频器的输入电压信号范围为 0～5 V 时，由于变频器和晶体管的允许电压、电流等因素的限制，需要用并/串联的方式接入电阻，以此来限制电流或分去部分电

压，以保证进行开关时不超过 PLC 和变频器相应的容量。

此外，在连线时还应注意将主控线缆分离，控制电路最好采用屏蔽线，来保证主电路一侧的噪声不传到控制电路里。

2. 变频器的模拟量输出与 PLC 的模拟量输入之间的连接

变频器的模拟量输出与 PLC 的模拟量输入连接可以将变频器的实际频率、输出电流、输出电压、直流电压等信息实时地传送给 PLC，以便采取相应的动作。

MM440 变频器有 2 路模拟输出端子，可以向外部输出相应的监测模拟信号，如输出电压、转速等。电信号的范围通常为 0～10 V/5 V 的电压信号或 0/4～20 mA 的电流信号。无论是哪种情况，都应注意 PLC 一侧输入阻抗的大小要保证电路中电压和电流不超过电路的容许值，以提高系统的可靠性和减小误差。

由于变频器在运行过程中会产生较强的电磁干扰，为保证 PLC 不会因变频器主电路的断路器及开关器件等产生的噪声而出现故障，在将变频器与 PLC 相连接时应该注意以下几点：

（1）对 PLC 本身应按规定的接线标准和接地条件进行接地，且应注意避免和变频器使用共同的接地线，同时在接地时使二者尽可能分开。

（2）当电源条件不太好时，应在 PLC 的电源模块及输入/输出模块的电源线上接入噪声滤波器、电抗器和能降低噪声用的器件等，若有必要，在变频器一侧也应采取相应的措施。

（3）当把变频器和 PLC 安装于同一操作柜中时，应尽可能使与变频器有关的电线和与 PLC 有关的电线分开。

（4）通过使用屏蔽线和双绞线来提高抗噪声干扰的水平。

5.1.3 通信连接

利用变频器的通信接口可向外设发送数据或接收来自外设的数据，通信是网络控制的前提。网络控制是通过网络主站（如 PLC、CNC、外部计算机等）对变频器的运行实施控制功能，变频器可以作为从站连接到网络系统。

PLC 与变频器进行通信连接时，要求变频器与 PLC 拥有同一通信硬件架构与通信协议。

所有的标准西门子变频器都有一个串行接口，串行接口采用 RS-485 双线连接，其设计标准适用于工业环境的应用对象。它是为多台机器之间进行通信而设计的，有很高的抗噪声能力，而且可运行工作在超长距离场合（可达 1 000 m）。RS-485 采用差动电压，在 0～5 V 之间切换。

西门子通用变频器有两种通信协议：USS 协议和通过 RS-485 接口的 Profibus-DP 协议。当使用 Profibus-DP 协议通信时，必须配备 PROFIBUS 模块；如果使用 USS 协议通信，可以通过一个 SUB-D 插座连接，采用两线制的 RS-485 接口，在不需要增加硬件投资的基础上就能实现与 PLC 的通信连接。

西门子 S7-200 PLC 与变频器之间只能以 USS 方式进行通信。USS 协议是传动产品通信的一种协议，为主-从结构，S7-200PLC 可作为主站，在一个主站上可以连接 31 个从站。由于变频器只能作为从站，所以采用 USS 协议最多可连接 31 台通用变频器，最大数据传输速率为 19.2 Kb/s。S7-200PLC 与 MM4 系列变频器的 USS 通信如图 5-12 所示。

USS 总线上的每台通用变频器都有一个从站号（在参数中设定），各站点由唯一的标识

码识别，主站依靠它来识别每一台通用变频器。

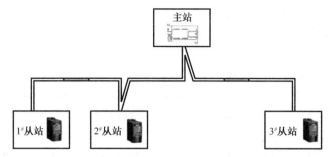

图 5-12　S7-200PLC 与 MM4 系列变频器的 USS 通信

S7-200 PLC 作为主站可以使用指令方便地实现对变频器的控制，包括变频器的启动、频率设定、参数修改等操作。S7-200 PLC 提供的 USS 协议指令为 USS_INIT、USS_CTRL、USS_RPM_x 和 USS_WPM_x 指令。

在网络连接之前需要对变频器设置相关参数，具体如下：

P0700=5　命令信号源由 COM 链路的 USS 设置。

P1000=5　频率设定值通过 COM 链路的 USS 设定。

P2010=7　选择 USS 波特率，此时波特率为 19 200。

P2011=1　设置 USS 地址，本台变频器的地址为 1。

实践 12　PLC 与变频器联机控制电动机的正/反转

1）实践内容

（1）按照要求，设计并绘制正确的原理图。

（2）进行 PLC 与变频器的外部接线。

（3）编制正确的 PLC 控制程序。

（4）设置正确的变频器参数。

（5）联机调试。

2）实践步骤

（1）要求：利用自复位按钮 SB1、SB2、SB3、SB4、SB5 和 HL1、HL2 指示灯，实现 S7-200 PLC 与变频器联机对电动机的正/反向运行控制。

其中，SB1 为电动机正转按钮；SB2 为电动机停止按钮；SB3 为电动机反转按钮；SB4 为电动机正向点动按钮；SB5 为电动机反向点动按钮。HL1 为电动机正转指示灯；HL2 为电动机反转指示灯。

① 按下 SB1 按钮后，电动机开始以 40 Hz 频率正向运转，同时 HL1 指示灯发出电动机正向运转指示；按下 SB2 按钮，电动机停止，HL1 指示灯熄灭。

② 按下 SB3 按钮后，电动机开始以 40 Hz 频率反向运转，同时 HL2 指示灯发出电动机反向运转指示；按下 SB2 按钮，电动机停止，HL2 指示灯熄灭。

③ 按住 SB4 按钮，电动机以 10 Hz 开始正向点动运行，同时给出 HL1 指示；松开 SB4 按钮，正向点动停止，HL1 指示灯熄灭。

④ 按住 SB5 按钮，电动机以 15 Hz 开始反向点动运行，同时给出 HL2 指示；松开 SB5 按钮，反向点动停止，HL2 指示灯熄灭。

（2）设计并绘制 PLC 与变频器的接线原理图。

本实践项目中需要使用 5 个自复位按钮和 2 个指示灯。很显然，5 个自复位按钮需要接到 PLC 的输入端，2 个指示灯需要接入 PLC 的输出端。

经分析可知，变频器需要进行正转、反转、正向点动、反向点动 4 个工作过程。由第 4 章的学习可知要完成变频器的 4 个动作，需要对变频器的 4 个数字输入端口进行控制，此控制应来自 PLC 的数字输出点。

PLC 与变频器的接线原理图如图 5-13 所示，在这一步骤中还要为 PLC 的每一个输入/输出点分配 I/O 地址，为每一个变频器的数字量输入点分配具体的端口地址。

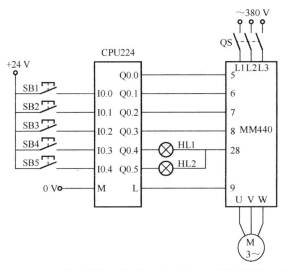

图 5-13　PLC 与变频器联机实现电动机正/反转运行原理图

（3）按照图 5-13 所示的接线原理图将变频器与电动机正确连接，经检查接线无误后合上 QS 空气开关为实训装置送电。

（4）PLC 控制程序的编制、下载及调试。

① 电动机正向运行控制程序如图 5-14 所示。

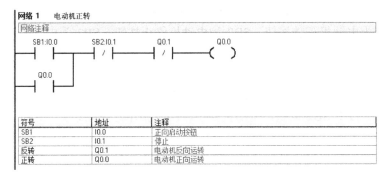

图 5-14　实践 12 正向运行控制程序

② 电动机反向运行控制程序如图 5-15 所示。

③ 电动机正向点动控制程序如图 5-16 所示。

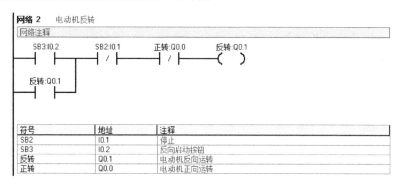

图 5-15　实践 12 反向运行控制程序

图 5-16　实践 12 正向点动控制程序

④ 电动机反向点动控制程序如图 5-17 所示。

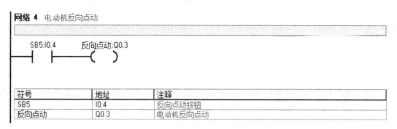

图 5-17　实践 12 反向点动控制程序

⑤ 正向运转指示灯控制程序如图 5-18 所示。

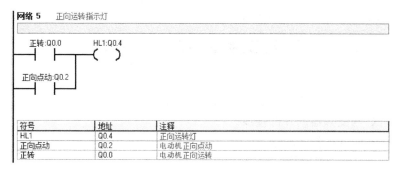

图 5-18　实践 12 正向运转指示灯控制程序

⑥ 反向运转指示灯控制程序如图 5-19 所示。

将程序下载到 PLC 后，在不接通变频器的情况下调试程序直至正确无误。

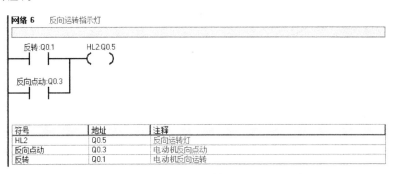

图 5-19　实践 12 反向运转指示灯控制程序

（5）变频器的参数复位。

（6）变频器的快速调试。

（7）变频器的功能调试。

为完成实验要求，变频器需要设置的主要参数如下：

① P0700=2；② P1000=1；

③ P0701=1；④ P0702=2；

⑤ P0703=10；⑥ P0704=11；

⑦ P1040=40；⑧ P1058=10；

⑨ P1059=15。

（8）PLC 与变频器的联机调试。

变频器参数设置结束后，可按照实践内容的要求进行联机调试及验证。

① 按下 SB1 按钮后，电动机_____向运转，运行频率为_____，HL1 指示灯_____；按下 SB2 按钮，电动机_____，HL1 指示灯_____。

② 按下 SB3 按钮后，电动机_____向运转，运行频率为_____，HL2 指示灯_____；按下 SB2 按钮，电动机_____，HL2 指示灯_____。

③ 按住 SB4 按钮，电动机_____运行，频率为_____，_____指示灯亮；松开 SB4 按钮，电动机停止，_____指示灯灭。

④ 按住 SB5 按钮，电动机_____运行，频率为_____，_____指示灯亮；松开 SB5 按钮，电动机停止，_____指示灯灭。

实践 13　PLC 与变频器联机控制电动机的延时启动

1）实践内容

（1）按照要求设计并绘制正确的原理图。

（2）进行 PLC 与变频器的外部接线。

（3）编制正确的 PLC 控制程序。

（4）设置正确的变频器参数。

（5）联机调试。

2）实践步骤

（1）要求：利用 SB1、SB2、SB3 按钮和 HL1、HL2 指示灯，实现 SIEMENS S7-200

PLC 与变频器联机对电动机的正/反转延时运行控制。

其中，SB1 为电动机正转按钮；SB2 为电动机停止按钮；SB3 为电动机反转按钮；HL1 为电动机正转指示灯；HL2 为电动机反转指示灯。

① 按下 SB1 按钮，电动机延时 10 s 开始正向启动，并且在 7 s 内电动机的转速达到设定值 40 Hz，同时 HL1 指示灯发出电动机正向运转指示。

② 按下 SB2 按钮，PLC 发出电动机停止指令，9 s 内电动机停止运行（转速降为 0），同时 HL1 指示灯熄灭。

③ 按下 SB3 按钮，电动机延时 10 s 开始反向启动，并且在 7 s 内电动机的转速达到设定值 40 Hz，同时 HL2 指示灯发出电动机反向运转指示。

④ 按下 SB2 按钮，PLC 发出电动机停止指令，9 s 内电动机停止运行（转速降为 0），同时 HL2 指示灯熄灭。

（2）设计并绘制 PLC 与变频器的接线原理图

参照实践 12 自行设计并绘制接线原理图。

（3）按照自行设计的接线原理图，将变频器与电动机正确连接，经检查接线无误后合上 QS 空气开关，为实训装置送电。

（4）PLC 控制程序的编制、下载及调试。

（5）变频器的参数复位。

（6）变频器的快速调试。

（7）变频器的功能调试。

（8）PLC 与变频器的联机调试。

变频器参数设置结束后，可按照实践内容的要求进行联机调试及验证。

实践 14　PLC 与变频器联机控制电动机的多段速运行（一）

1）实践内容

（1）按照要求，设计并绘制正确的原理图。

（2）进行 PLC 与变频器的外部接线。

（3）编制正确的 PLC 控制程序。

（4）设置正确的变频器参数。

（5）联机调试。

2）实践步骤

（1）要求：利用 SB1、SB2、SB3 按钮和 HL1、HL2 指示灯，以及 SIEMENS S7-200 PLC 上的模拟电位计，实现 PLC 与变频器联机对电动机的模拟信号连续控制。

其中，SB1 为电动机正转按钮；SB2 为电动机停止按钮；SB3 为电动机反转按钮；HL1 为电动机正转指示灯；HL2 为电动机反转指示灯。

要求使用 S7-200PLC 上的模拟电位计 1（X）对电动机的速度进行控制（使用二进制编码的方式实现 3 段速运行）：

$X<50$　变频器输出频率 15 Hz；

$50 \leqslant X \leqslant 150$　变频器输出频率 35 Hz；

150<*X*≤255   变频器输出频率 45 Hz。

① 按下 SB1 按钮，电动机按照 *X* 的实际值指定的频率进行正向运转，同时 HL1 指示灯发出电动机正向运转指示。

② 用螺丝刀调节模拟电位计 1，电动机的转速将按照题目的要求随着模拟电位计 1 值的变化而变化。

③ 按下 SB2 按钮，电动机停止，HL1 指示灯熄灭。

④ 按下 SB3 按钮，电动机按照 *X* 的实际值指定的频率进行反向运转，同时 HL2 指示灯发出电动机反向运转指示。

⑤ 用螺丝刀调节模拟电位计 1，电动机的转速将按照题目的要求随着模拟电位计 1 值的变化而变化。

⑥ 按下 SB2 按钮，电动机停止，HL2 指示灯熄灭。

（2）设计并绘制 PLC 与变频器的接线原理图。

分析：本实践项目中需要使用 3 个自复位按钮和 2 个指示灯。很显然，3 个自复位按钮需要接到 PLC 的输入端，2 个指示灯需要接入 PLC 的输出端。

经分析可知，变频器需要进行 3 段速的运行。由第 4 章的学习可知，要实现变频器的 3 段速，需要使用变频器的 3 个数字输入点，分别是端口 5、端口 6 和端口 7。其中，端口 5 和端口 6 用于二进制编码，端口 7 用于控制电动机的启停，也就是说，PLC 还需要有 3 个数字输出点接入变频器的 5、6、7 端口。

按照上述分析，并参照实践 12，自行设计并绘制接线原理图，为 PLC 的每一个输入/输出点分配 I/O 地址，并标明每个变频器数字量输入点的端口地址。

（3）按照自行设计的接线原理图，将变频器与电动机正确连接，经检查接线无误后，合上 QS 空气开关，为实训装置送电。

（4）PLC 控制程序的编制、下载及调试。

（5）变频器的参数复位。

（6）变频器的快速调试。

（7）变频器的功能调试。

（8）PLC 与变频器的联机调试。

变频器参数设置结束后，可按照实践内容的要求进行联机调试及验证。

实践 15　PLC 与变频器联机控制电动机的多段速运行（二）

1）实践内容

（1）按照要求，设计并绘制正确的原理图。

（2）进行 PLC 与变频器的外部接线。

（3）编制正确的 PLC 控制程序。

（4）设置正确的变频器参数。

（5）联机调试。

2）实践步骤

（1）要求：利用 SB1、SB2 按钮和 HL1、HL2、HL3 指示灯，实现 S7-200 PLC 与变频

器联机对电动机的多段固定频率控制（使用二进制编码的方式实现 3 段速运行）。

其中，SB1 为电动机正转按钮；SB2 为电动机停止按钮；HL1、HL2、HL3 分别为电动机第一、二、三转速指示灯。

① 按下 SB1 按钮后，电动机启动并运行在 10 Hz 频率所对应的转速上，同时 HL1 指示灯亮。

② 延时 10 s 后电动机升速，运行在 25 Hz 频率所对应的转速上，同时 HL1 指示灯熄灭，HL2 指示灯亮。

③ 再延时 10 s 后电动机继续升速，运行在 50 Hz 所对应的频率上，同时 HL2 指示灯熄灭，HL3 指示灯亮。

④ 按下 SB2 按钮，电动机停止运行，所有的指示灯熄灭。

（2）设计并绘制 PLC 与变频器的接线原理图。

参照实践 14 自行设计并绘制接线原理图，为 PLC 的每一个输入/输出点分配 I/O 地址，并标明每个变频器数字量输入点的端口地址。

（3）按照自行设计的接线原理图，将变频器与电动机正确连接，经检查接线无误后，合上 QS 空气开关，为实训装置送电。

（4）PLC 控制程序的编制、下载及调试。

（5）变频器的参数复位。

（6）变频器的快速调试。

（7）变频器的功能调试。

（8）PLC 与变频器的联机调试。

变频器参数设置结束后，可按照实践内容的要求进行联机调试及验证。

5.2　变频调速控制系统的设计

在工业自动化技术不断发展的今天，由 PLC 和变频器组成的变频调速控制系统的应用越来越广泛，并发挥出越来越巨大的作用。根据不同对象的控制要求进行变频调速系统的设计尤为重要。

5.2.1　变频调速系统的设计原则

不同的设计者有着不同的设计方案，但其总体设计原则是相同的，这也是设计任何一种电气控制系统都应遵循的基本原则：根据设计任务，在满足生产工艺控制要求的前提下，安全可靠、经济实用、操作简单、维护方便、适应发展。

1．满足要求

最大限度地满足被控制对象和用户的控制要求，包括功能要求、性能要求等，这是设计中最重要的原则。为明确控制要求，设计人员在设计前应深入现场进行调查研究，收集现场资料，与工程管理人员、机械部分设计人员、现场操作人员密切配合，共同拟定设计方案。

2. 经济实用

在满足生产工艺控制要求的前提下，一方面要不断扩大生产效益，另一方面也要注意降低生产成本，使控制系统简单实用，一次性投资小，便于维护。例如，控制系统要易于操作，符合人机工程学的要求和用户的操作习惯；控制要求不高的闭环控制系统可以采用变频器的 PID 控制；为系统设备选型时注意标准化原则和多供应商原则，易于使用、采购和替换等。

3. 安全可靠

电气控制系统的稳定性、安全性、可靠性是关系生产系统产品数量和质量的大问题，是生产线的生命之线，因此，设计人员在设计时应充分考虑并确保控制系统长期运行的安全性、可靠性和稳定性。要达到系统的安全可靠，应在系统的方案设计、器件选择、软件编程等多个方面综合考虑。例如，为保证变频器出现故障时系统仍能安全运行，可以设置变频器的变频-工频转换系统；编制 PLC 控制程序时设计为只接受合法操作，而对于非法操作，程序不予响应等。

4. 留有余量

随着社会的发展进步，生产规模将不断扩大，生产工艺控制要求也会不断提高、更新和完善。因此，在设计一个控制系统时，应充分考虑今后的发展，在配置系统硬件设备（如 PLC 的输入/输出模块）时，要留有适当的余量。

5.2.2 变频调速系统设计的主要内容和步骤

1. 系统设计的主要内容

（1）了解生产工艺，根据生产工艺对电动机转速变化的控制要求，分析影响转速变化的因素，确定变频控制系统的控制方案，绘制变频控制系统的原理图。对于控制要求不高的生产工艺控制系统，可以采用开环调速系统；对于控制要求较高的生产工艺控制系统，可以采用闭环调速系统。

（2）了解生产工艺控制的操作过程，进行 PLC 设计。PLC 主要进行现场信号采集，并根据生产工艺操作要求对变频器、接触器等进行控制。PLC 对变频器的控制有开关量控制、模拟量控制和通信方式控制三种。

（3）根据负载和工艺控制要求进行变频器设计，主要是对异步电动机进行变频调速控制。变频器的设计直接影响控制系统的性能。

2. 系统设计的一般步骤

1）设计《任务书》

在《任务书》中，要将控制系统的被控对象、控制要求和设计目标等说明清楚。

（1）被控对象就是指受控的机械、电气设备、生产线或生产过程等。

（2）控制要求主要是指控制的基本方式、应完成的动作、工作过程的组成、必要的保护和联锁等。

（3）设计目标是指控制系统在功能、性能等方面最终要达到的目标。

2）设计方案

设计方案是整个控制系统设计完成、达到目标、性能优劣的关键步骤。在设计方案时，需要完成下述工作。

（1）分析控制对象，确定控制范围

在进行控制系统设计前首先要详细分析生产工艺流程，确定被控对象。被控对象包括机械传动系统、电气传动系统、液压传动系统、气动传动系统等。根据被控对象的工作特性、传动方案的技术指标，确定整个控制系统的控制要求，具体包括如下几个方面。

① 控制的基本方式

控制的基本方式包括行程控制、时间控制、速度控制、电流/电压控制（信号来自各种传感器）等。

② 需要完成的动作

需要完成的动作指需要完成哪些动作、动作顺序及动作条件。

③ 操作方式

操作方式主要包括手动方式和自动方式，其中，手动方式下可包含手动、点动、手动回原点等；自动方式下可包含单步运行、单周期运行及全自动运行，此外还包含必要的保护与报警、联锁与互锁、现场显示、故障诊断等内容。

④ 确定软件与硬件分工

根据控制系统工艺复杂性、控制复杂性来确定软件与硬件的分工，有些功能既可以用硬件来实现，也可以用软件来实现。分工的依据需要参照技术方案、经济性、可靠性等指标来决定选用硬件实现、软件实现还是两者兼顾同时选用。

⑤ 确定 I/O 设备

根据被控对象的特点，确定系统所需的用户输入/输出设备。常用的输入设备有按钮、选择开关、行程开关、传感器等，常用的输出设备有继电器、接触器、指示灯、电磁阀等。

（2）PLC 类型的选择

根据已确定的用户 I/O 设备，统计所需的输入信号和输出信号点数，选择合适的 PLC 类型，包括机型的选择、容量的选择、I/O 模块的选择、电源模块的选择等。

合理选择 PLC 对于提高 PLC 控制系统的技术经济指标起着重要作用。

PLC 机型的选择是在功能满足要求的前提下，保证运行的安全、可靠，维护使用方便、快捷，以及最佳的性价比。

PLC 的容量包括 I/O 端子数和用户存储器容量（字数）两方面的含义。在选择 I/O 端子数和存储器容量时除了要满足控制系统的要求以外，还要留有充分的裕量，以作备用或系统扩展之用。

一般情况下，在一个控制系统中 I/O 模块的价格要占整个 PLC 系统价格的一半以上，不同的 I/O 模块，其电路和性能也不尽相同，直接影响 PLC 的应用范围和价格，所以要根据实际情况合理选择。

（3）变频器类型的选择

根据已确定的负载性质和负载范围，明确工艺过程对调速系统性能指标的要求，选择合适的变频器类型，包括机型的选择、容量的选择等。

选择方法详见第 6 章。

3）PLC 系统设计

（1）硬件设计

在明确了控制系统的控制任务和选择好 PLC 后就可以进行控制系统的流程设计，画出流程图，然后具体确定输入/输出的配置，对输入/输出信号进行地址编号，画出控制系统硬件图。主要包括以下方面。

① 网络结构图

若系统是由一台计算机和多台 PLC 或由多台 PLC 组成的"集中管理，分散控制"的分布式控制网络，则应首先画出网络结构图。

② PLC 模块安装图

如果选用的 PLC 结构形式为模块式结构，则需要根据安装要求，画出模块安装图，以确定各模块的地址。

③ 数字量输入/输出模块接线图

画出所有外部检测信号和操作按钮等与 PLC 输入端子的连接，以及 PLC 输出端子与所有继电器、接触器、电磁阀、指示灯等外部输出信号的连接。设计 I/O 接线图时需要注意，同一个电压级别的输出组件尽量接在一个公共端上；对于大容量的输出组件，需要采用中间继电器或接触器作为放大装置；输出端子接感性负载时，要并接续流二极管；指示灯接直流电压时，要串接电阻。

④ 模拟量输入/输出模块接线图

如果选用了模拟量输入/输出模块，则需要按要求将外部模拟量与 PLC 的模拟量输入/输出模块相连接。设计模拟量输入/输出模块时，需要注意外部模拟量的电量类型及量程要与 PLC 模拟量模块的类型及量程相匹配。

⑤ 功能模块接线图

如果选用了步进电动机驱动、伺服电动机驱动等功能模块，则需要画出这些模块与步进电动机驱动器、伺服放大器等的接线图。

⑥ 供电原理图

供电原理图主要用来控制整个系统的通/断电，以及为输入检测元件、输出执行元件和其他装置或设备提供各种交/直流电源，进行电源的分配。

（2）软件设计

用户编写程序的过程就是软件的设计过程。这一步是整个应用系统设计最核心的工作，也是较困难的一步。用户程序一般按功能的不同可以划分为如下模块。

① 手动控制模块。

② 自动循环控制模块。

③ 功能模块的控制模块。

④ 故障诊断与显示模块。

（3）模拟调试

各个程序模块设计完成之后一般需要在实验室进行模拟调试。

实际输入信号可以用开关、按钮来代替；各输出量的通断状态可以用 PLC 上的发光二极管来显示；实际反馈信号可以根据流程图，在适当的时候用开关或按钮来模拟。调试时要充分考虑到各种可能的情况，针对各种不同的工作方式和各种可能的进展路线要逐一检

查，不能遗漏，发现问题后要及时修改程序，直到在各种可能的情况下输入量与输出量之间的关系完全符合要求为止。

4）变频器系统设计

（1）硬件设计

变频器的硬件设计需要从主电路的设计和控制电路的设计两个方面来进行。

① 主电路的设计

变频调速系统除驱动电动机和变频器外，从广义上说，还包括用于电源主回路与直流母线上的配套件，如交流电抗器、直流电抗器、电磁滤波器、制动电阻等。

在进行调速系统主电路设计时，需要选择所需的配套件，并画出相应的电路接线图。根据情况，这部分的接线图不必单独画出，可以与 PLC 部分的供电原理图画在一起。调速系统的配套件及其选择方法详见第 6 章。

② 控制电路的设计

根据调速系统的工艺流程，确定需要正/反转控制、升/降速控制、多段速控制、变频—工频切换控制等具体的控制功能，并画出变频器控制端子接线图。

（2）参数设计

根据控制要求，设计出主要的功能参数。

（3）模拟调试

模拟调试时，可结合 PLC 系统，在实验室内进行空载实验，以检查变频器的接线、控制、运转过程是否正确。

5）控制系统总装及联调

在控制软件、硬件离线模拟调试成功的基础上，到现场总装之后联机调试。联调时可以应用单步、监控、跟踪等各种方式，以发现软件、硬件设计的不合理及可能的配线错误。调试应反复进行，排除所有发现的问题，直到满足控制要求后，系统方可投入运行。

详细内容参见 5.3 节。

6）编制技术文件

技术文件主要包括设计过程中的各种电路图、用户软件、设计说明书和操作说明书等。设计说明书是对整个设计过程的综合说明，一般包括设计的依据、系统的基本结构、各个功能单元的组成及分析、使用的公式和原理、各参数的来源和运算过程、程序调试情况等内容。操作说明书主要是提供给现场调试人员和使用者使用的，一般包括操作规范、操作步骤、常见的故障及维修处理等内容。

根据具体控制对象，上述内容可适当调整。

5.3　变频调速控制系统的调试

控制系统的调试可分为模拟调试和现场调试两个过程。在调试之前首先要仔细检查系统的接线，这是最基本也是非常重要的一个环节。

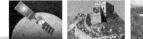
5.3.1 模拟调试

1）软件模拟调试

软件在设计完成之后，可以先使用 S7-200 仿真来进行调试。该软件操作方法简单，可以模拟 S7-200 PLC 的部分指令和功能仿真。

2）硬件模拟调试

这里所说的硬件模拟调试指的是将控制系统不与现场的执行器件和反馈信号连接，只通过系统内的按钮、指示灯及继电器、接触器等进行的调试。现场反馈的各种信号在模拟调试时可用开关、按钮或相应的电压源、电流源来代替。

硬件模拟调试之前，需要断开主电路，自编一个简单的试验程序对外部接线进行检查，查找接线故障，当确认接线无误后再连接主电路。

外部接线准确无误后，将用户程序下载到控制系统中进行硬件模拟调试，直至各部分功能正常、协调一致地完成整体的控制功能为止。

5.3.2 现场调试

模拟调试结束之后，将控制系统在现场进行总装，之后进行现场的联机调试。现场调试是整个控制系统完成的重要环节，只有通过现场调试才能发现控制回路和控制程序中不能满足系统要求的地方和存在的各种漏洞。现场调试时，各种反馈信号及负载已经接入控制系统，由于 PLC 控制部分在模拟调试阶段已经通过，所以此阶段将主要进行系统带载及变频控制的相关调试。

调试时应遵循"先空载，继轻载，后重载"的原则，按如下步骤进行。

1. 空机空载运行调试

进行变频调速系统空机空载（即变频器不带电动机）运行调试时，下列三步是最基本的，也是最重要的调试操作内容：

（1）把变频器的接地端子接地并将其电源输入端子经过漏电保护开关接到电源上。

（2）查看变频器显示窗的出厂显示是否正常，若不正确，应复位，否则要求供应商退换。

（3）熟悉变频器的操作键，对这些键按控制要求进行参数设置调试操作。

2. 带电动机空载运行调试

（1）将变频器设置为键盘面板操作模式，分别按运行键、停止键，观察电动机能否正常启停，运行是否平稳，转向是否正确，有无异常噪声和气味等。

（2）将变频器及电动机接入 PLC 控制系统进行调试运行。

3. 带载运行调试

在空载试运行正常后连接好驱动系统的负载。用键盘或控制端子启动变频器，并逐渐增大负载。在负载增大到 50%、100%时分别运行一段时间，以检查系统运行是否正常。

变频系统的带载调试主要是观察电动机带上负载后的工作情况，包括以下 6 个方面。

1）启动试验

该试验是使工作频率从 0 开始逐渐增加，观察电动机能否启动及在多大频率下启动。

如果启动困难，应设法加大启动力矩，如增大 U/f 比。若仍然启动困难，则考虑增加变频器容量或采用矢量控制方式。

2）升速试验

该试验是按照负载要求，将加速时间设定为最短值，将给定信号调至最大，按启动键，观察启动电流的变化情况、启动过程是否平稳。如果出现失速，为防止超限电流报警信号，或启动电流过大而跳闸，则应在负载允许的范围内适当延长升速时间，或改变升速曲线形式。

3）降速试验

该试验是将运行频率调至最高工作频率，按停止键，观察系统的停机过程。

该试验是如果出现失速，为防止超限电流报警信号，或过电流、过电压而跳闸，应适当延长降速时间或选配能耗制动电阻。根据变频器中是否含有能耗制动电阻，设置的最短降速时间会有所不同。当输出频率为 0 时，拖动系统如果有爬行现象，则应设置或加强直流制动。

4）持续运转试验

该试验是当负载达到最大时，调节运行频率升至最高频率，观察变频器输出电流的变化情况。如果输出电流时常越过变频器的额定电流，则应考虑降低最高运行频率或减小负载。

5）电动机发热试验

该试验是在满载时，把运行频率调至最低工作频率，按照负载所要求的连续运行时间进行低速、连续运行，观察电动机的发热情况。

6）过载试验

该试验是按负载可能出现的过载情况及持续运行时间进行试验，观察拖动系统能否继续工作。

5.4 变频器在恒压供水系统中的应用

随着现代城市化进程的迅猛发展，传统供水系统的弊端越来越明显，不同程度地存在浪费水力和电力资源、效率低、可靠性差、自动化程度低等缺点，严重影响了居民用水和工业用水。针对这种情况，变频恒压供水系统应运而生，迅速成为现代生产生活中普遍采用的一种供水方式。变频恒压供水系统的节能、高效、安全等特性更适应现代社会需求，因此变频恒压供水方式被越来越广泛地应用于工厂、住宅、高层建筑的生活及消防供水系统。

5.4.1 恒压供水系统的工作原理与控制方式

1. 恒压供水原理

恒压供水控制系统的基本控制策略是利用 PLC、传感器、变频器及水泵机组组成闭环控制系统，对泵组的调速运行进行优化控制，在管流量发生变化时达到稳定供水压力和节约电能的目的。

为保持管网中水压的基本恒定，可以采用具有 PID 调节方式，根据给定的压力信号和反馈的压力信号，控制变频器调节水泵的转速，从而达到实现管网恒压的目的。

变频恒压供水的原理图如图 5-20 所示。

图 5-20　恒压供水系统原理图

恒压供水系统是一个闭环调节过程。压力传感器安装在管网上，将管网系统中的水压转换为 4～20 mA 或 0～10 V 的标准电信号，送到 PID 调节器中作为反馈信号。PID 调节器将反馈的压力信号和给定的压力信号进行比较，经过 PID 运算处理后仍以标准信号的形式送到变频器，并作为变频器的调速给定信号。如果系统中的变频器提供了 PID 调节功能，那么也可以将压力传感器的信号直接传送到该变频器中，由变频器对反馈压力信号和给定压力信号进行 PID 运算处理，从而实现对输出频率的控制。

2. 恒压供水系统的控制方式

1）变频控制方式

恒压供水系统中变频器拖动水泵的控制方式可以根据现场具体情况进行系统设计。

为提高水泵的工作效率，节约电能，通常采用一台变频器拖动两台或多台水泵的控制方式（称为"1 控 X"或"1 拖 X"方式）。当用户用水量小时，采用一台水泵变频控制的方式，随着用户用水量的不断提高，当第一台水泵的频率达到上限时，将第一台水泵转化为工频运行，同时投入第二台水泵进行变频运行。若两台水泵仍不能满足用户用水量的要求，则按同样的原理逐台加入水泵。

当用户用水量减小时，将运行的水泵切断，前一台水泵的工频运行转变为变频运行。

2）PID 调节方式

利用 PID 功能可以直接调节变频器恒压供水系统的管网压力，可以使用具有 PID 功能的变频器或 PLC 实现恒压控制。相比较而言，具有 PID 功能的变频器会降低系统成本，但由于 PLC 具有多种数学运算功能，控制程序改进方便，计算速度快等优点，在控制的可靠性、工作的稳定性和寿命的持久性上更具优势。

3. 恒压供水系统的优点

（1）恒压供水技术是利用变频器改变电动机的电源频率，从而达到调节水泵转速改变水泵出口压力的目的，与采用调节阀门来控制水泵出口压力的方式相比，明显具有降低管道阻力大大减少截流损失的效能。

（2）由于水泵工作在变频工况，在其出口流量小于额定流量时，水泵转速降低，减少了轴承的磨损和发热，延长了泵和电动机的机械使用寿命。

（3）因实现恒压自动控制不需要操作人员频繁操作，从而降低了人员的劳动强度，节省了人力。

（4）水泵电动机采用软启动方式，按设定的加速时间加速，避免电动机启动时的电流冲击对电网电压造成波动，避免了因电动机突然加速而导致水泵系统的喘振，同时还可以降低系统噪声。

（5）由于水泵的转速是由管网供水量决定的，通常要工作在变频工作状态，因此系统在运行过程中可节约电能，经济效益十分明显。

5.4.2　恒压供水系统分析

某自来水厂现有 3 台水泵对管网的压力进行控制，由于是手动调节，管网中的压力时常波动，给人民生活用水带来不便，现需要进行恒压供水控制系统的改造。

本项目需要利用 PLC 和变频器组成变频调速系统来完成自来水管网的恒压控制，可以采用 PLC 内的 PID 调节功能实现闭环控制，并将 PLC 的模拟量输出接入变频器的 AIN1 端口，作为变频器的频率给定信号，调节电动机的转速。

当用户的用水量低时，采用 1 号泵变频控制的工作方式；随着用户用水量的不断提高，当第一台水泵的频率达到上限，而供水系统的压力仍不足时，将 1 号泵切换为工频运行，同时投入 2 号泵，进行变频运行；同理，当第二台水泵达到上限，供水压力仍然不足时，将 2 号泵切换为工频运行，同时投入 3 号泵进行变频运行。

当用户的用水量降低时，将运行的 3 号泵切断，前一台 2 号泵的工频运行转变为变频运行。用水量继续降低时，将 2 号泵切断，1 号泵由工频转为变频运行。

5.4.3　恒压供水系统设计

1. 控制方案

本项目是利用 PLC 内置的 PID 调节功能来实现自来水管网的恒压控制的。PLC 系统中，需要用到 1 路模拟量输入和 1 路模拟量输出。其中的模拟量输入是来自压力变送器的反馈信号，用于读取管网中的实际压力，目标信号直接输入 PLC 中。PLC 将二者的压差送入 PID 控制器，并计算出变频器此时合适的频率值，作为频率给定信号通过模拟量输出传送到变频器的 AIN1 中，调节管网压力保持恒定。

2. 硬件设计

1）主电路

三台水泵分别由电动机 M1、M2、M3 拖动，工频运行时由 KM3、KM5 两个交流接触器控制，变频调速时分别由 KM1、KM2、KM4、KM6 三个交流接触器控制。

恒压供水变频调速系统的主电路原理图如图 5-21 所示。

① 当用水量较小时，KM1 得电闭合，启动变频器；KM2 得电闭合，水泵电动机 M1 投入变频运行。

② 随着用水量的增加，当变频器的运行频率达到上限值时，KM2 失电断开，KM3 得电闭合，水泵电动机 M1 投入工频运行；KM4 得电闭合，水泵电动机 M2 投入变频运行。

③ 在电动机 M2 变频运行 5 s 后，当变频器的运行频率达到上限值时，KM4 失电断开，KM5 得电闭合，水泵电动机 M2 投入工频运行；KM6 得电闭合，水泵电动机 M3 投入变频运行。此时，电动机 M1 继续工频运行，进入"二工一变"的工作状态。

④ 随着用水量的降低，在电动机 M3 变频运行时，当变频器的运行频率达到下限值时，KM6 失电断开，电动机 M3 停止运行；延时 5 s 后，KM5 失电断开，KM4 得电闭合，水泵电动机 M2 投入变频运行，电动机 M1 继续工频运行。

⑤ 在电动机 M2 变频运行时，当变频器的运行频率达到下限值时，KM4 失电断开，电动机 M2 停止运行；延时 5 s 后，KM3 失电断开，KM2 得电闭合，水泵电动机 M1 投入变频运行。

⑥ 压力传感器将管网的压力变为 4～20 mA 的标准电信号，经模拟量输入模块传送到 PLC 中，PLC 根据设定值与该反馈值进行比较，并进行 PID 运算，得到的输出控制信号经模拟量输出模块传送至变频器，实时调节水泵电动机的供电电压和频率。

2）控制电路

图 5-22 为恒压供水系统控制电路的原理图。

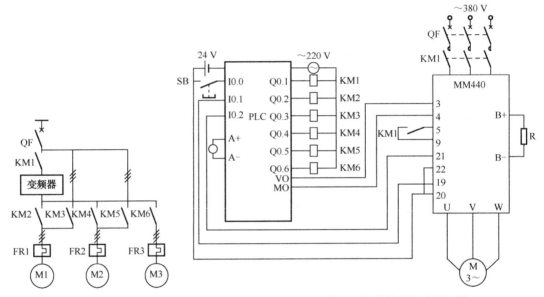

图 5-21 恒压供水系统的主电路原理图   图 5-22 恒压供水系统的控制电路原理图

3. 变频器的参数设置

变频器的主要参数设置见表 5-1。

表 5-1 恒压供水系统变频器需设置的主要参数

序号	参数号	设定值	设定值含义说明	附注
1	P0700	2	选择命令源：由端子排输入	
2	P0701	1	数字输入 1：ON 接通正转	端子 5-9 接通
3	P0731	53.2	数字输出 1：已达到最低频率（Hz）	
4	P0732	52.A	数字输出 2：已达到最高频率（Hz）	
5	P1000	2	频率设定值选择，外部模拟量给定	
6	P1080	10	电动机运行的最低频率（Hz）	
7	P1082	50	电动机运行的最高频率（Hz）	

4. PLC 各输入/输出点的地址分配

需要根据电路图明确 PLC 各个输入/输出点的地址，见表 5-2。

表 5-2　PLC 的输入/输出设备及地址分配表

输　入			输　出		
输入地址	元　件	作　用	输出地址	元　件	作　用
I0.0	SB1	启动按钮	Q0.1	KM1	变频器运行
I0.1	19、20 端	变频器下限频率	Q0.2	KM2	M1 变频运行
I0.2	21、22 端	变频器上限频率	Q0.3	KM3	M1 工频运行
AIW0	SP	压力变送器	Q0.4	KM4	M2 变频运行
			Q0.5	KM5	M2 工频运行
			Q0.6	KM6	M3 变频运行
			AQW0	3、4 端	压力模拟输出

5. PLC 程序设计

PLC 参考程序如图 5-23 所示。

主程序

网络1　网络标题

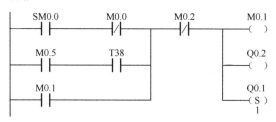

网络2

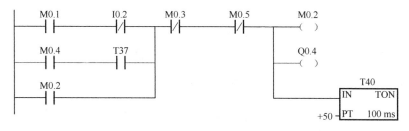

网络3

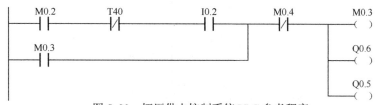

网络4

图 5-23　恒压供水控制系统 PLC 参考程序

网络5

网络6

网络7

网络8

SBR-0：
网络1　网络标题

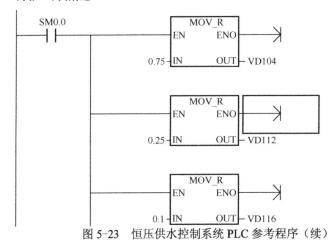

图 5-23　恒压供水控制系统 PLC 参考程序（续）

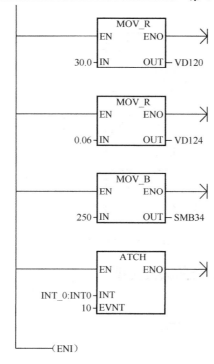

INT-0:
网络1 网络标题

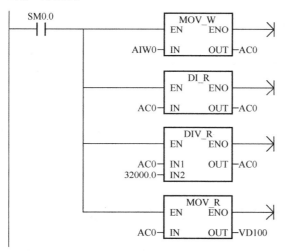

网络2

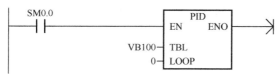

图 5-23 恒压供水控制系统 PLC 参考程序（续）

网络3

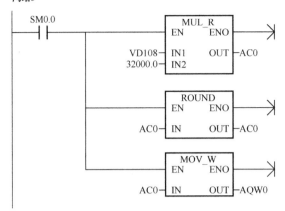

图 5-23   恒压供水控制系统 PLC 参考程序（续）

实践 16   恒压供水控制系统的模拟实现

1）实践内容

（1）进行恒压供水控制系统的外部接线。

（2）完善并调试 PLC 控制程序。

（3）完善并设置正确的变频器参数。

（4）联机调试。

2）实践步骤

（1）要求：模拟实现本节课中描述的恒压供水控制系统过程。

（2）进行恒压供水控制系统的外部接线。

参照图 5-21 和图 5-22，进行恒压供水控制系统主电路和控制电路的接线；仔细检查确保接线准确无误。

（4）PLC 控制程序的编制、下载及调试。

参考教材中给出的部分示例程序并进行完善修改，然后下载到 PLC 中进行模拟调试。

（5）变频器的参数复位。

（6）变频器的快速调试。

（7）变频器的功能调试。

参考教材中给出的部分主要功能参数进行变频器的功能调试。

（8）PLC 与变频器的联机调试。

变频器参数设置结束后，可按照实践内容的要求进行联机调试及验证。根据控制程序，如果调节 PLC 模拟量输入值的变化就会引起变频恒压供水控制系统电动机转速的变化，进而实现恒压供水的变频调速自动控制。

? 思考

按照这种方案，第一台变频器长期疲劳工作，容易损坏。如何解决？

（提示：可将 3 台水泵轮流作为首台泵，或者按照计时工作量来进行 3 台泵的切换。再

考虑还有没有其他方法。)

5.5 变频器在高炉卷扬机中的应用

卷扬机又叫绞车，是垂直提升、水平或倾斜曳引重物的简单起重机械，广泛应用于建筑、冶金等行业。卷扬机在使用过程中，由于所曳引工作负载的不同，其吊钩的工作速度也需要进行调节。传统卷扬机大部分采用串级或转子回路串电阻的方法进行调速，不仅效率低下、控制复杂，而且故障率高。采用变频调速后，不但可以解决上述问题，还可以使卷扬机的转速在一个较宽的范围内连续改变，并使卷扬机在低压时仍可保持较高的启动转矩，延长电磁抱闸系统的使用寿命。

5.5.1 高炉卷扬机的形式与控制要求

高炉是炼铁生产的核心设备，在冶金高炉炼铁生产线上，一般把按照品种、数量称量好的炉料从地面的储矿槽运送到炉顶的生产机械称为高炉上料设备，它是高炉供料系统的重要设备，主要包括料车坑、料车、斜桥、卷扬机或带式上料机。

高炉上料机主要有两种形式，一种是斜桥料车上料机，另一种是带式上料机。一般来说，3 000 m^3 以上的大型高炉多采用带式上料机，3 000 m^3 以下的高炉或使用热烧结矿的高炉一般采用斜桥料车上料机。料车式上料机结构紧凑，占地面积小，可以够满足中小高炉的上料能力，可以实现自动控制，并且运转可靠。料车上料机主要由斜桥、料车、卷扬机 3 部分组成。

工作过程中，两个料车交替上料，当装满炉料的料车上升时，空料车下行，空车质量相当于一个平衡锤，平衡了重料车的车箱自重，从而上行或下行的两个料车共用一个卷扬机拖动，不但节省了拖动电动机的功率，而且当电动机运转时，总有一个重料车上行，没有空行程，从而使得电机总是处于电动状态运行，避免了电机处于发电运行状态所带来的种种问题。料车的机械传动系统示意图如图 5-24 所示。

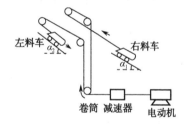

图 5-24 料车的机械传动系统图

斜桥上的料车行走轨道分为 3 段，分别为料坑段、中间段和卸料曲轨段。在这三段中，料车按一定的速度图运行，尤其在曲轨段，要求料车运行平稳，钢绳张力无急剧变化，禁止出现严重冲击现象，以免料车进入炉内发生事故。

我国的中小炼铁高炉大多采用料车卷扬机作为标准上料设备，其特点是负载较重，对位置控制精度、可靠性和安全性能要求较高。

为实现上述控制，高炉料车卷扬机控制系统应满足下列条件：

（1）能够频繁启动、制动、停车、换向，转速平稳，过渡时间短。

（2）能按照一定的速度运行，做到平稳启动（转矩大），平滑加速，平稳运行，准确停车，速度控制受负载（空载或满载）影响较小。

（3）能够广泛地调速，调速范围一般为 0.5～3.5 m/s，目前料车的最大线速度可达 3.8 m/s。

（4）系统工作可靠。在进入曲轨段及离开料坑时不能有高速冲击，确保能够在终点位置准确停车；在零速时维持大转矩输出，防止料车启动和停车时重载下滑。

5.5.2 高炉卷扬机系统分析

某钢厂有 100 m³ 的高炉，其料车卷扬机的技术参数为：电动机容量为 37 kW；转速为 740 r/min；卷筒直径为 500 mm；减速机的传动比为 15.75∶1；最大钢绳速度为 1.5 m/s；料车全部行程时间为 40 s；钢绳全行程为 51 m。

高炉卷扬机的上料系统由 PLC 和变频器共同完成对电动机的控制。料车行走在轨道的不同位置时，相应主令控制器的信号输入 PLC，PLC 根据工艺要求向变频器发出上行、下行及相关的速度控制指令，变频器控制卷扬机完成整个上料进程。

在实际生产中，料车卷扬机一般有三挡速度控制，如图 5-25 所示。

图中，OA 为料车的加速段，此阶段料车启动并以恒定加速度进行加速；AB 为料车高速运行阶段，此阶段卷扬机的输出频率为 50 Hz；BC 为料车的一次减速段；CD 为料车的中速运行段，此阶段卷扬机的输出频率为 25 Hz；DE 为料车的二次减速段；EF 为料车低速

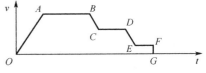

图 5-25 料车实际速度图

运行段，此阶段卷扬机的输出频率为 5 Hz；FG 为料车制动停车段。

料车在斜桥上的运动分为启动、加速、稳定运行、减速、倾翻和制动 6 个阶段，在整个过程中包括一次加速和两次减速。

5.5.3 高炉卷扬上料系统设计

1. 控制方案

根据料车运行速度要求，电动机在高速、中速、低速段的三种运行速度采用变频器的多段速功能（固定频率控制方式）来实现。料车行走在斜桥的行走轨道上，当触发到不同位置的主令控制器（传感器/限位开关）时，将信号输送到 PLC，PLC 根据料车所处位置控制转速的变换，并将此信息送至变频器，最终由变频器完成对卷扬机速度的控制。

所有使用卷扬机上料的生产厂家，最关注的就是系统的安全问题，因为一旦出现料车失控事故，造成的停产时间和损失将无法估算。为避免事故的发生，可以采取松绳检测保护。当有松绳现象出现时，松绳开关会立刻给 PLC 发出信号，PLC 根据松绳信号立刻发出停车命令，同时立即关闭抱闸装置，以防料车下滑。

2. 硬件设计

1）器件选择

（1）电动机的选用

炼铁高炉卷扬机变频调速拖动系统在选择异步电动机时，需要重点考虑以下问题：

① 料车卷扬机为摩擦性恒转矩负载，应注意低频时的有效转矩必须满足要求。

② 电动机必须有足够大的启动转矩来确保重载启动。

（2）变频器的选用

变频器的容量及选型大体上应注意以下几方面的问题：

① 高炉卷扬系统具有恒转矩特性，重载启动时，变频器的容量应按运行过程中可能出现的最大工作电流来选择。

变频器的过载能力通常为变频器额定电流的 1.5 倍，这只在电动机的启动或制动过程中才有意义，不能作为变频器选型的最大电流来考虑。在选择变频器容量时，应比变频器说明书中的"配用电动机容量"加大一挡至二挡，并应具有无反馈矢量控制功能，使电动机在整个调速范围内具有真正的恒转矩，满足负载特性要求。

② 制动问题

料车在减速或定位停车时，应注意选择相应的制动单元及制动电阻，使变频器直流回路的泵升电压保持在允许范围内。

③ 控制与保护

料车卷扬系统是炼铁生产中的重要环节，因此拖动控制系统应保持绝对安全、可靠，系统的故障检测和诊断应十分完善。

（3）PLC 的选用

可编程序控制器选用西门子中小型 S7-300 系列 PLC。S7-300 基于模块化设计，采用无风扇结构，配置灵活，安装简单，维护容易，扩展方便，它能满足中等性能的要求，能适应自动化工程的各种场合。

2）高炉卷扬上料系统

高炉卷扬上料系统电路原理图如图 5-26 所示。

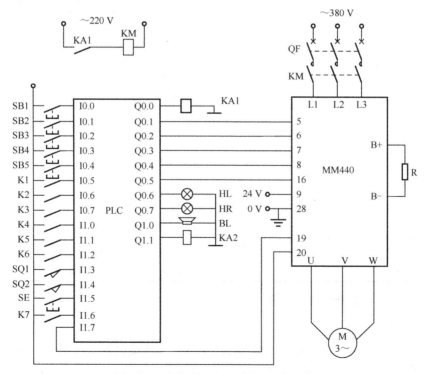

图 5-26　高炉卷扬上料系统电路原理图

3. 变频器参数设置

变频器需要设置的主要参数见表 5-3。

表 5-3 高炉卷扬上料系统 MM440 变频器参数设置表

参 数 号	设 定 值	说　明
P0100	0	功率以 kW 为单位，频率为 50 Hz
P0300	1	电动机类型选择：异步电动机
P0304	380	电动机额定电压（V）
P0305	78.2	电动机额定电流（A）
P0307	37	电动机额定功率（kW）
P0309	91	电动机额定效率（%）
P0310	50	电动机额定频率（Hz）
P0311	740	电动机额定转速（r/min）
P0700	2	选择命令源"由端子排输入"
P0701	1	DIN1 的功能：ON/OFF1 接通正转/停车命令 1
P0702	2	DIN2 的功能：ON reverse/OFF1 接通反转/停车命令 1
P0703	16	DIN3 固定频率设定值（直接选择+ON 命令）
P0704	16	DIN4 固定频率设定值（直接选择+ON 命令）
P0705	16	DIN5 固定频率设定值（直接选择+ON 命令）
P0731	52.3	数字输出 1 的功能：变频器故障
P1000	3	频率设定值的选择：固定频率
P1001	50	设置固定频率 1（Hz）
P1002	25	设置固定频率 2（Hz）
P1003	5	设置固定频率 3（Hz）
P1080	0	电动机运行的最低频率（Hz）
P1082	50	电动机运行的最高频率（Hz）
P1120	3	斜坡上升时间（s）
P1121	3	斜坡下降时间（s）
P1130	1	斜坡上升曲线的起始段圆弧时间（s）
P1910	1	选择电动机数据是否自动检测（识别）：自动检测并改写
P1300	20	变频器的控制方式：无速度反馈的矢量控制方式

4. 高炉卷扬上料系统的控制思路

1）变频器得电

按下"KM 接通"按钮，中间继电器 KA1 闭合，交流接触器 KM 接通，变频器得电；按下"KM 断开"按钮，交流接触器 KM 断开，变频器失电。

2）变频器正/反转

工作人员按下"左料车上行"按钮，变频器 DIN1 接通，开启抱闸，电动机正向运转。

按下"右料车上行"按钮，变频器 DIN2 接通，开启抱闸，电动机反向运转。按下"停车"按钮，电动机停止运转。如果左料车上行时走到"左料车限位开关"或右料车上行时走到"右料车限位开关"位置，说明料车已经到达终点，变频器封锁输出，同时关闭机械抱闸，料车送料完毕。

3）变频器速度控制

料车行至主令控制器 K1/K4 位置，K1/K4 闭合，变频器 DIN3 得电，电动机由 0 开始加速，加速至由 P1001 设定的固定频率 50 Hz 后，保持全速运行。

料车行至主令控制器 K2/K5 位置时，K2/K5 闭合，变频器 DIN4 得电，控制电动机执行由 P1002 设定的固定频率 25 Hz，电动机以中速运行。

料车行至主令控制器 K3/K6 位置时，K3/K6 闭合，变频器 DIN5 得电，控制电动机执行由 P1003 设定的固定频率 5 Hz，电动机以低速运行。

4）工作电源指示灯

工作电源指示灯用于指示工作电源是否已经接到变频器上，因此该指示灯的状态与变频器电源接触器 KM 的状态一致。

5）故障指示

为保证系统的安全，系统要设置急停按钮、松绳保护、变频器故障保护等，如果发生这些故障，系统故障指示灯将点亮，同时蜂鸣器发出声音报警。

5. PLC 控制系统的 I/O 地址分配

PLC 控制系统的 I/O 地址分配见表 5-4。

表 5-4　S7-300PLC 的 I/O 地址分配表

输　入			输　出		
输入地址	元　件	作　用	输出地址	元　件	作　用
I0.0	SB1	KM 接通按钮	Q0.0	KA1	中间继电器（KM 通断）
I0.1	SB2	KM 断开按钮	Q0.1	5 端	左料车上行
I0.2	SB3	左料车上行按钮	Q0.2	6 端	右料车上行
I0.3	SB4	右料车上行按钮	Q0.3	7 端	高速运行
I0.4	SB5	停车按钮	Q0.4	8 端	中速运行
I0.5	K1	左料车高速上行	Q0.5	16 端	低速运行
I0.6	K2	左料车中速上行	Q0.6	HL	工作电源指示
I0.7	K3	左料车低速上行	Q0.7	HR	故障灯指示
I1.0	K4	右料车高速上行	Q1.0	BL	故障报警
I1.1	K5	右料车中速上行	Q1.1	KA2	抱闸继电器
I1.2	K6	右料车低速上行			
I1.3	SQ1	左料车限位开关			
I1.4	SQ2	右料车限位开关			

变频器技术及应用

续表

输 入			输 出		
输 入 地 址	元　件	作　用	输 出 地 址	元　件	作　用
I1.5	SE	急停			
I1.6	K7	松绳保护开关			
I1.7	19、20	变频器故障保护输出			

6．PLC 程序设计

根据地址分配表及控制思路，编写 PLC 控制程序（略）。

实践 17　高炉卷扬上料系统的模拟实现

1）实践内容

（1）进行高炉卷扬上料系统的外部接线。

（2）编制并调试 PLC 控制程序。

（3）完善并设置正确的变频器参数。

（4）联机调试。

2）实践步骤

（1）要求：利用 S7-200 PLC 和 MM440 变频器模拟实现本节课中描述的高炉卷扬上料控制系统。

（2）进行高炉卷扬上料系统的外部接线。

参照图 5-26 进行高炉卷扬上料系统主电路和控制电路的接线，仔细检查确保接线的准确无误。

注意：PLC 要使用实验室里的 S7-200 PLC。

（3）PLC 控制程序的编制、下载及调试。

参考教材中给出的控制思路，编制 S7-200 PLC 的控制程序，然后下载到 PLC 中进行模拟调试。

（4）变频器的参数复位。

（5）变频器的快速调试。

（6）变频器的功能调试。

参考教材表 5-3 中给出的部分主要功能参数，进行变频器的功能调试。

（7）PLC 与变频器的联机调试

变频器参数设置结束后，可按照实践内容的要求进行联机调试及验证。

5.6　变频器在冷却塔风机控制中的应用

风机、泵类是工业企业中使用最广泛又最耗能的机械。采用传统的恒速电力拖动系统驱动风机和水泵时，当季节、时间或生产状况发生变化，需要对负荷（负载）进行调整时，就要同时调整阀门或风门使之与负荷的变化相适应。采用这种方法，系统从电网吸收的能量并没有减少，电动机的功率也基本没有改变，虽然阀门或风门的输出量达到了工况要求，但是能量有效应用的比例减小了，而损耗增加了。在这种情况下，存在大量浪费能源的现象，不会有节能、节电效果。随着变频调速技术的不断发展，性价比的逐步提高，变频调速正逐渐成为风机、泵类调速的首选方案。

5.6.1　风机、泵的特性与节能原理

大多数风机属于二次方律负载，采用变频调速后节能效果极好，可节电 20%～60%，有些场合的节电甚至超过 70%。由于各类风机在工矿企业中消耗电能的比例是所有生产机械中最大的，所以推广风机的变频调速具有十分重要的意义。

1. 风机和泵的特性

风机和泵的电动机功率 P 与其流量（风量）Q、扬程（压力）H 之间的关系为

$$P \propto QH \tag{5-1}$$

当流量由 Q_1 变化到 Q_2 时，电动机的转速由 N_1 变为 N_2，此时 Q、H、P 相对于转速的关系如下：

$$Q_2 = Q_1 \frac{N_2}{N_1} \tag{5-2}$$

$$H_2 = H_1 \left(\frac{N_2}{N_1}\right)^2 \tag{5-3}$$

$$P_2 = P_1 \left(\frac{N_2}{N_1}\right)^3 \tag{5-4}$$

由于电动机的功率 P 和转矩 T 的关系为

$$T \propto \frac{P}{N}$$

所以有

$$T_2 = T_1 \left(\frac{N_2}{N_1}\right)^2 \tag{5-5}$$

由上述关系式可以看出，风机和泵的电动机的轴功率与转速的 3 次方成比例，而扭矩与转速的 2 次方成比例（降低 2 次方扭矩）。

2. 节能原理分析

在风机和泵类负载中，输出量的主要标志是空气和液体的流量。在实际工作中，流量是需要不断进行调节的。例如，轧钢用的加热炉要根据炉温来调节风量；自来水公司的水泵要根据用户的用水情况来调节供水流量等。

流量调节的方法有两种：

（1）电动机的转速恒定，通过改变流体通道的大小来调节流量，风机调节风门，泵类则调节阀门的开度。

（2）由于流量 Q 和电动机的转速 N 成正比，因此可以将风门（或阀门）完全打开，通过调节电动机的转速 N 来调节流量 Q。

图 5-27 给出了风门调节和变频调速两种调节方式下风路的压力-风量（*H-Q*）关系，其中，曲线①和曲线②是风机在不同转速下的 *H-Q* 曲线（二者风门开度一致），且 $n_1>n_2$，曲线③和曲线④是风机在不同开度下的 *H-Q* 曲线（二者转速一致），且曲线③的风门开度小于曲线④的风门开度。

可以看出，当实际工况的风量由 Q_1 下降到 Q_2 时，如果在风机以相同转速运转的条件下调节风门开度，则工况点沿曲线①由 *A* 移动到 *B* 点，压力差为 $\Delta H_1=H_3-H_1$；如果在风门开度保持不变的情况下用变频器调节风机的转速，则工况点沿曲线④由 *A* 移动到 *C* 点，压力差为 $\Delta H_2=H_3-H_2$。显然，ΔH_1 远远小于 ΔH_2，也就是说，风机在变频调速运行方式下节能效果更为显著。

图 5-28 给出了风门调节和变频调速两种调节方式下风路的功率-风量（*P-Q*）关系。其中曲线⑤为变频控制方式下的 *P-Q* 曲线，曲线⑥为风门调节方式下的 *P-Q* 曲线。可以看出，在相同的风量下，变频控制方式比风门调节能耗更小，二者之差可由下述经验公式表示：

$$\Delta P = [0.4+0.6Q/Q_e-(Q/Q_e)^3]P_e \qquad (5-6)$$

式中，*Q* 为实际负载风量；Q_e 为额定负载风量；P_e 为额定负载功率；ΔP 为功率节省值。可以算出，当负载风量下降到额定风量的 50%时，节电率可达到 57.5%。

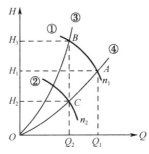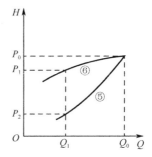

图 5-27 压力与风量曲线　　　　　图 5-28 功率与风量曲线

5.6.2 风机实现变频调速的要点

1. 变频器的选择

风机大多在长期连续运行的状态下工作，属于连续恒定负载，因此只要转速不超过额定值，电动机也不会过载，所以变频器的容量只需按照说明书上标明的"配用电动机容量"进行选择即可。

2. 控制方式的选择

风机由于在低速时阻转矩很小，不存在低频时能否带动的问题，故采用 *U/f* 控制方式就能满足控制要求。

3. 变频器的功能预置

1）上限频率

因为风机的机械特性具有平方律特点，也就是说，负载转矩是和转速的平方成正比的，所以一旦转速超过额定转速，转矩将增大很多，就会造成电动机和变频器的严重过载。因此，在变频调速时，应绝对禁止在额定频率以上运行，即上限频率不应超过额定频率。

2）斜坡上升/下降时间

风机大多长期连续运行，启动和停止次数很少，也就是说斜坡上升/下降时间设定的长短一般不会影响正常生产。因此，一般情况下，风机的斜坡上升/下降时间应预置得长一些，具体时间视风机的容量大小而定。一般来说，容量越大，时间设定得越长。

3）加/减速方式

风机在低速时阻转矩很小，随着转速的增加，阻转矩增大得很快；反之，在开始停机时，由于惯性的原因，转速下降较慢，阻转矩下降更慢，因此，风机在加/减速时以采用半S方式比较适宜，如图 5-29 所示。

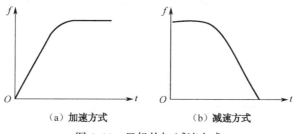

（a）加速方式　　　　（b）减速方式

图 5-29　风机的加/减速方式

4）启动前的直流制动

风机在停机状态下，其叶片常常因遇到强风而空转，如果此时启动电动机，则易使电动机处于"反接制动"状态而产生很大的冲击电流。为避免这种情况的发生，许多变频器设置了"启动前的直流制动功能"，在启动前首先使用此功能，以保证电动机能够在"零速"状态下安全启动。

5）回避频率

风机属于大惯性负载，有其固有的振动频率。当变频器输出频率与风机的固有频率接近时，就会发生机械共振，使运行状态恶化。为避免这种情况的发生，除了要注意紧固所有的螺钉及其他紧固件外，还要考虑预置回避频率。预置前，先缓慢地反复调节频率，观察产生机械谐振的频率范围，然后进行预置。

5.6.3　冷却塔风机控制系统分析

随着社会的发展和人们生活水平的不断提高，中央空调的应用已经非常普遍。中央空调控制系统主要由冷冻机组、冷却水塔、外部热交换系统等部分组成。为了使机组中加热了的水降温冷却，重新循环使用，常常使用冷却塔。冷却风机为机械通风冷却塔的关键部件，水在冷却塔内流动时，冷却风机使循环水与空气较充分地接触，将热量传递给周围空气，从而使水温降下来。

冷却塔的设备容量是根据夏天最大热负载的条件选定的，也就是为适应最恶劣的条件选定的，但在实际运行中，季节、气候及工作负载的等效热负载等诸多因素都决定了机组设备通常是处于较低热负载的情况下运行的，所以机组的耗电常常是不必要的和浪费的。因此，使用变频调速控制冷却风机的转速，在夜间或在气温较低的气候条件下，通过调节冷却风机的转速和冷却风机的开启台数，节能效果将会非常显著。

某空调冷却系统有三台冷却风机，原来是根据季节变化手动选择运行台数进行水温控制，导致年用电量居高不下，水温过低，造成了浪费。为改善这种状况，现要求对冷却系统进行自动化改造，要求每次运行其中的两台来调节冷却水温度，另一台备用。另外，为平衡每台泵的工作量，要求每隔 10 天对三台泵进行一次轮换。

对于中央空调内冷却塔风机的控制，可以采取两种方式：一种是利用 PLC 或变频器内置的 PID 功能，组成以冷却水温度为被控对象的闭环控制；另一种是利用变频器的多段速功能进行调节。

典型的冷却塔控制原理是将水温作为被控量，与设定值进行比较，这一差值经过 PID 控制器后，送出速度命令并控制 PWM 输出，最终调节冷却塔风机的转速。

图 5-30 为利用变频器内置的 PID 功能实现冷却塔风机自动控制的原理图。

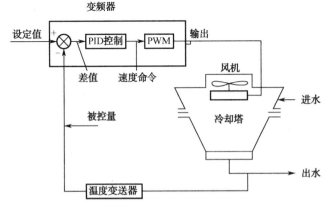

图 5-30　典型的冷却塔风机变频控制原理

由于三台冷却风机要定期轮换，也就是说每台风机要轮流处于工频、变频、备用三种状态，这就涉及电动机变频-工频相互切换的过程，设计时要注意相互之间的互锁，确保安全。

5.6.4　冷却塔风机控制系统设计

1. 控制方案

本项目是利用 PLC 内置的 PID 调节功能来实现中央空调的自动恒温控制的。

PLC 系统中，需要用到 2 路模拟量输入，1 路模拟量输出。其中的模拟量输入 AI1 用于读取用户通过人机界面设置的温度设定值，AI2 用于读取冷却塔中温度变送器反馈回来的温度实际值。PLC 将二者的水温差送入 PID 控制器中，并根据设定的参数计算出相应的频率值，然后将这一结果通过模拟量输出 AO1 传送到变频器中控制冷却风机。

2. 硬件设计

三台冷却风机分别由电动机 M1、M2、M3 拖动，工频运行时由 KM1、KM3、KM5 三个交流接触器控制，变频调速时分别由 KM2、KM4、KM6 三个交流接触器控制。

冷却塔风机变频调速系统电路原理图如图 5-31 所示。

3. 变频器参数设置

变频器调试时需要设置的主要参数见表 5-5。

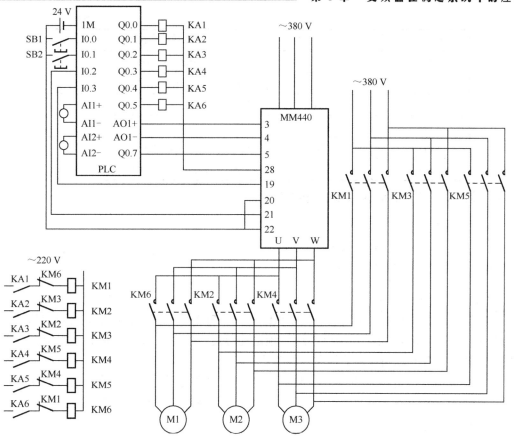

图 5-31　冷却塔风机变频调速系统电路原理图

表 5-5　冷却塔风机变频调速系统的变频器参数设置表

参　数　号	设　定　值	说　　　　　明
P0100	0	功率以 kW 为单位，频率为 50Hz
P0300	1	电动机类型选择：异步电动机
P0304	380	电动机额定电压（V）
P0305	13	电动机额定电流（A）
P0307	0.55	电动机额定功率（kW）
P0309	91	电动机额定效率（%）
P0310	50	电动机额定频率（Hz）
P0311	1400	电动机额定转速（r/min）
P0700	2	选择命令源"由端子排输入"
P0701	1	DIN1 的功能：ON/OFF1 接通正转/停车命令 1
P0731	52.3	数字输出 1 的功能：变频器故障
P0732	52.7	数字输出 1 的功能：变频器报警
P1000	2	频率设定值的选择：模拟设定值

续表

参 数 号	设 定 值	说 明
P1080	20	电动机运行的最低频率（Hz）
P1082	45	电动机运行的最高频率（Hz）
P1120	50	斜坡上升时间（s）
P1121	50	斜坡下降时间（s）
P1130	30	斜坡上升曲线的起始段圆弧时间（s）
P1300	0	变频器的控制方式：线性 U/f 控制方式

4. 冷却塔风机变频调速系统的控制思路

1）变频器的启停

按下"启动"按钮，变频器 DIN1 接通，变频器开始正向运转；按下"停止"按钮，变频器 DIN1 断开，变频器停止运转。

2）变频器的速度控制

变频器的速度控制来源于 PLC 中的 PID 输出。PID 单元实时将冷水温度设定值与反馈回的测量值进行比较，判断是否已经达到预定的温度目标。如果尚未达到，则根据两者的差值进行调整，直至达到预定的控制目标为止。

PID 单元需要设定相关的 P、I、D 参数，这些参数与系统的惯性大小有很大关系，调试时可根据现场的实际要求和经验进行设置，并仔细调整，直至整个系统能够快速、平稳地完成控制过程为止。

恒温调节的一般步骤如下：

首先，M2 电动机变频启动进行恒温控制。如果 M2 已达到最高频率，而此时水温实际值仍高于设定值，则启动 M1（工频）电动机，同时将变频器的给定频率迅速降为下限频率，进行恒温控制。如果此时水温实际值低于设定值，则停止 M1（工频）电动机，由 M2（变频）单独进行恒温控制。

3）冷却风机切换控制

首先，M1 电动机进行工频运转，M2 电动机进行变频运转，M3 备用；10 天后，M2 电动机进行工频运转，M3 电动机进行变频运转，M1 备用；又过了 10 天后，M3 电动机进行工频运转，M1 电动机进行变频运转，M2 备用。如此利用 PLC 中的定时器指令（或定时中断模块），实现三台冷却风机的切换控制。

5. PLC 控制系统的 I/O 地址分配

PLC 控制系统的 I/O 地址分配见表 5-6。

表 5-6 PLC 的 I/O 地址分配表

输 入			输 出		
输入地址	元件	作用	输出地址	元件	作用
I0.0	SB1	启动按钮	Q0.0	KA1	M1 工频

续表

输　入			输　出		
输入地址	元　件	作　用	输出地址	元　件	作　用
I0.1	SB2	停止按钮	Q0.1	KA2	M2 变频
I0.2	20、21 端	变频器报警	Q0.2	KA3	M2 工频
I0.3	19、20 端	变频器故障	Q0.3	KA4	M3 变频
PIW256	人机界面	温度设定值	Q0.4	KA5	M3 工频
PIW258	温度变送器	温度反馈值	Q0.5	KA6	M1 变频
			Q0.7	5 端	变频器启停
			PQW256	3、4 端	频率给定

6．PLC 程序设计

根据地址分配表及控制思路，编写 PLC 控制程序（略）。

实践 18　冷却塔风机控制系统的模拟实现

1）实践内容

（1）进行冷却塔风机控制系统的外部接线。

（2）编制并调试 PLC 控制程序。

（3）完善并设置正确的变频器参数。

（4）联机调试。

2）实践步骤

（1）要求：利用 S7-200 PLC 和 MM440 变频器模拟实现本节中描述的冷却塔风机控制系统。

（2）进行冷却塔风机控制系统的外部接线。

参照图 5-31 进行冷却塔风机控制系统主电路和控制电路的接线，仔细检查确保接线的准确无误。

注意：PLC 要使用实验室里的 S7-200 PLC。

（3）PLC 控制程序的编制、下载及调试。

参考本书中给出的控制思路，编制 S7-200 PLC 的控制程序，然后下载到 PLC 中进行模拟调试。

（4）变频器的参数复位。

（5）变频器的快速调试。

（6）变频器的功能调试。

参考表 5-5 中给出的部分主要功能参数，进行变频器的功能调试。

（7）PLC 与变频器的联机调试

变频器参数设置结束后，可按照实践内容的要求进行联机调试及验证。

5.7 变频器在龙门刨床控制系统中的应用

龙门刨床是机械工业中的大型机械设备之一,主要用来加工各种平面、斜面、槽以及大型而狭长的机械零件。它是一种广泛使用的金属切削加工设备,在工业生产中占有重要的地位,其结构如图 5-32 所示。

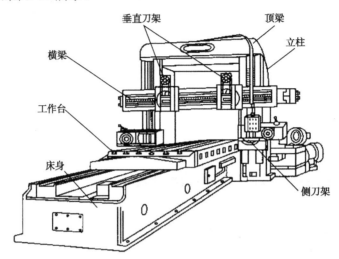

图 5-32　龙门刨床结构示意图

龙门刨床的运动主要包括主运动、进给运动与辅助运动。主运动是指工作台的频繁往复运动,进给运动是指刀架的进给,辅助运动是指横梁的夹紧与放松、横梁的上升与下降、刀架的快速移动与抬刀落刀等调整刀具的运动。工作时,被加工的工件被固定在工作台上,工件连同工作台一起频繁地往复运动,在工作进程中对工件切削加工,返回进程只作空运转。刀架进给运动是在工作台从返回进程到工作进程的转换期间进行的。

5.7.1　龙门刨床的自动化改造

龙门刨床传统的控制方式中拖动电路的电动机较多,控制繁杂,维护、检修相当困难,所以龙门刨床的电路一直被作为考核技师的难题之一。随着工业自动化的发展,变频器、PLC 在工厂设备改造中的广泛应用,许多龙门刨床都已进行了自动化改造。

改造后的龙门刨床,结构变得简单,因为主拖动系统只需要一台异步电动机就可以了,且由于采用了变频调速,减小了静差,爬行距离容易控制,节能效果非常可观。

龙门刨床电气控制系统主要的控制对象是工作台,控制目标是工作台的自动往复运动和调速。在对龙门刨床进行自动化改造时,需要注意以下几点:

(1)控制程序

工作台的往复运动必须能够满足刨床的转速变化和控制要求。

龙门刨的切削速度取决于切削条件(吃刀深度、走刀量)、刀具(刀具的几何形状、刀具的材料)、工件材料等因素。对于每一种具体情况,都有一最佳的切削速度。切削时需要低速,空载返回时为了提高生产效率需要高速,工作台在不同工作进程中应有不同的行进

速度。在工作台的一个往复周期中，电机转速的变化过程如图 5-34 所示。

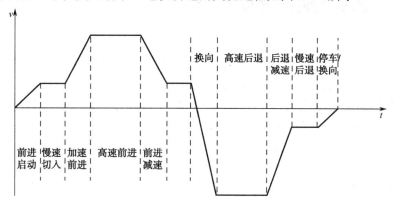

图 5-33　一个往复周期内的工作台速度示意图

（2）转速的调节

刨床的刨削速度和高速返回时的速度都必须能够十分方便地调节。

（3）点动功能

工作台必须具有点动功能，常称为"刨台步进"和"刨台步退"，方便进行切削前的调整。

（4）联锁功能

工作台的往复运动与横梁的移动、刀架的运动之间必须有可靠的联锁；刨台电动机与油泵电动机之间也要有可靠的联锁，因为只有在油泵正常供油的情况下，才允许进行刨台的往复运动，若油泵电动机发生故障，正在行进中的刨台将不允许停止，须等到刨台返回至起始位置时方可停止。

5.7.2　龙门刨床主拖动系统分析

要完成某龙门刨床的控制系统改造，其工作台主拖动系统在运行中频率的变化要满足如下要求：

（1）慢速切入/前进减速：25 Hz。

（2）高速前进：45 Hz。

（3）高速后退：50 Hz。

（4）慢速后退：20 Hz。

由龙门刨床主拖动系统的控制要求可知，在加工过程中工作台经常处于启动、加速、减速、制动、换向的状态，也就是说工作台在不同的阶段需要在不同的转速下运行，为了方便完成这种控制要求，需要用到变频器的多段速控制功能。

多段速功能的实现是通过几个开关的通断组合来选择执行不同的运行频率的，这些开关是由安装在龙门刨床身一侧的前进减速/换向行程开关与后退减速/换向行程开关，以及安装在同侧的撞块与压杆碰撞信号组成的。这些信号都应作为 PLC 的输入点，经梯形图程序进行逻辑处理后，通过 PLC 的输出量按多段速既定的组合方式传送到变频器的数字输入端口。

5.7.3　龙门刨床主拖动系统设计

1. 控制方案

本项目是利用 PLC 与变频器组成的变频调速系统实现对龙门刨床工作台的控制的。

龙门刨床对机械特性的硬度和动态响应能力的要求较高，工作时常常是铣削和磨削兼用，而铣削和磨削时的进刀速度大约只有刨削时的 1%，因此要求拖动系统应具有良好的低速运行性能。如果变频器具有矢量控制功能，将更加完美。

由控制要求可知，工作台在运行中需要有 4 种行进速度，可利用变频器的多段速功能来实现。实现 4 段速，需要变频器的 4 个数字量输入端口，再加上正反向的点动，就是说 PLC 需要具有 6 个数字量输出点。控制中需要有 9 个数字量输入点（参见表 5-8），考虑到备用及将来扩充，需要留有裕量，因此选用具有 11 个数字输入和 7 个数字输出的 PLC 就可以满足要求。

2. 硬件设计

利用西门子 S7-200 PLC 和 MM440 变频器，绘制硬件接线图，如图 5-34 所示。

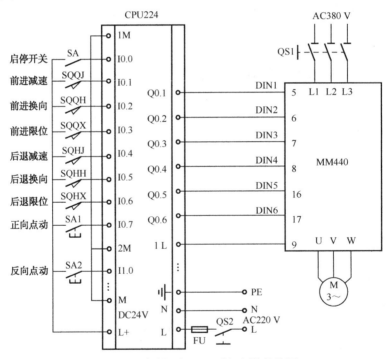

图 5-34　变频器与 PLC 联机硬件接线图

3. 变频器参数设置

调试过程中，变频器需要设置的主要参数见表 5-7。

表 5-7　龙门刨床控制系统变频器参数设置表

参 数 号	设 定 值	说 明
P0003	3	设定用户访问级为专家级
P0700	2	选择命令源"由端子排输入"
P0701	17	DIN1 的功能：二进制编码的固定频率
P0702	17	DIN2 的功能：二进制编码的固定频率
P0703	17	DIN3 的功能：二进制编码的固定频率
P0704	1	DIN4 的功能：ON/OFF1 接通正转/停车命令 1
P0705	10	DIN5 的功能：正向点动
P0706	11	DIN6 的功能：反向点动
P1000	3	频率设定值的选择：固定频率
P1001	25	设置固定频率 1（Hz）
P1002	45	设置固定频率 2（Hz）
P1003	−50	设置固定频率 3（Hz）
P1004	−20	设置固定频率 4（Hz）

4．龙门刨床调速系统的控制思路

1）变频器的启停

当断路器 QS1 合闸后，变频器即已经通电。但变频器的启动与停止需要通过开关 SA 来控制。

2）变频器速度控制

往复运动中各个阶段的速度控制，需要利用变频器的多段速功能。采用二进制编码的方式实现多段速，编制程序时对何时接通何输出点一定要思路清晰。

这是 PLC 程序设计中的难点。

3）停机控制

正常情况下，断开 SA 启停开关，工作台应该在一个往复周期结束之后才可以切断变频器的电源。

部分顺序功能图如图 5-35 所示。

5．PLC 控制系统的 I/O 地址分配

PLC 控制系统的 I/O 地址分配参见表 5-8。

表 5-8　PLC 的 I/O 地址分配表

输 入			输 出		
输入地址	元　件	作　用	输出地址	元　件	作　用
I0.0	SA	启动/停止	Q0.1		接至变频器 DIN1
I0.1	SQQJ	前进减速行程开关	Q0.2		接至变频器 DIN2

変频器技术及应用

续表

输　入			输　出		
输入地址	元　件	作　用	输出地址	元　件	作　用
I0.2	SQQH	前进换向行程开关	Q0.3		接至变频器 DIN3
I0.3	SQQX	前进限位行程开关	Q0.4		接至变频器 DIN4
I0.4	SQHJ	后退减速行程开关	Q0.5		接至变频器 DIN5
I0.5	SQHH	后退换向行程开关	Q0.6		接至变频器 DIN6
I0.6	SQHX	后退限位行程开关			
I0.7	SA1	正向点动按钮			
I1.0	SA2	反向点动按钮			

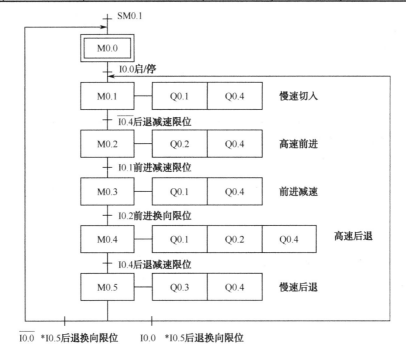

图 5-35　龙门刨床控制系统部分顺序功能图

6. PLC 程序设计

根据地址分配表及控制思路，编写 PLC 控制程序（略）。

实践 19　龙门刨床控制系统的模拟实现

1）实践内容

（1）进行龙门刨床控制系统的外部接线；

（2）编制并调试 PLC 控制程序；

（3）完善并设置正确的变频器参数；

（4）联机调试。

2）实践步骤

（1）要求：利用 S7-200 PLC 和 MM440 变频器模拟实现本节课中描述的龙门刨床控制系统。

（2）进行龙门刨床控制系统的外部接线。

参照图 5-35，进行龙门刨床控制系统主电路和控制电路的接线。

仔细检查确保接线的准确无误。

（3）PLC 控制程序的编制、下载及调试。

参考教材中给出的控制思路，编制 S7-200 PLC 的控制程序。

将控制程序下载到 PLC 中进行模拟调试。

（4）变频器的参数复位。

（5）变频器的快速调试。

（6）变频器的功能调试。

参考教材表 5-7 中给出的部分主要功能参数，进行变频器的功能调试。

（7）PLC 与变频器的联机调试。

变频器参数设置结束后，可按照实践内容的要求进行联机调试及验证。

5.8　变频器在自动装箱生产线上的应用

生产线是产品生产过程所经过的路线，即从原料进入生产现场开始，经过加工、运送、装配、检验等一系列生产活动所构成的路线。

狭义的生产线是按对象原则组织起来的，完成产品工艺过程的一种生产组织形式，即按产品专业化原则，配备生产某种产品（零、部件）所需要的各种设备和各工种的工人，负责完成某种产品（零、部件）的全部制造工作，对相同的劳动对象进行不同工艺的加工。

生产线的种类，按范围大小分为产品生产线和零部件生产线，按节奏快慢分为流水生产线和非流水生产线，按自动化程度，分为自动化生产线和非自动化生产线。

我们这里谈到的是用于产品传输的自动化生产线，如图 5-36 所示，它广泛应用于企业内部各生产车间内，依靠传送带输送机等来完成不同工位之间的物料搬运。随着机械制造、电机、化工和冶金等工业技术的不断进步，传送带输送机的功能也在不断完善，控制方式也越来越灵活，目前已经成为物料搬运系统机械化和自动化不可缺少的组成部分。

图 5-36　用于产品传输的生产线

变频器技术及应用

5.8.1 自动化生产线系统设计要点

1）选用笼型异步电动机

2）提高生产率

变频调速后，调速范围至少可取得 1∶10（最高可达到 1∶20）的效果，基本满足一般工程上的需要。如要求宽调速的场合，亦可选用矢量控制变频器，无速度传感器矢量控制变频器，调速范围可达 1∶100，有速度传感器矢量控制变频器可达到 1∶1 000。

3）软启动、软制动

用传送带输送瓶装物体对启动、制动的平滑性要求非常严格，如图 5-37 所示。

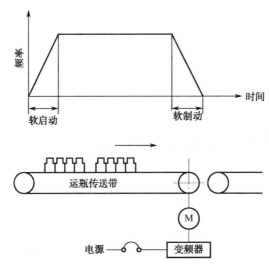

图 5-37　传送带输送瓶装物体的启动、制动

只有调节好最佳的启/制动时间，才能防止运输物品的晃动或破损。最新型号的变频器其启/制动时间可独立调节为 0.1～6 000 s，且最低输出频率可降至 0.5～1 Hz。

4）频繁启动、停车、可逆运转

（1）由于变频器是以低频、低压慢慢启动的，故启动电流冲击小，启动转矩高，且电机发热低，从而有条件频繁启停，且可省能量。

（2）变频器采用功率晶体管改变导通相序使电动机进行正/反转控制，与接触器正/反转控制不同（在反向时存在可动和摩擦部件），并能保证可逆运行时电动机发热也低。

（3）有电气制动功能，如图 5-38 所示。变频器在减速过程中，如由 $f_1 \rightarrow f_2$，由图可见，电动机的转矩立即由正向拖动转矩 T_1 变为负的制动转矩 T_2。其原理是频率降低过程中同步转速随之减小，电动机呈发电状态，电能被与变频器直流电源并联的电容吸收，使电容两端电压升高。对于较大容量的电动机，由于制动能量大，所以必须并联能耗制动电阻把能量消耗掉，或将整流器改为可关断器件构成的开关整流器将能量反馈到电网。

采用电气制动的优点是使传送带停车时定位准确，缩短工作周期，提高生产效率。

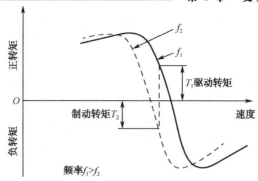

图 5-38　减速过程中产生制动转矩原理

5）升速快

采用变频器后传送带输送能力可提高 10%～20%。

5.8.2　自动装箱生产线控制系统分析

生产过程中要经常对产品进行计数和包装。以前这些工作全部由人工完成，不仅操作繁杂，而且效率低下，劳动强度大，不适合现代化工业生产的需要。

随着自动化水平的不断提高，以前由人工完成的生产操作现在已经全部可以由相应的自动化生产线来完成，下面主要介绍生产过程中的自动装箱控制系统。

自动装箱生产线控制系统主要由两个传送带控制机构组成，如图 5-39 所示。

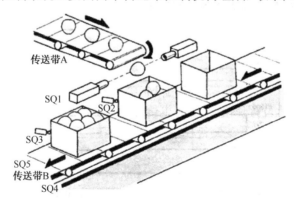

图 5-39　自动装箱生产线工艺图

其中，传送带 A 用于加工工件的传送，传送带 B 用于包装箱的传送，这两个传送带分别由不同的电动机进行单独控制。加工出来的工件经传送带 A 运送到传送带前端后，直接掉入传送带 B 上的包装箱中。工件经过光电传感器 SQ1 位置时，系统自动对传送的工件也就是落入包装箱中的工件进行计数。当该包装箱内装入额定数量的工件后，启动传送带 B 将已经装满工件的包装箱移到下一个位置，同时将另一个空箱移到该工件接收位置（SQ2）。

在没有使用该自动控制系统之前，加工出来的工件全部由操作工人进行工件的装箱，不仅需要在每条生产线的该工位上单独配置 1～2 名操作工，而且装入工件的数量也经常出错。进行自动装箱生产线的项目改造后，多个生产线可共用一个操作工，每个包装箱内的

工件数量可精确控制，为企业的生产提高了效率，节约了成本。

本系统包括自动运行和手动运行两种工作方式，日常生产全部采用自动运行的工作方式。

（1）自动运行

在自动运行工作方式下，检测到 SQ2 位置存在包装箱后，传送带 A 连续运转，不断地将加工出来的工件传送过来，在 SQ1 传感器位置时进行计数，之后掉入传送带 B 上的包装箱内。此时传送带 B 处于停止状态，当装入工件数目达到额定数值后，暂停传送带 A 的运转，同时自动启动传送带 B，将装满工件的包装箱移走，同时将下一个空包装箱传送到 SQ2 位置。

当包装箱行走至 SQ3 位置时，自控系统发出声光提示信息，提醒周围的操作工人将包装箱移走。如果在 SQ3 位置的包装箱没有被移走，随着传送带 B 的运转行至 SQ4 位置，系统进行声光报警，同时将传送带 A、B 全部停止运转。只有当操作工人将该故障状况解决后，按下复位按钮才可继续进行系统的再次自动运行。

无论何时，只要按下自动停止按钮，两条传送带将全部停止运转。

（2）手动运行

手动运行方式下，按下传送带 A 的启动按钮，传送带 A 点动；按下传送带 A 的停止按钮，传送带 A 停止运转。

手动运行方式下，按下传送带 B 的启动按钮，传送带 B 点动；按下传送带 B 的停止按钮，传送带 B 停止运转。

5.8.3 自动装箱生产线控制系统设计

1. 控制方案

1）系统硬件选型

通过系统分析可知，该自控系统应使用 14 个数字量输入点，6 个数字量输出任何点。为保证系统安全，在停止位置使用 2 个光电传感器来共同感知包装箱位置，当其中 1 个传感器感知到包装箱到来时都可以使自控系统停止运转。考虑到将来的系统扩展，选用的 PLC 至少应具有 18 个数字输入和 7 个数字输出。

考虑到实验室备有三菱公司 FX2N-48 MR PLC，因此整个设计过程是针对该型号 PLC 进行设计的。该 PLC 具有 24 点数字量输入、24 点数字量输出（继电器），最大存储容量为 16 000 步，每条基本指令的执行时间为 0.08 μs，定时器 255 个，计数器 255 个，完全满足系统设计要求。

为适应不同设备的生产需要，用户希望传送带 A 的运转速度可以调节，为此，设计过程中使用变频器对传送带 A 输送电动机的运转速度进行控制。本设计中采用德国西门子公司的通用变频器 MM440。

2）控制柜设计

整个自控系统的电气元件（除需安装在现场设备上的以外）要安装在一个控制柜中，该控制柜大小、外形的设计应综合考虑用户要求、现场空间和元件数量及尺寸等相关因素。

2. 硬件设计

该自动控制系统电气原理图共有 6 张，分别为面板布置图（见图 5-40）、柜内布置图（见图 5-41）、供电回路图（见图 5-42）、PLC 配置图（见图 5-43）、继电器接线图（见图 5-44）和端子接线图（见图 5-45）。

3. 变频器参数设置

本控制系统中，传送带 A 的运转速度通过一个模拟电位器进行调节（参见继电器接线图）。随着电位器的旋钮向左调节，在变频器第 1 路模拟输入端口 AIN1+ 和 AIN1− 之间的阻值减小，分担的电压值也变小，频率减小，转速减慢。

变频器调试时需要设置的主要参数见表 5-9。

表 5-9　自动装箱生产线变频器参数设置表

参 数 号	设 定 值	说　明
P0700	2	选择命令源"由端子排输入"
P0701	1	DIN1 的功能：ON/OFF1 接通正转/停车命令 1
P1000	2	频率设定值的选择：模拟设定值

4. PLC 控制系统的 I/O 地址分配

PLC 控制系统的 I/O 地址分配参见表 5-10。

表 5-10　PLC 控制系统的 I/O 地址分配表

数字量输入点		数字量输出点	
输入地址	注　释	输出地址	注　释
X0	自动方式	Y0	传送带 A 启动
X1	手动方式	Y1	传送带 B 启动
X2	传送带 A 启动按钮	Y4	运行指示灯
X3	传送带 A 停止按钮	Y5	报警指示灯
X4	传动带 B 启动按钮	Y6	停止指示灯
X5	传送带 B 停止按钮	Y7	报警蜂鸣器
X6	自动启动按钮		
X7	自动停止按钮		
X10	复位按钮		
X12	计数传感器		
X13	包装箱定位传感器		
X14	报警位置传感器		
X15	停止位置传感器		
X16	停止位置传感器		

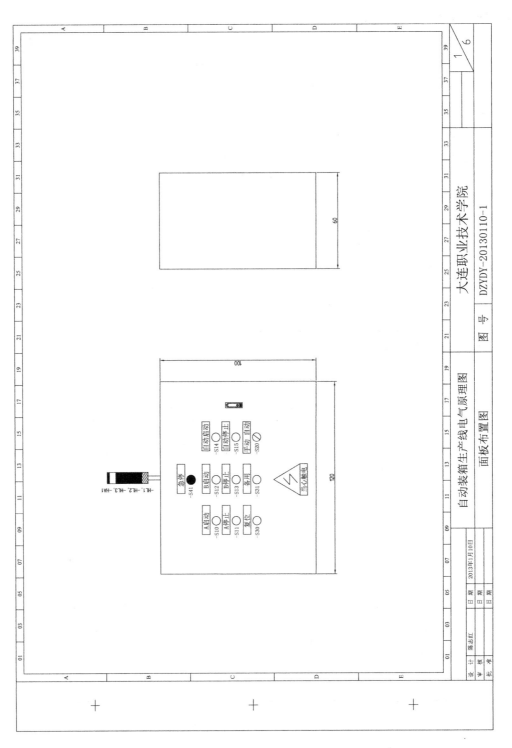

图5-40 自动装箱生产线控制系统面板布置图

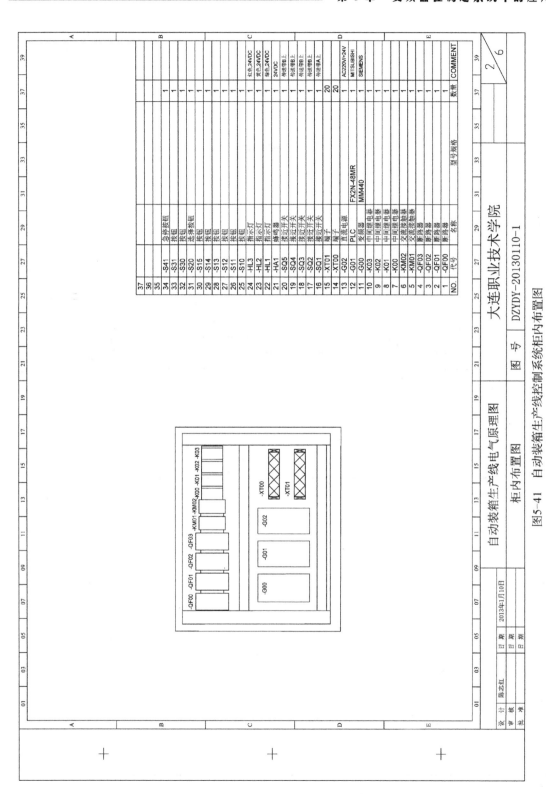

NO.	代号	名称	型号规格	数量	COMMENT
37					
36					
35					
34	-S41	急停按钮		1	
33	-S31	按钮		1	
32	-S30	按钮		1	
31	-S20	选滑按钮		1	
30	-S15	按钮		1	
29	-S14	按钮		1	
28	-S13	按钮		1	
27	-S12	按钮		1	
26	-S11	按钮		1	
25	-S10	按钮		1	
24	-HL3	指示灯		1	红色 24VDC
23	-HL2	指示灯		1	黄色 24VDC
22	-HL1	指示灯		1	绿色 24VDC
21	-HA1	蜂鸣器		1	24VDC
20	-SQ5	接近开关		1	传送带B上
19	-SQ4	接近开关		1	传送带B上
18	-SQ3	接近开关		1	传送带B上
17	-SQ2	接近开关		1	传送带A上
16	-SQ1	接近开关		1	传送带A上
15	-XT01	端子		20	
14	-XT00	端子		20	
13	-G02	直流电源		1	AC220V/-24V
12	-G01	PLC	FX2N-48MR	1	MITSUBISHI
11	-G00	变频器	MM440	1	SIEMENS
10	-K03	中间继电器		1	
9	-K02	中间继电器		1	
8	-K01	中间继电器		1	
7	-K00	中间继电器		1	
6	-KM02	中间继电器		1	
5	-KM01	交流接触器		1	
4	-QF03	断路器		1	
3	-QF02	断路器		1	
2	-QF01	断路器		1	
1	-QF00	断路器		1	

自动装箱生产线电气原理图
柜内布置图
大连职业技术学院
图号 DZYDY-20130110-1

设计 陈志红　日期 2013年1月10日

图5-41　自动装箱生产线控制系统柜内布置图

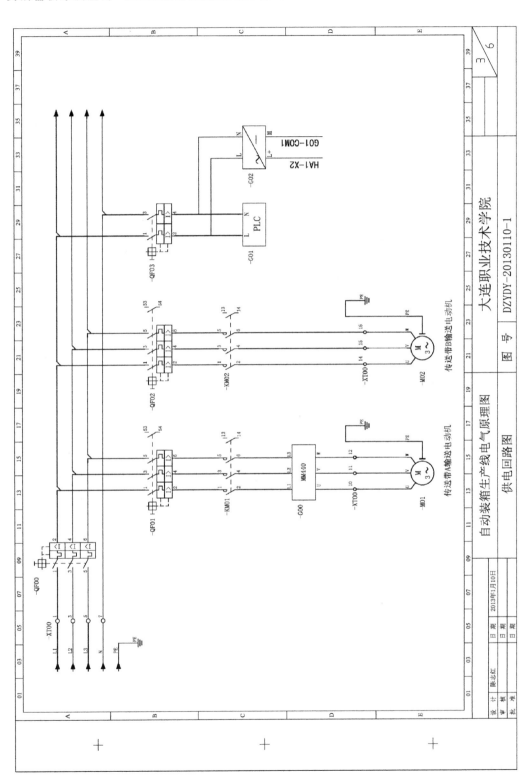

图5-42 自动装箱生产线控制系统供电回路图

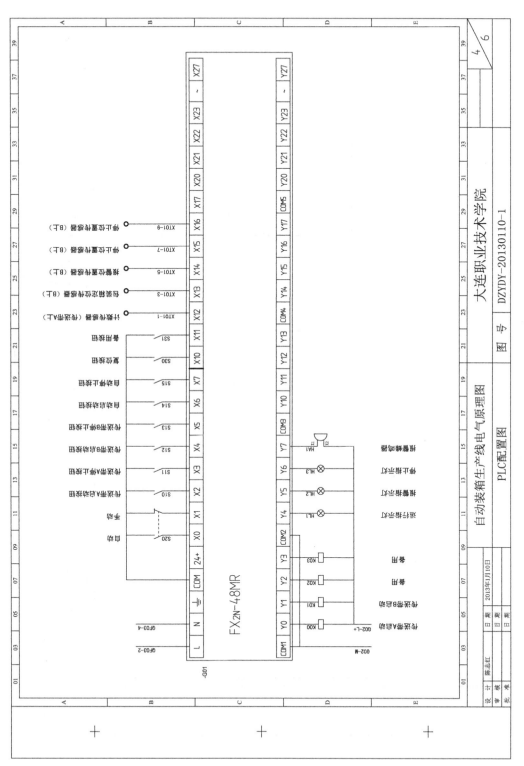

图5-43　自动装箱生产线控制系统PLC配置图

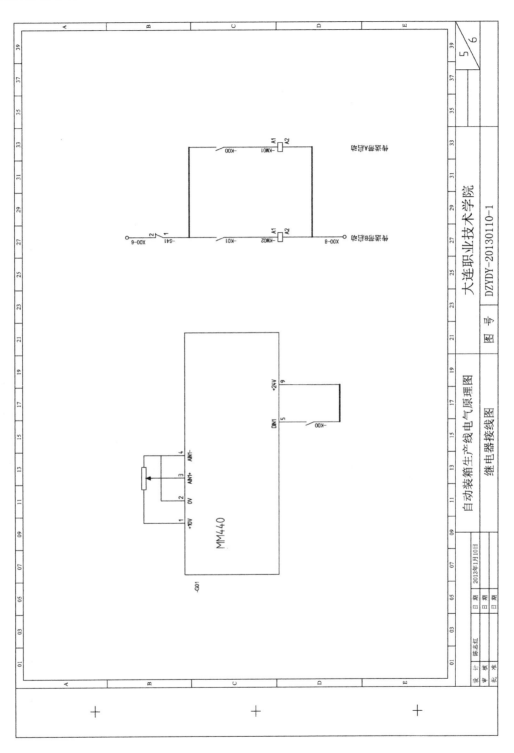

图5-44 自动装箱生产线控制系统继电器接线图

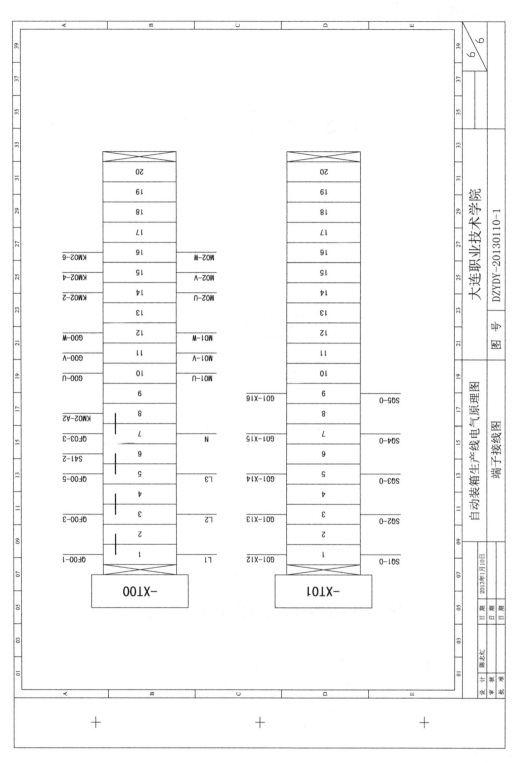

图5-45 自动装箱生产线控制系统端子接线图

5. 系统流程图

系统流程图如图 5-46 所示。

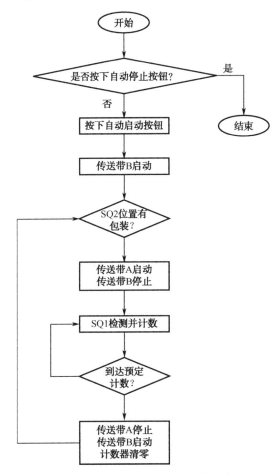

图 5-46　系统流程图（自动工作方式）

6. PLC 程序设计

根据地址分配表及系统流程图，编写 PLC 控制程序，如图 5-47 所示。

实践 20　自动装箱生产线控制系统的模拟实现

1）实践内容

（1）进行自动装箱生产线控制系统的外部接线。

（2）完善并调试 PLC 控制程序。

（3）完善并设置正确的变频器参数。

（4）联机调试。

2）实践步骤

（1）要求：利用 S7-200 PLC 和 MM440 变频器模拟实现本节课中描述的自动装箱生产线控制系统。

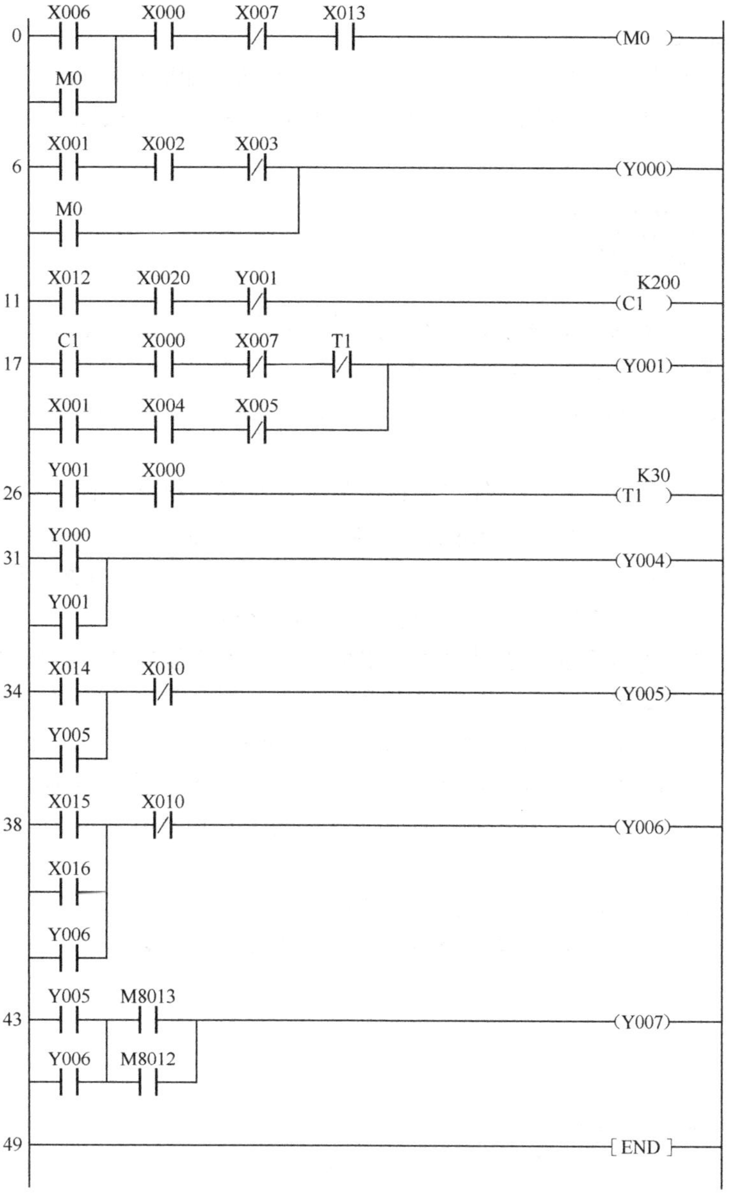

图 5-47　自动装箱生产线控制系统梯形图参考程序

（2）进行自动装箱生产线控制系统的外部接线。

参照图 5-40～图 5-45 进行自动装箱生产线控制系统主电路和控制电路的接线，仔细检查，确保接线的准确无误。

注意： 将三菱 PLC 改为西门子 S7-200 PLC。

（3）PLC 控制程序的编制、下载及调试。

参考本书中给出的系统流程图，结合给出的三菱程序示例，设计并完善 S7-200 PLC 的控制程序，然后下载到 PLC 中进行模拟调试。

（4）变频器的参数复位。

（5）变频器的快速调试。

（6）变频器的功能调试。

参考本书表 5-9 中给出的部分主要功能参数，进行变频器的功能调试。

（7）PLC 与变频器的联机调试。变频器参数设置结束后，可按照实践内容的要求进行联机调试及验证。

知识梳理与总结

（1）PLC 与变频器常组成变频调速系统应用于生产实际的控制过程中。PLC 与变频器的连接方法有数字信号的连接、模拟信号的连接和通信连接。

（2）西门子通用变频器有两种通信协议：USS 协议和通过 RS-485 接口的 Profibus-DP 协议。

（3）设计任何一种电气控制系统都应遵循的基本原则是根据设计任务，在满足生产工艺控制要求的前提下，安全可靠、经济实用、操作简单、维护方便、适应发展。

（4）变频调速控制系统设计的过程一般包括设计任务书、设计方案、PLC 系统设计、变频器系统设计、系统总装及联调、编制技术文件等几个步骤。

（5）本章列举了变频器在恒压供水系统中的应用、变频器在高炉卷扬机中的应用、变频器在冷却塔风机控制中的应用、变频器在龙门刨床控制系统中的应用，以及变频器在自动装箱生产线中的应用，分析了各个系统的特点，进行了方案设计、设备选用、电路设计、软件设计等，可以看出变频器的实用性及先进性主要体现在以下方面。

① 采用变频调速系统，可以根据生产和工艺的要求适时进行速度调节，从而提高产品质量和生产效率；

② 变频调速系统可实现电动机软启动和软停止，使启动电流小，且能减小负载冲击；

③ 还具有容易操作、便于维护、控制精度高及节能高效等优点。

习题 5

1．PLC 与变频器的连接方式有哪些？

2．总结 PLC 与变频器联机实现电动机延时控制的 PLC 程序编制方法、变频器的功能参数设置特点。

3．总结 PLC 与变频器联机实现电动机多段速控制的 PLC 程序编制方法、变频器的功能参数设置内容。

4．简述变频调速控制系统的设计内容及一般步骤。

5．画出恒压供水控制系统变频器 1 拖 2 的电路图，并说明随供水量变化的循环工作过程。

第6章 变频器的选择
与维护

学习目标

1. 掌握如何根据负载特性选择变频器的类型。
2. 掌握变频器的外围器件及其选择方法。
3. 掌握变频器的抗干扰措施。
4. 掌握变频器的常见故障及处理方法。

技能目标

1. 系统设计时能够选择适用的变频器类型和容量。
2. 能够根据环境要求选择变频器的外围器件。
3. 对变频器的常见故障能够及时处理。

6.1 变频器的选择

不同类型、不同品牌的变频器具有不同的规格标准和技术参数，价格相差也很大。变频器的选择是调速控制系统应用设计的重要一环，对系统运行时的性能指标有很大影响。选择变频器时，应根据用户自身的实际情况与要求，选择出性价比最好的变频器。

下面从变频器的类型和容量两个方面介绍变频器的选择。

6.1.1 变频器的类型选择

按照用途的不同，变频器可以分为通用变频器和专用变频器。通用变频器按照控制方式的不同，又可分为 U/f 恒定控制变频器、转差频率控制变频器、矢量控制（分不带速度反馈型和带速度反馈型）变频器及直接转矩控制变频器。由于变频器的类型较多，用户必须在充分了解变频器所驱动负载特性的基础上，根据实际工艺要求和运用场合来选择合适类型的变频器。

负载性质通常用下式表示：

$$T_L = Cn^\alpha \qquad\qquad (6\text{-}1)$$

式中 C——负载大小的常数；

α——负载转矩形状的系数。（$\alpha=0$，表示为恒转矩负载；$\alpha=1$，表示转矩与转速成比例的负载；$\alpha=2$，表示转矩与转速的二次方成比例的负载（如风机、泵类负载）；$\alpha=-1$，则为恒功率负载。）

由《电机学》知识可知，电动机负载产生的制动转矩 T_L 可由式（6-2）表示，在工程上也常用式（6-3）表示。

$$T_L = \frac{P_L}{2\pi n/60} \qquad\qquad (6\text{-}2)$$

$$T_L = 9550\frac{P_L}{n} \qquad\qquad (6\text{-}3)$$

式中，P_L 为电动机轴上输出的有效机械功率，即负载的功率，单位为 kW；n 为电动机转子转速，单位为 r/min。

1. 恒转矩负载

1）转矩特点

任何转速下，负载的转矩 T_L 与转速 n 无关，T_L 总保持恒定或基本恒定。

2）功率特点

负载的功率 P_L、转矩 T_L 与转速 n 的关系满足式（6-3）的要求。由于负载转矩 T_L 恒定，所以负载功率 P_L 的大小与转速 n 成正比。

3）典型实例

传送带、搅拌机、挤压机等摩擦类负载及吊车、提升机等位能负载都属于恒转矩类负载。例如，当带式输送机运动时，其负载转矩的大小满足如下关系式：

$$T_L = Fr \qquad (6\text{-}4)$$

式中，F 为传送带与滚筒间的摩擦阻力，单位为 N；r 为滚筒的半径，单位为 m。

带式输送机的基本结构和工作情况如图 6-1 所示。

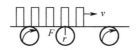

图 6-1 带式输送机的工作情况示意图

4）变频器的选择

变频器拖动恒转矩负载时，低速下的转矩要足够大，并且要有足够的过载能力。如果需要在低速下稳速运行，应该考虑标准异步电动机的散热能力，避免电动机的温升过高。

对于转速精度及动态性能要求不高或有较高静态转速要求的机械，如挤压机、搅拌机、起重机的提升机构和提升机等，采用具有转矩控制功能的高性能 U/f 控制变频器较合理。因为这种变频器低速转矩大，静态机械特性硬度大，不怕负载冲击，具有挖掘机特性。为了实现大调速比的恒转矩调速，常采用加大变频器容量的办法。

对于要求变频器调速对电动机速度变化响应速度快的负载，如轧钢机、生产线设备、机床主轴等，选用转差频率控制的变频器较合理；对于低速时要求有较硬的机械特性，并要求有一定的调速精度，在动态方面无较高要求的负载，可选用不带速度反馈的矢量控制型通用变频器；对于某些对调速精度及动态性能方面都有较高要求，以及要求高精度同步运行的负载，可选用带速度反馈的矢量控制型通用变频器。轧钢、造纸、塑料薄膜加工线这一类对动态性能要求较高的生产机械，采用矢量控制高性能型变频器是一种很好的选择。矢量控制方式只能一台变频器驱动一台电动机，当一台变频器驱动多台电动机时，只能选择 U/f 控制模式，不能选用矢量控制模式。

要求控制系统具有良好的动态、静态性能，如电力机车、交流伺服系统、电梯、起重机等领域，可选用具有直接转矩控制功能的专用变频器。

2. 恒功率负载

1）功率特点

在不同的转速 n 下，负载的功率 P_L 基本恒定，即负载功率 P_L 的大小与转速 n 的高低无关，即

$$P_L = 常数$$

2）转矩特点

负载的功率 P_L、转矩 T_L 与转速 n 的关系满足式（6-3）的要求。由于负载的功率 P_L 恒定，所以负载转矩 T_L 的大小与转速 n 成反比。

3）典型实例

对于机床主轴和轧机、造纸机、塑料薄膜生产线中的卷取机、开卷机等机械，要求的转矩与转速成反比，这就是所谓的恒功率负载。

例如，各种薄膜的卷取机在工作时，随着"薄膜卷"卷径的不断增加，卷曲辊的转速应逐渐减小，以保持薄膜的线速度恒定，从而保持了张力的恒定。而负载转矩的大小

T_L 为

$$T_L = Fr \tag{6-5}$$

式中，F 为卷取物的张力，在卷取过程中，要求张力保持恒定；r 为卷取物的卷取半径，随着卷取物不断卷绕到卷取辊上，r 将越来越大。

由于具有以上特点，因此在卷取过程中，拖动系统的功率是恒定的：

$$P_L = Fv = 常数 \tag{6-6}$$

式中，v 为卷取物的线速度。

随着卷绕过程的不断进行，被卷物的直径则不断加大，负载转矩也不断加大。

4）变频器的选择

机床主轴和轧钢、造纸机、塑料薄膜生产线中的卷取机、开卷机要求的转矩大体与转速成反比，属于恒功率负载，但负载的恒功率是就一定的速度变化范围而言的。当速度很低时，受机械强度的限制，负载转矩不可能无限增大，在低转速下变为恒转矩性质。负载的恒功率区和恒转矩区对传动方案的选择有很大影响。

如果电动机的恒转矩和恒功率调速范围与负载的恒转矩和恒功率范围相一致，即所谓"匹配"的情况下，电动机的容量和变频器的容量均最小。但是，如果负载要求的恒功率范围很窄，要维持低速下的恒功率关系，对变频调速而言，则电动机和变频器的容量不得不加大，控制装置的成本也会增加。所以，在可能的情况下，尽量采用折中的控制方案，在满足生产工艺的前提下，适当地减小恒功率范围，从而减小电动机和变频器的容量，降低成本。

通常，将恒转矩和恒功率范围的分界点的转速作为基速（变频器的基准频率），在该转速以上采用恒功率调速时，采用 $E_1 / \sqrt{f_1} = C$ 或者恒压运行（即 f_1 上升，而 E_1 保持不变）的协调控制方式。

变频器可选择通用型的，采用 U/f 控制方式已经足够，但对动态性能有较高要求的卷取机械，则必须采用具有矢量控制功能的变频器。

3. 二次方律负载

1）转矩特点

负载转矩 T_L 与转速 n 的二次方成正比，即

$$T_L = K_T n^2 \tag{6-7}$$

2）功率特点

将式（6-7）代入式（6-3），可得负载的功率 P_L 与转速 n 的三次方成正比，即

$$P_L = \frac{K_T n^2 n}{9\,550} = K_P n^3 \tag{6-8}$$

式中，K_P 为二次方律负载的功率常数。

3）典型实例

在各种风机、水泵、油泵中，随着叶轮的转动，空气或液体在一定速度范围内所产生的阻力大致与转速 n 的二次方成正比。随着转速的减小，转矩按转速的二次方减小。由于

这种负载所需的功率与转速 n 的三次方成正比，当所需风量、流量减小时，利用变频器通过调速的方式来调节风量、流量，从而可以大幅度节约电能。但是，高速时所需的功率随转速增长过快，即与速度的三次方成正比，所以通常不应使风机、泵类负载超工频运行。

4）变频器的选择

对于风机、泵类等负载，对调速低于额定频率且负载转矩较小，在过载能力方面要求较低、对转速精度没有什么要求时，选择价廉的普通功能型 U/f 控制变频器。

大部分生产变频器的工厂都提供了风机、水泵用变频器，可以选用。其主要特点如下：

（1）风机和水泵一般不容易过载，所以这类变频器的过载能力较低，为 120%，1 min（通用变频器为 150%，1 min），因此在进行功能预置时必须注意。

（2）由于负载的转矩与转速的平方成正比，当工作频率高于额定频率时，负载的转矩有可能大大超过变频器额定转矩，使电动机过载，所以，其最高工作频率不得超过额定频率。

（3）配置了进行多台控制的切换功能。

（4）配置了一些其他专用的控制功能，如"睡眠"与"唤醒"功能、PID 调节功能等。

4. 直线律负载

1）转矩特点

负载转矩 T_L 与转速 n 成正比，即

$$T_L = K_T' n \tag{6-9}$$

式中，K_T' 为直线律负载的转矩常数，其机械特性曲线如图 6-2（b）所示。

2）功率特点

将式（6-9）代入式（6-3），可得负载的功率 P_L 与转速 n 的二次方成正比，即

$$P_L = \frac{K_T' n n}{9\,550} = K_P' n^2 \tag{6-10}$$

式中，K_P' 为直线律负载的功率常数。

功率特性曲线如图 6-2（c）所示。

3）典型实例

轧钢机和碾压机等都是直线律负载。

例如，碾压机如图 6-2（a）所示，其负载转矩的大小取决于

$$T_L = Fr \tag{6-11}$$

式中，F 为碾压辊与工件间的摩擦阻力，单位为 N；r 为碾压辊的半径，单位为 m。

在工件厚度相同的情况下，要使工件的线速度 v 加快，必须同时加大上、下碾压辊间的压力，从而也加大了摩擦力 F，即摩擦力与线速度 v 成正比，故负载的转矩与转速成正比。

4）变频器的选择

虽然直线律负载的特性具有典型意义，但在考虑调速方案时的基本要点与二次方律负载类似。

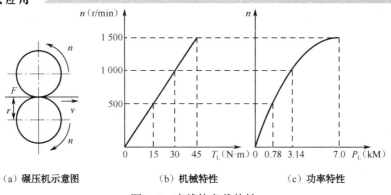

| （a）碾压机示意图 | （b）机械特性 | （c）功率特性 |

图 6-2　直线律负载特性

5. 混合特性负载

大部分金属切削机床都是这种负载的典型例子，金属切削机床中的低速段，由于工件的最大加工半径和允许的最大切削力相同，故具有恒转矩性质；而在高速段，由于受到机械强度的限制，将保持切削功率不变，属于恒功率性质。在实际中，常将对应于某切削速度以上的认为是恒功率负载，其下的认为是恒转矩负载。

以某龙门刨床为例，其切削速度小于 25 r/min 时，为恒转矩特性区，切削速度大于 25 r/min 时，为恒功率特性区。

金属切削机床除了在切削加工毛坯时，负载大小有较大变化外，其他切削加工过程中，负载的变化通常是很小的。就切削精度而言，选择 U/f 控制方式能够满足要求，但从节能角度看并不理想。

矢量变频器在无反馈矢量控制方式下已经能够在 0.5 Hz 时稳定运行，完全可以满足要求，而且无反馈矢量控制方式能够克服 U/f 控制方式的缺点，当机床对加工精度有特殊要求时才考虑有反馈矢量控制方式。

6.1.2　变频器的容量选择

变频器的容量一般用额定输出电流（A）、输出容量（kV·A）、适用电动机功率（kW）来表示。其中，额定输出电流为变频器可以连续输出的最大交流电流有效值；输出容量是取决于额定输出电流与额定输出电压乘积的三相视在输出功率；适用电动机功率是以 2、4 极标准电动机为对象，表示在额定输出电流以内可以驱动的电动机功率。应注意：6 极以上电动机和变极电动机等特殊电动机的额定电流比标准电动机大，不能根据适用电动机的功率来选择变频器容量。因此，用标准 2、4 极电动机拖动的连续恒定负载，变频器的容量可根据适用电动机的功率选择；对于用 6 极以上和变极电动机拖动的负载、变动负载、断续负载和短路负载，变频器的容量应按运行过程中可能出现的最大工作电流来选择。

选择变频器容量时，要充分了解负载的性质和变化规律，还要考虑过载能力和启动能力。生产实际中，还需要针对具体生产机械的特殊要求，灵活处理，很多情况下，也可根据经验或供应商提供的建议采用一些比较实用的方法。在满足生产机械要求的前提下，变频器容量越小越经济。

变频器容量选择总的原则是变频器的额定容量所适用的电动机功率和额定输出电流必须等于或大于实际使用的异步电动机的额定功率和额定电流。这是因为变频器的过载能力没有电动机的过载能力强，一旦电动机过载，损坏的首先是变频器（如果变频器的保护功能不完善）。

变频器容量的选择与电动机容量、电动机额定电流、加速时间等很多因素相关，其中最能准确反映半导体变频装置负载能力的关键因素是变频器的额定电流。选择变频器额定电流的基本原则是：电动机在运行的全过程中，变频器的额定电流应大于电动机可能出现的最大电流，即

$$I_{N} \geq I_{Mmax} \tag{6-12}$$

式中，I_N 为变频器的额定电流，单位为 A；I_{Mmax} 为电动机的最大运行电流，单位为 A。

变频器进行容量选择时应遵循以下原则。

1. 连续运行的场合变频器容量的选定

由于变频器供给电动机的电流是脉动电流，其脉动值比工频供电时的电流要大，如图 6-3 所示，因此需将变频器的容量留有适当的裕量。

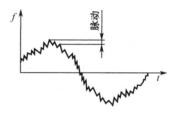

图 6-3　变频器输出电流的波形

通常令变频器的额定输出电流大于等于（1.05～1.1）倍电动机的额定电流（铭牌值）或电动机实际运行中的最大电流。即

$$I_{N} \geq （1.05～1.1） I_{M} \tag{6-13}$$

$$I_{N} \geq （1.05～1.1） I_{Mmax} \tag{6-14}$$

式中，I_N 为变频器额定输出电流（A）；I_M 为电动机额定电流（A）；I_{Mmax} 为电动机实际最大电流（A）。

如按电动机实际运行中的最大电流来选择变频器，则变频器的容量可以适当缩小。

2. 加/减速时变频器容量的选定

变频器最大输出转矩是由变频器最大输出电流决定的。一般情况下，对于短时间的加/减速而言，变频器允许达到额定输出电流的 130%～150%（视变频器容量而定），因此在短时加/减速时的输出转矩也可以增大；反之，如果只需要较小的加速转矩，也可降低选择变频器的容量。由于电流的脉动原因，此时应将变频器的最大输出电流降低 10% 后再进行选定。

3. 频繁加/减速运转时变频器容量的选定

当变频器频繁加/减速时，可根据加速、恒速、减速等各种运行状态下的电流值，按下式进行选定：

$$I_{N} =[(I_{1}t_{1} + I_{2}t_{2} + ...)/(t_{1} + t_{2} + ...)]K_{0} \tag{6-15}$$

式中，I_1、I_2 为各运行状态下的平均电流（A）；t_1、t_2 为各运行状态下的时间（s）；K_0 为安全系数（频繁运行时 $K_0 =1.2$，其他时为 1.1）。

4. 电流变化不规则场合时变频器容量的选定

在运行中，如果电动机电流不规则变化，则此时不宜获得运行特性曲线，这时可将电动机在输出最大转矩时的电流限制在变频器的额定输出电流内进行选定。

5. 电动机直接启动时所需变频器容量的选定

通常，三相异步电动机直接用工频启动时的启动电流为其额定电流的 5～7 倍，直接启动时可按下式选取变频器的额定输出电流：

$$I_N \geq I_K / K_g \tag{6-16}$$

式中，I_K 为在额定电压、额定频率下电动机启动时的堵转电流（A）；K_g 为变频器的允许过载倍数，$K_g = 1.3 \sim 1.5$。

6. 多台电动机共用一台变频器供电

上述 1～5 仍然适用，还应考虑以下几点：

（1）在电动机总功率相等的情况下，由多台小功率电动机组成的一组电动机效率比由台数少但电动机功率较大的一组低。因此，两者电流总值并不相等，可根据各电动机的电流总值来选择变频器。

（2）在整定软启动、软停止时，一定要按启动最慢的那台电动机进行整定。

（3）若有一部分电动机直接启动，可按下式进行计算：

$$I_N \geq [N_2 I_K + (N_1 - N_2) I_M] / K_g \tag{6-17}$$

式中，N_1 为电动机总台数；N_2 为直接启动时的电动机台数；I_K 为电动机直接启动时的堵转电流（A）；I_M 为电动机的额定电流（A）；K_g 为变频器容许过载倍数，$K_g = 1.3 \sim 1.5$。

多台电动机依次进行直接启动，到最后一台时，启动条件最不利，并且当所有电动机均启动完毕后，还应满足 $I_N \geq N I_M$。

7. 容量选择注意事项

1）并联追加投入启动

用 1 台变频器控制多台电动机的并联运转时，如果所有电动机同时启动加速可按如前所述选择容量，但是对于一小部分电动机开始启动运行后再追加投入其他电动机启动的场合，此时变频器的电压、频率已经上升，追加投入的电动机将产生大的启动电流，因此，变频器容量比同时启动时相比要大些，变频器额定输出电流可按下式计算：

$$I_N \geq \sum^{N_1} K I_{HN} + \sum^{N_2} I_{SN} \tag{6-18}$$

式中，N_1 为先启动的电动机台数；N_2 为追加投入启动的电动机台数；I_{HN} 为先启动电动机的额定电流（A）；I_{SN} 为追加投入电动机的启动开始电流（A）。

2）大过载容量

通用变频器的过载容量通常为 125%、60 s 或 150%、60 s，需要超过此过载容量时就必须增大变频器容量。例如，对于 125%、60 s 的变频器，要求其具有 180%的过载容量时，必须在利用上面方法选定的 I_N 数值的基础上，再乘以 1.8/1.25；对于 150%、60 s 的变频器，要求其具有 200% 的过载容量时，必须在利用上面方法选定的 I_N 数值的基础上，再乘以 1.33。

3）轻载电动机

电动机的实际负载比电动机的额定输出功率小时，多认为可选择与实际负载相称的变频器容量，但是对于通用变频器，即使实际负载小，使用比按电动机额定功率选择的变频器容量小的变频器并不理想，理由如下：

（1）在空载时也流过额定电流 30%～50% 的励磁电流。

（2）启动时流过的启动电流与电动机施加的电压、频率相对应，而与负载转矩无关，如果变频器容量小，则此电流超过过电流容量往往不能启动。

（3）如果电动机容量大，则以变频器容量为基准的电动机漏抗百分比变小，变频器输出电流的脉动增大，因而变频器容易产生过电流保护动作，电动机往往不能正常运转。

（4）用通用变频器启动时，其启动转矩同用工频电流启动相比多数变小，根据负载的启动转矩特性有时不能启动。另外，在低速运转区的转矩有比额定转矩减小的倾向。用选定的变频器和电动机不能满足负载所要求的启动转矩和低速区转矩时，变频器和电动机的容量还需要再加大。例如，在某一速度下，需要最初选取的变频器和电动机额定转矩 70% 的转矩时，那么变频器和电动机的容量都要重新选择为最初选定容量的 1.4（=70/50）倍以上。

4）输出电压

变频器输出电压可按电动机的额定电压选定，按我国标准，可分成 220 V 系列和 400 V 系列两种。应当注意变频器的工作电压是按 U/f 曲线关系变化的，变频器规格表中给出的输出电压是变频器的可能最大输出电压，即基频下的输出电压。

5）输出频率

变频器的最高输出频率根据机种不同而有很大不同，有 50/60 Hz、120 Hz、240 Hz 或更高。50/60 Hz 的变频器，以在额定速度以下范围进行调速运转为目的，大容量通用变频器几乎都属于此类。最高输出频率超过工频的变频器多为小容量，在 50/60 Hz 以上区域，由于输出电压不变，为恒功率特性，要注意在高速区转矩的减小。例如，车床等机床根据工件的直径和材料改变速度，在恒功率的范围内使用，在轻载时采用高速可以提高生产率，只是要注意不要超过电动机和负载的容许最高速度。

综合考虑以上几点，根据变频器的使用目的确定最高输出频率来选择变频器。

6.2　变频器外围设备的选择

在选定了变频器之后，接下来要根据实际需要选择与变频器配合工作的各种外围设备。正确选择变频器的外围设备主要有以下几个目的：

（1）保证变频器驱动系统的正常工作；

（2）提高对电动机和变频器的保护；

（3）减小对其他设备的影响。

变频器的外围设备如图 6-4 所示，其用途和注意事项说明如下。

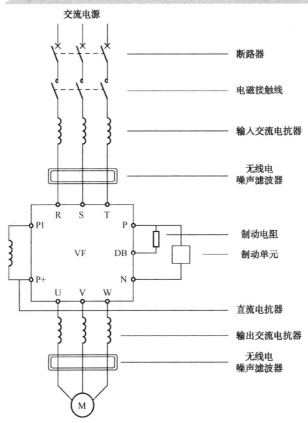

图 6-4　变频器的外围设备

6.2.1　断路器

断路器的功能主要是用于电源的通断，在出现过电流或短路事故时自动切断电源，防止发生过载或短路时大电流烧毁设备的现象；如果需要进行接地保护，也可以采用漏电保护式断路器；在检修用电设备时，起隔离电源的作用。

现代断路器都具有过电流保护功能，选用时要充分考虑电路中是否有正常过电流，以防止过电流保护功能的误动作。

在变频器单独控制的主电路中，属于正常过电流的情况有以下几种：

（1）变频器在刚接通电源的瞬间，对电容器的充电电流可高达额定电流的 2～3 倍。

（2）变频器的进线电流是脉冲电流，其峰值经常可能超过额定电流。

（3）一般通用变频器允许的过载能力为额定电流的 150%，持续运行 1 min。

因此为了避免误动作，断路器的额定电流 I_{QN} 应选：

$$I_{QN} \geqslant (1.3 \sim 1.4)I_N \tag{6-19}$$

式中，I_N 为变频器的额定电流。

在电动机要求实现工频和变频的切换控制电路中，因为电动机有可能在工频下运行，故应按电动机在工频下的启动电流来进行选择，即

$$I_{QN} \geqslant 2.5I_{MN} \tag{6-20}$$

式中，I_{MN} 为电动机的额定电流。

6.2.2　接触器

1.　接触器的主要功能

接触器的主要功能如下：

（1）可通过按钮开关等方便地控制变频器的通电与断电。

（2）变频器发生故障时，可自动切断电源。

2.　接触器的选择

根据接触器所连接位置的不同，其型号的选择也不尽相同。

1）变频器输入侧接触器

由于接触器自身并无保护功能，不存在误动作的问题，因此选择的原则是：主触点的额定电流 I_{KN} 只需大于或等于变频器的额定电流，即

$$I_{KN} \geqslant I_N \tag{6-21}$$

2）变频器输出侧接触器

在变频-工频切换的控制电路中，需要在变频器的输出侧连接接触器。因为变频器的输出电流中含有较强的谐波成分，其有效值略大于工频运行时的有效值，故主触点的额定电流 I_{KN} 应满足：

$$I_{KN} \geqslant 1.1 I_N \tag{6-22}$$

3）工频接触器

工频接触器的选择应考虑电动机在工频下的启动情况，其触点电流通常可按电动机的额定电流再加大一挡（接触器的额定电流挡）来选择。

6.2.3　输入交流电抗器

接在电网电源与变频器输入端之间的输入交流电抗器如图 6-5 所示，其主要作用是抑制变频器输入电流的高次谐波，明显改善功率因数和实现变频器驱动系统与电源之间的匹配。输入交流电抗器为选购件，在以下情况下可考虑接入交流电抗器：

（1）变频器所用之处的电源容量与变频器容量之比为 10∶1 以上。

（2）同一电源上接有晶闸管变流器负载或在电源端带有开关控制调整功率因数的电容器。

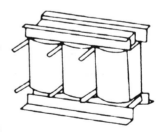

图 6-5　交流电抗器外形图

（3）三相电源的电压不平衡度较大（≥3%）。

（4）变频器的输入电流中含有许多高次谐波成分，这些高次谐波电流都是无功电流，使变频调速系统的功率因数降到 0.75 以下。

（5）变频器的功率大于 30 kW。

接入的交流电抗器应满足以下要求：

（1）电抗器自身分布电容小。

（2）自身的谐振点要避开抑制频率范围。

（3）保证工频压降在2%以下，功率要小。

常用交流电抗器的规格见表6-1。

表6-1　常用交流电抗器的规格

电动机容量/kW	30	37	45	55	75	90	110	132	160	200	220
变频器容量/kW	30	37	45	55	75	90	110	132	160	200	220
电感量/mH	0.32	0.26	0.21	0.18	0.13	0.11	0.09	0.08	0.06	0.05	0.05

交流电抗器的型号规定：ALC-□，其中，□为所用变频器的容量千瓦数，如 132 kW 的变频器应该选择 ALC-132 型电抗器。

6.2.4　无线电噪声滤波器

变频器的输入和输出电流中都含有很多高次谐波，这些高次谐波除了增加输入侧的无功功率、降低功率因数（主要是频率较低的谐波电流）外，频率较高的谐波电流以各种方式把自己的能量传播出去，形成对其他设备的干扰，严重的甚至还可能使某些设备无法正常工作。

滤波器就是用来削弱这些高频率谐波电流的，以防止变频器对其他设备造成干扰。滤波器主要由滤波电抗器和电容组成，图 6-6（a）所示为输入侧滤波器，图 6-6（b）所示为输出侧滤波器。应注意的是，变频器输出侧的滤波器中，电容器只能接在电动机侧，且应串入电阻，以防止逆变器因电容的充、放电而受冲击。

滤波电抗器的结构如图 6-7 所示，由各相的连接线在同一个磁芯上按相同方向绕 4 圈（输入侧）或 3 圈（输出侧）构成。需要说明的是，三相的连接线必须按相同方向绕在同一个磁芯上，从而其基波电流的合成磁场为 0，因而对基波电流没有影响。

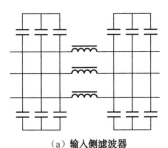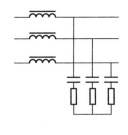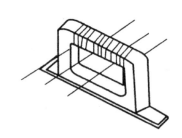

（a）输入侧滤波器　　　　　（b）输出侧滤波器

图6-6　无线电噪声滤波器　　　　　图6-7　滤波电抗器的结构

在对防止无线电干扰要求较高及要求符合 CE、UL、CSA 标准的使用场合，或变频器周围有抗干扰能力不足的设备等情况下，均应使用滤波器。安装时注意接线尽量缩短，滤波器应尽量靠近变频器。

6.2.5　制动电阻及制动单元

制动电阻及制动单元的功能是当电动机因频率下降或重物下降（如起重机械）而处于再生制动状态时，避免在直流回路中产生过高的泵生电压。

制动电阻的选择包括阻值及容量两方面。

1. 制动电阻 R_B 的选择

1）制动电阻 R_B 的大小

$$R_B = \frac{U_{DH}}{2I_{MN}} \sim \frac{U_{DH}}{I_{MN}}$$（6-23）

式中，U_{DH} 为直流回路电压的允许上限值（V），在我国 $U_{DH} \approx 600\,V$。

电阻的功率 P_B

$$P_B = \frac{U_{DH}^2}{\gamma R_B}$$（6-24）

式中，γ 为修正系数。

（1）在不反复制动的场合

设 t_B 为每次制动所需的时间，t_C 为每个制动周期所需的时间，如果每次制动时间小于 10 s，可取 $\gamma = 7$；如果每次制动时间超过 100 s，可取 $\gamma = 1$；如果每次制动时间在两者之间，则 γ 大体可按比例算出。

（2）在反复制动的场合

如果 $t_B / t_C \le 0.01$，取 $\gamma = 5$；如果 $t_B / t_C \ge 0.15$，取 $\gamma = 1$；如果 $0.01 < t_B / t_C < 0.15$，则 γ 大体可按比例算出。

（3）常用制动电阻的阻值与容量的参考值见表 6-2。

表 6-2 常用制动电阻的阻值与容量的参考值（电源电压为 380 V）

电动机容量/kW	电阻值/Ω	电阻功率/kW	电动机容量/kW	电阻值/Ω	电阻功率/kW
0.40	1000	0.14	37	20.0	8
0.75	750	0.18	45	16.0	12
1.50	350	0.40	55	13.6	12
2.20	250	0.55	75	10.0	20
3.70	150	0.90	90	10.0	20
5.50	110	1.30	110	7.0	27
7.50	75	1.80	132	7.0	27
11.0	60	2.50	160	5.0	33
15	50	4.00	200	4.0	40
18.5	40	4.00	220	3.5	45
22	30	5.00	280	2.7	64
30.0	24	8.0	315	2.7	64

由于制动电阻的容量不容易准确掌握，如果容量偏小，则极易烧坏，所以制动电阻箱内应附加热继电器。

2. 制动单元

一般情况下只需根据变频器的容量进行配置即可。

6.2.6 直流电抗器

直流电抗器可将功率因数提高至 0.9 以上。由于其体积较小，因此许多变频器已将直流电抗器直接装在变频器内。

直流电抗器除了提高功率因数外，还可削弱在电源刚接通瞬间的冲击电流。如果同时配用交流电抗器和直流电抗器，则可将变频调速系统的功率因数提高至 0.95 以上。直流电抗器的外形如图 6-8 所示。

常用直流电抗器的规格见表 6-3。

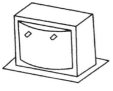

图 6-8　直流电抗器

表 6-3　常用直流电抗器的规格

电动机的容量/kW	30	37～55	75～90	110～132	160～200	220	280
允许电流/A	75	150	220	280	370	560	740
电感量/μH	600	300	200	140	110	70	55

6.2.7 输出交流电抗器

接在变频器输出端和电动机之间的输出交流电抗器，其主要作用是为了降低变频器输出中存在的谐波产生的不良影响，包括以下两方面内容。

1）降低电动机噪声

在利用变频器进行调节控制时，由于谐波的影响，电动机产生的电磁噪声和金属音噪声将大于采用电网电源直接驱动的电动机噪声。通过接入电抗器，可以将噪声由 70～80 dB 降低 5 dB 左右。

2）降低输出谐波的不良影响

当负载电动机的阻抗比标准电动机小时，随着电动机电流的增加有可能出现过电流、变频器限流动作，以至于出现得不到足够大转矩、效率降低及电动机过热等异常现象。当这些现象出现时，应该选用输出电抗器使变频器的输出平滑，以减小输出谐波产生的不良影响。

输出交流电抗器是选购件，当变频器干扰严重或电动机振动时可考虑接入。输出交流电抗器的选择与输入交流电抗器相同。

6.3　变频器的干扰及抑制

在变频器的输入和输出电路中，除较低次的谐波成分外，还存在许多高频率的谐波电流，这些谐波电流除了增加输入侧的无功功率、降低功率因数（主要是频率较低的谐波电流）外，还将以各种方式把自己的能量传播出去，形成对其他设备的干扰，严重的甚至使一些设备无法正常工作。本节将重点介绍谐波的产生及抑制。

6.3.1 外部对变频器的干扰

1. 晶闸管换流设备对变频器的干扰

当供电网络中有容量较大的晶闸管换流设备时，由于晶闸管总是在每相半周期内的部分时间导通，容易使网络电压出现凹陷，它使变频器输入侧的整流电路有可能因较大的反向回复电压而受到损害，如图 6-9 所示。

2. 补偿电容的投入和切出对变频器的干扰

在电源侧电容补偿柜的投入或切出的暂态过程中，网络电压可能出现很高的峰值，其结果是可能使变频器的整流二极管因承受过高的反向电压而击穿，如图 6-10 所示。

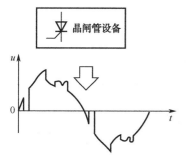

图 6-9　晶闸管设备电压的凹陷

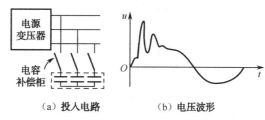

（a）投入电路　　　（b）电压波形

图 6-10　电容补偿投入

6.3.2　变频器对外部的干扰

在变频器输入电流、输出电流与电压中含有较强的高次谐波成分，如图 6-11 中①②③所示。它们将对其他控制设备形成干扰，影响其他设备正常工作。

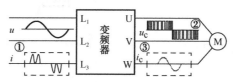

图 6-11　变频器的电压、电流波形

1. 输入电流

交-直-交电压型变频器的输入侧是整流和滤波电路，如图 6-12（a）所示。只有当电源线电压的瞬时值 u 大于电容器两端的直流电压 U_d 时，整流桥中才有充电电流，如图 6-12（b）所示。因此，充电电流总是出现在电源电压的振幅值附近，且呈现不连续的冲击波形式，具有很大的高次谐波成分，如图 6-12（c）所示。图 6-12（d）所示为谐波分析，可以看出输入电流的 5 次谐波和 7 次谐波分量是很大的。谐波电流将对接于同一电源的设备带来过热、噪声、误动作等不良影响，而且影响的程度与变频器的容量成正比，这些干扰被称为对电网的污染。为了消除这些不良污染，有关部门规定了变频器输入谐波应控制在标准范围内。此外，谐波电流会影响功率因数，谐波电流越大，功率因数越小。受谐波电流影响，变频调速系统的功率因数较低，约为 0.7～0.75，因此必须采取适当措施对其加以抑制或消除，从而提高整个变频调速系统的运行效率。

2. 输出电流

大多数变频器的逆变电路都采用 SPWM 调制方式，其输出电压为占空比按正弦规律分布的系列矩形波，如图 6-13（a）所示，这种具有陡变沿的脉冲信号会产生很强的电磁干扰，尤其是输出电流，其中含有许多与载波频率相等的谐波分量，如图 6-13（b）所示，它们将以各种方式把自己的能量传播出去，形成对其他设备的干扰。

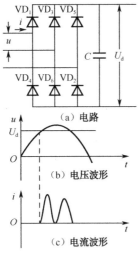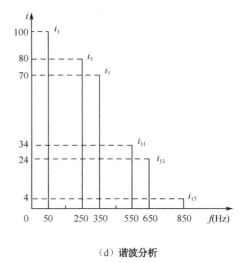

图 6-12　输入电流波形及其谐波分析

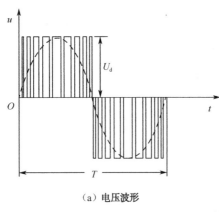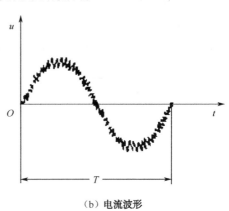

（a）电压波形　　　　　　　　　　　（b）电流波形

图 6-13　输出电压电流波形

3. 电磁波干扰的传播方式

变频器开关器件快速通断产生的高次谐波，通过静电感应和电磁感应成为电波噪声，造成干扰；变频器内电子线路也可能产生电磁辐射电波形成噪声。上述噪声对周边设备造成电磁干扰，传播方式主要有 3 种，如图 6-14 所示，第一种是通过电源线传播；第二种由辐射至空中的电磁波和磁场直接传播；第三种通过导体间的感应传播。

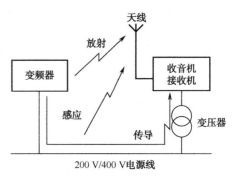

1）电路传导方式

通过相关线路传播干扰信号，变频器输入电流干扰信号通过电源网络传播，变频器输出侧干扰信号通

图 6-14　电磁波干扰的传播方式

过漏电流的形式传播。这种通过线路传播干扰信号的传导噪声将影响通信设备及测量仪器等的正常工作，从而造成误差。

2）空中辐射方式

频率很高的谐波分量向空中以电磁波的方式向外辐射，形成辐射噪声，进而对其他设备形成干扰。这种辐射噪声的幅值在 150 kHz～1.5 MHz 的中频段较大，而在超过 30 MHz 的带域则减小。

3）感应方式

（1）电磁感应方式

这是电流干扰信号的主要传播方式。由于变频器的输入电流和输出电流中的高频成分会产生高频磁场，该磁场的高频磁力线穿过其他设备的控制线路而产生感应干扰电流。

（2）静电感应方式

这是电压干扰信号的主要传播方式，是由变频器输出的高频电压波通过线路的分布电容传播给主电路的。这种干扰通过导体之间的互相感应在被感应导电体中出现噪声，从而造成干扰，其对象仍为通信设备、测量仪器等。

必须指出，变频器也会受到外界电波的干扰，故必须采取防范措施，主要是加强屏蔽。这种既不干扰别的设备又能防止别的设备干扰的功能叫做电磁兼容（EMC）。

6.3.3　变频调速系统的抗干扰措施

针对上述干扰信号的不同传播方式，可以采取以下几种相应的抗干扰措施。

1. 合理布线

合理布线能够在相当大的程度上削弱干扰信号的强度，布线时应遵循以下几个原则：

1）远离原则

其他设备的电源线和信号线应尽量远离变频器的输入/输出线。

干扰信号的大小与受干扰控制线和干扰源之间距离的平方成反比。有数据表明，如果受干扰的控制线距离干扰源 30 cm，则干扰强度将削弱 1/2～2/3。弱电控制线距离电力电源线至少 100 mm 以上，且绝对不可放在同一导线槽内。

2）不平行原则

控制线在空间上应尽量和变频器的输入/输出线交叉，最好是相交时要成直角。

如果控制线和变频器的输入/输出线平行，则两者间的互感较大，分布电容也大，故电磁感应和静电感应的干扰信号也更大。

3）相绞原则

控制线应采用屏蔽双绞线，双绞线的绞距应在 15 mm 以下。

两根控制线相绞能够有效地抑制差模干扰信号，这是因为，两个相邻绞距中，通过电磁感应产生的干扰电流的方向是相反的，如图 6-15 所示。

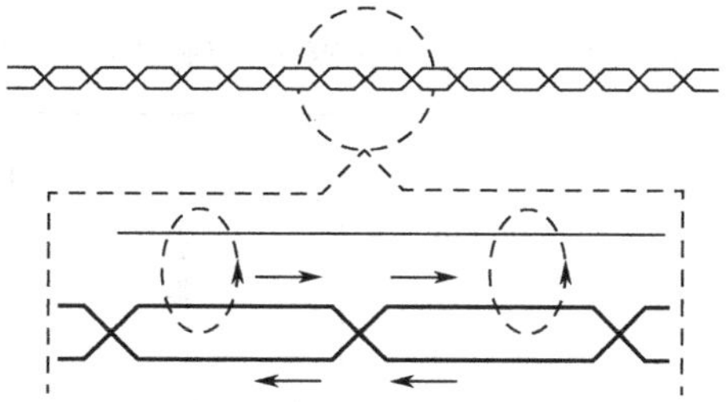

图 6-15　控制线相绞

2. 削弱干扰源

1）接入电抗器

（1）交流电抗器

当电源容量大（即电源阻抗小）时会使输入电流的高次谐波增高，从而使整流二极管或电解电容器的损耗增大而发生故障。为了减小外部干扰，当电源容量大于 500 kVA 或电源容量大于变频器额定容量 10 倍以上时，需要在电源与变频器的输入侧串联交流电抗器，如图 6-16 所示。

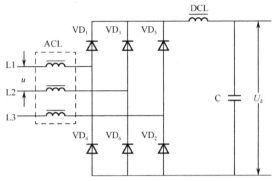

图 6-16　交流电抗器和直流电抗器

交流电抗器的主要功能：

① 削弱高次谐波电流，可将功率因数提高到 0.85 以上。

② 削弱冲击电流。电源侧短暂的尖峰电压可能引起较大的冲击电流，交流电抗器能起到缓冲作用。例如，在电源侧投入补偿电容（用于改善功率因数）的过渡过程中，就有可能出现较高的尖峰电压等。

③ 削弱三相电源电压不平衡的影响。

常用交流电抗器的规格可参见表 6-1。

（2）直流电抗器

直流电抗器串联在整流桥和滤波电容器之间，如图 6-16 中所示的 DCL。

直流电抗器可削弱在电源刚接通瞬间的冲击电流。如果同时配有交流电抗器和直流电抗器，则变频调速系统的功率因数可达 0.95，不少变频器内已直接装有直流电抗器。

常用直流电抗器的规格可参见表 6-3。

（3）输出电抗器

由变频器驱动的电动机，其振动和噪声比用常规电网驱动的要大，这是因为变频器输出的谐波增加了电动机的振动和噪声。在变频器和电动机之间加入降低噪声用电抗器，则具有缓和金属音质的效果。输出电抗器的连接如图 6-17 所示。

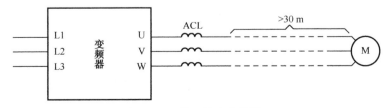

图 6-17　接入输出电抗器

对输出电抗器的要求是：在最高频率下工作时，电抗器上的电压降不得超过额定电压的 2%～5%。

2）接入滤波器

滤波器要串联在变频器的输入和输出电路中，由线圈和电容器组成，主要用于抑制具有辐射能力的高频谐波电流，从而减小噪声，如图 6-18 所示。在变频器的输出侧接入滤波器时，要注意其电容器只能接在电动机侧，且应串入电阻，以防止逆变管因电容器的充/放电而受到冲击。

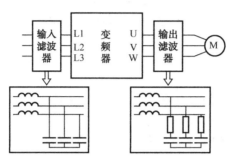

图 6-18　接入滤波器

3）降低载波频率

变频器输出侧谐波电流的辐射能力、电磁感应和静电感应能力都和载波频率有关，适当降低载波频率，对抑制干扰是有利的。

3. 对线路进行屏蔽

屏蔽的主要作用是吸收和削弱高频电磁场。

1）主电路的屏蔽

主电路的高频谐波电流是干扰其他设备的主体，其电流是几安、几十安甚至几百安级的，高次谐波电流所产生的高频电磁场较强，因此，抗干扰的着眼点是如何削弱高频电磁场。三相高次谐波电流可以分为正序分量、逆序分量和零序分量。其中，正序分量和逆序分量的三相之间都是互差 $2\pi/3$ 电角度的，它们的合成磁场等于 0，只有三相零序分量是同相位的，互相叠加，产生强大的电磁场。削弱的方法是采用四芯电缆，如图 6-19（b）所示。这第四根电缆线②将切割零序电流的磁场而产生感应电动势，并和屏蔽层构成回路而有感应电流。根据楞次定律，该感应电流必将削弱零序电流的磁场，所以主电路的屏蔽层是两端都接地的。

2）控制电路的屏蔽

控制电路是干扰的"受体"，控制电路的屏蔽主要是防止外来干扰信号窜入控制电路，常用的方法是采用屏蔽线。屏蔽层的作用是阻挡主电路的高频电磁场，但它在阻挡高频电磁场的同时，屏蔽层自己也会因切割高频电磁场而受到感应。当一端接地时，因不构成回路而产生不了电流，如图 6-19（a）所示，如果两端接地，则有可能与控制电路构成回路，在控制电路中产生干扰电流。

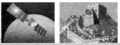

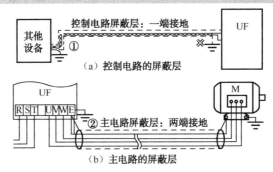

图 6-19　主电路和控制电路的屏蔽层

4．隔离干扰信号

1）电源隔离

电源隔离是防止线路传播的最有效方法，有以下两种情形：

（1）可在变频器的输入侧加入隔离变压器。

（2）对于一些容量较小的受干扰设备，可在受干扰设备前接入隔离变压器，以防止窜入电网的干扰信号进入仪器。

2）信号隔离

信号隔离是设法使已经窜入控制线的干扰信号不进入仪器，隔离器件常采用光电耦合管。

5．准确接地

设备接地的主要目的是为了确保安全，但对于一些具有高频干扰信号的设备来说，也具有把高频干扰信号引入大地的功能。接地时，应注意以下几点：

（1）接地线应尽量粗一些，接地点应尽量靠近变频器。

（2）接地线应尽量远离电源线。

（3）变频器所用的接地线，必须和其他设备的接地线分开；必须绝对避免把所有设备的接地线连在一起后再接地，如图 6-20 所示。

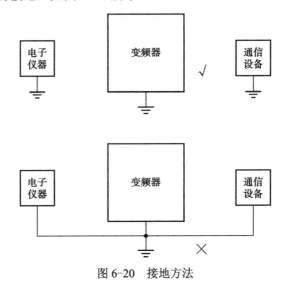

图 6-20　接地方法

（4）变频器的接地端子不能和电源的"零线"相接。

6.4　变频器的维护

变频器内部包含功率晶体管、晶闸管、IC 等半导体元器件，以及电容、电阻、冷却风扇和继电器等其他器件，是一个相当复杂的精密设备。尽管新一代通用变频器的可靠性已经很高，但由于温度、湿度、灰尘、振动等使用环境的影响，以及其零部件长年累月的变化，或者由于使用不当，变频器仍可能发生故障或出现运行不佳等情况，因此日常维护与定期检查是必不可少的。

1. 维修保养时应遵照的准则

因为变频器既是含有微处理器等半导体芯片的精密电子设备，又是同时处理着数千瓦到数百千瓦的电力动力设备，所以在进行通电前检查、试运行、调整及维修保养时都必须十分注意，并严格遵照下面给出的基本准则。

（1）由于内部存在大电容，在切断了变频器的电源之后与充电电容有关的部分仍可能短时残存电压，因此在"充电"指示灯完全熄灭之前不应触摸有关部分。

（2）在出厂前，厂家已经对变频器进行过初始设定，请不要任意改变这些设定。在改变了初始设定后又希望恢复初始设定值时，一般需要进行初始化操作。

（3）变频器的控制电路中使用了许多 CMOS 芯片，维修保养时不要用手直接触摸这些芯片，否则可能使这些芯片因静电作用而被击穿。

（4）通电状态下不允许改变接线和拔插连接插头等操作。

（5）变频器工作过程中不允许对电路信号进行检查，这是因为在连接测试仪表时所出现的噪声及误操作可能会引起变频器故障。

（6）必须保证变频器的接地端子可靠接地。

（7）不允许将变频器的输出端子（U、V、W）接在交流电网电源上。

2. 日常检查项目

如果变频器使用合理、维护得当，则能延长使用寿命，并减少因突然故障而造成的生产损失。

日常检查指变频器通电运行时，从外部目测变频器的运行状况，确认有无异常情况。通常检查运行性能和周围环境是否符合要求、面板显示是否正常、有无异常噪声和过热现象。一般情况下，可按下列顺序检查系统的运行情况。

（1）变频器的运行环境，包括环境温度、湿度、有害气体、灰尘及振动等。主要看周围环境是否符合标准规范，温度与湿度是否正常，变频器控制系统是否有集聚尘埃等情况。

（2）变频器的运行参数，尤其是主电路输入电压与控制电压是否在允许范围之内，输出电压是否对称。

（3）冷却系统的运行情况，主要检查风扇、空气过滤器、散热器及散热通道。例如，冷却风扇是否运转正常、有无异常声音或异常振动、螺栓类是否松动、有无因过热而出现变色等。

（4）变频器、电动机、变压器、电抗器、电缆等是否过热、变色、有异味，铁心有无异常声响。

（5）变频器与电动机是否有异常振动，外围电气元件是否有松动等异常现象。

（6）各种显示是否正常。键盘面板显示是否正常，是否缺少字符。

3. 定期检查项目

变频器需要做定期检查时，必须在停止运行并切断电源打开机壳后进行。值得注意的是，即使变频器切断了电源，主电路直流回路部分的滤波电容放电也需要一段时间，因此只能在充电指示灯完全熄灭后，用万用表等确认直流电压已经降到安全电压（25 V）以下，然后才能进行检查。

主要检查变频器内部框架和电路板上的螺栓及紧固件是否松动，连接导线有无变色老化，电容器、晶体管等元器件有无泄漏和外壳变形，冷却风机和通风口是否畅通等。定期检查的重点应放在变频器运行时无法检查的部位。

定期检查是在允许变频器暂时停机后进行的内部检查，可按下列顺序进行：

（1）清扫空气过滤器，同时检查冷却系统是否正常。

（2）检查螺钉、螺栓等紧固件是否松动，进行必要的紧固。

（3）导体绝缘物是否有腐蚀过热的痕迹、变色或破损。

（4）检查绝缘电阻是否在正常范围内。

（5）检查及更换冷却风扇、滤波电容、接触器等。

（6）检查端子排是否有损伤，触点是否粗糙。

（7）确认控制电压的正确性，进行顺序保护动作实验，确认保护、显示回路无异常。

（8）确认变频器在单体运行时输出电压的平衡度。

一般的定期检查应一年进行一次，绝缘电阻检查可以三年进行一次。

4. 零部件的更换

变频器由多种部件组装而成，某些部件经过长期使用后性能会降低、劣化，这是故障发生的主要原因。为了长期安全使用，某些部件必须及时更换。

（1）更换冷却风扇。变频器内的冷却风扇是设备散热的重要手段，它能保证变频器工作在允许温度以下。冷却风扇的寿命受限于轴承，大约为$(10\sim35)\times10^3$ h。冷却风扇是变频器的损耗件，有定期强制更换的要求。它的更换标准通常是正常运行 3 年，或者累计运行15 000 h。

（2）更换滤波电容器。在中间直流回路使用的是大容量电解电容器，长时间使用后，由于脉冲电流、周围温度及使用条件等因素的影响，其性能要劣化。滤波电容器和冷却风扇一样，也是变频器的损耗件，也有强制更换的要求。它的更换标准通常是正常运行 5 年，或者累计运行 30 000 h。有条件的情况下，也可以在检测到实际电容量低于标称值的85%时进行更换。

（3）定时器在使用数年后动作时间会有很大变化，所以在检查动作时间有变化后进行更换。继电器和接触器经过长久使用会发生接触不良现象，需要根据开关寿命进行更换。

（4）熔断器的额定电流要大于负载电流。在正常使用条件下，寿命约为 10 年，可按此时间进行更换。

6.5　变频器的常见故障及处理

6.5.1　变频器常见故障及处理办法

新一代高性能的变频器具有可靠性高、报警及保护功能完善等特点，所以只要使用方法得当，一般来说，变频器是很少发生故障的。但是，由于设计不当或负载的突然变化等原因，在变频器调试和使用过程中还是会出现系统故障而使变频器报警和停止工作的。了解变频器的常见故障及相应的处理办法对正确使用变频器、保证变频器的使用寿命是非常必要的。

变频器常见的故障有过电流、过电压、欠电压、过热、过载等。

故障的产生原因可能是由于运行条件、参数设置、设备本身故障等造成的。

1．过电流

过电流是变频器报警最频繁的现象，主要用于保护变频器。这一故障可能出现在变频器工作过程、升速过程或降速过程中的各个阶段。造成这种故障的主要原因可能是：参数设置不当、变频器本身故障（模块损坏、驱动电路损坏、电流检测电路损坏）、负载过重、输出电路相间或对地短路等。

（1）若拖动系统在工作过程中出现过电流，主要原因可能有如下几点：

① 电动机遇到冲击负载，或传动机构出现"卡住"现象，从而引起电动机电流的突然增加。

② 变频器的输出侧出现短路，如输出端与电动机之间的连接线发生短路，或电动机内部发生短路。

③ 变频器自身工作不正常，如逆变桥中同一桥臂的两个逆变器件由于本身老化、过热等原因导致变频器出现异常。

（2）在升速过程中，如果负载惯性较大，而升速时间设定太短，将会出现过电流。这是因为如果升速时间设定太短，则在升速过程中，变频器的工作频率就会快速上升，电动机的同步转速 n_0 迅速上升，但电动机转子的转速 n_m 由于负载的惯性作用而无法迅速跟上，从而导致转子绕组切割磁力线的速度太快，使得升速电流增加。

（3）在降速过程中，如果负载惯性较大，而降速时间设定太短，也将会出现过电流。这是因为如果降速时间设定太短，则在降速过程中，电动机的同步转速会迅速下降，而电动机转子因负载的惯性大仍维持较高的转速，从而导致转子绕组切割磁力线的速度太快，使得降速电流增加。

由于负载的经常变动，在工作过程中、升速或降速过程中，短时间的过电流不可避免。发生过电流故障时，首先应查看变频器显示屏上的故障代码，并检查故障发生时的实际电流，然后根据装置及负载状况判断故障发生的具体原因。

2．过电压

过电压故障同过电流故障一样，也可能出现在变频器的工作过程中、升速过程中或降速过程中。引起过电压跳闸的主要原因可能是：输入电源电压过高；降速时间设定太短；

降速过程中再生制动的放电单元工作不理想，包括来不及放电（应增加外接制动电阻和制动单元）和放电支路发生故障，实际并不放电。

进行过电压保护的"采样电压"是从主电路的直流回路中取出的，正常情况下，变频器直流电压为三相全波整流后的平均值。若以 380 V 线电压计算，则平均直流电压 $U_d=1.35U_线=513$ V。在过电压发生时，直流母线的储能电容将被充电，当电压上至 760 V 左右时，变频器过电压保护动作。因此，对任一变频器来说，都有一个正常的工作电压范围，当电压超过这个范围时很可能会损坏变频器。对于电源过电压，一般规定电源电压的上限，即不能超过额定电压的 10%。

常见的过电压有以下两类。

（1）输入交流电源过压

这种情况是指输入电压超过正常范围，一般多发生在节假日负载较轻，电压升高或降低导致线路出现故障，此时最好的解决办法是断开电源，然后检查、处理。需要注意的是，如果输入的交流电源本身电压过高，变频器是没有保护能力的。因此，在试运行时必须确认所用交流电源在变频器的允许输入范围内。

（2）发电类过电压

这种情况出现的概率比较高，主要是由于变频器没有安装制动单元，而当电动机的实际转速比同步转速还要高时，使电动机处于发电状态时造成的，主要有如下两种状况：

一是当变频器拖动大惯性负载时，如果其减速时间设定得比较小，在减速过程中，变频器输出的速度比较快，而负载靠本身阻力减速比较慢，使负载拖动电动机的转速比变频器输出的频率所对应的转速还要高，电动机处于发电状态，这部分再生制动电流会沿着逆变电路回馈到变频器的直流母线上，从而使变频器的直流母线电压升高，当升高到设定值时就会发生过电压故障。

二是多个电动机拖动同一个负载时也可能出现这一故障，主要是由于没有负荷分配引起的。以两台电动机拖动一个负载为例，当一台电动机的实际转速大于另一台电动机的同步转速时，则转速高的电动机相当于原动机，转速低的处于发电状态，就会引起过电压故障。

在升速过程中出现的过电压可以采取暂缓升速的办法来防止过电压跳闸，而在降速过程中出现的过电压，可以采取暂缓降速的办法来防止过电压跳闸。

变频器制动过程中，如果没有能量回馈单元，或再生制动单元工作不理想或发生故障，这些将直接造成变频器直流回路电压升高，出现过电压故障，这种故障的处理方法是可以增加再生制动单元。

3. 欠电压

当外部电源降低或变频器内部故障使直流母线电压降至保护值以下时，欠电压保护动作。欠电压也是我们在使用中经常遇到的故障，引起欠电压跳闸的原因可能有：电源电压过低、电源缺相、变频器内部发生故障等。

当外部电源降低时，主回路电压降低，当低至设定值时引起欠电压故障。欠电压动作值在一定范围内可以设定，动作方式也可以通过参数设定，在许多情况下，需要根据现场情况设定该保护模式。例如，在具有电炉炼钢的钢铁企业，电炉炼钢时的电流波动极大，如果电

源容量不足够大，可能会引起交流电源电压的大幅波动，这对变频器的稳定运行是个极大的问题。在这种情况下，需要通过参数来改变保护模式，防止变频器经常处于保护状态。

当变频器内部器件发生故障时，也会引起欠电压。例如，整流桥某一路损坏或可控硅三路中出现工作不正常状况，都有可能导致欠压故障的出现；主回路接触器损坏，会使直流母线电压损耗在充电电阻上，可能导致欠电压；如果电压检测电路发生故障，也会出现欠电压问题。

对于电源方面引起的欠电压，变频器设定保护动作电压。但通常动作电压较低，这是由于新系列的变频器都有各种补偿功能，使电动机能够继续运行。

对于变频器内部器件发生故障造成的欠电压，应该检查，及时更换。

4. 过热

过热也是一种比较常见的故障。过热保护主要有风扇运转保护、逆变模块散热板的过热保护、制动电阻的过热保护。

过热产生的主要原因有周围环境温度过高、风道阻塞、散热风扇堵转、模块异常、模块与散热器接触不良、温度检测电路异常等。

变频器的内装风扇是变频器主电路的整流与中间直流环节箱体散热的主要手段，它将保证逆变器和其他控制电路的正常工作。在变频器内，逆变模块是产生热量的主要部件，也是最重要的部件。在夏季如果变频器操作室的制冷、通风不佳，而环境温度升高，也会经常发生过热保护跳闸。

发生过热保护跳闸时，应检查变频器内部的风扇是否损坏，操作室温度是否偏高，变频器的实际温度是否过高（若变频器温度正常，但发生过热保护，则说明温度检测电路故障），制动电阻是否长时间运行而过热，并且采取措施进行强制冷却，从而保证变频器的安全运行。

5. 输出不平衡

输出不平衡一般表现为电动机抖动，转速不稳，产生的主要原因有电动机的绕组或变频器到电动机之间的传输线发生单相接地、模块损坏、驱动电路损坏、电抗器损坏等。

例如，一台 11 kW 的变频器出现故障：输出电压不平衡，大约相差 100 V 左右。

解决过程：首先，检查变频器到电动机之间的传输线路，一切正常。然后，打开机器初步在线检查，逆变模块没有问题，六路驱动电路也没发现故障，将其模块拆下后测量，发现大功率晶体管不能正常导通和关闭，说明该模块已经损坏。

6. 过载

过载主要用于保护电动机，也是变频器跳动比较频繁的故障之一。过载主要包括变频过载和电动机过载，过载故障产生的原因包括加速时间太短、直流制动量过大、电网电压太低、负载过重等。

常规的电动机控制电路是用具有反时限的热继电器来进行过载保护的。在变频器内，由于能够方便而准确地检测电流，并且可以通过精确的计算实现反时限的保护特性，从而大大提高了保护的可靠性和精确性，由于它能实现与热继电器类似的保护功能，故称为电子热保护器或电子热继电器。电子热保护器通过微机运算，其反时限特性与电动机的发热和冷却特性相吻合，从而比较准确地计算出保护的动作时间。因此，在一台变频器控制一台电动机的情况下，变频调速系统中可以不用接入热继电器。

电动机过载后所产生的热量不断增加，温升也必然升高，而且过载电流越大，温升越快，所以利用反时限保护，电动机电流越大，动作时间越短。

一般来讲，电动机由于过载能力较强，而变频器本身过载能力较差，所以只要变频器参数表的电动机参数设置得当，一般不会出现电动机过载。在出现过载报警时，如果变频器的容量没有比电动机的容量加大一挡或两挡，则应首先分析判断究竟是电动机过载还是变频器自身过载，可以通过检测变频器输出电压和输出电流来确定。

发生过载故障后，一般可通过延长加速时间、延长制动时间、检查电网电压等措施来解决。负载过重，可能是所选的电动机和变频器不能拖动该负载，也可能是由于机械润滑不好引起的，如是前者，则必须更换大功率的电动机和变频器；如是后者，则要对生产机械进行检修。

6.5.2 MM440 变频器常见故障及报警信息

1. MM440 变频器常用查障方法

1）SDP 查障

如果 MM440 变频器使用 SDP 进行操作控制，则当发生故障时，可以通过 SDP 上的两个状态指示灯来判断故障信息。

SDP 显示的变频器故障信息见表 6-4。

表 6-4 SDP 上显示的变频器故障状态信息

LED 指示灯状态		变频器故障状态
绿 色	黄 色	
OFF	闪光，闪光约 1s	过电流
闪光，闪光约 1 s	OFF	过电压
闪光，闪光约 1 s	ON	电动机过温
ON	闪光，闪光约 1 s	变频器过温
闪光，闪光约 1 s	闪光，闪光约 1 s	电流极限报警（两个 LED 同时闪光）
闪光，闪光约 1 s	闪光，闪光约 1 s	其他报警（两个 LED 交替闪光）
闪光，闪光约 1 s	闪光，闪光约 0.3 s	欠电压跳闸/欠电压报警
闪光，闪光约 0.3 s	闪光，闪光约 1 s	变频器不在准备状态
闪光，闪光约 0.3 s	闪光，闪光约 0.3 s	ROM 故障（两个 LED 同时闪光）
闪光，闪光约 0.3 s	闪光，闪光约 0.3 s	RAM 故障（两个 LED 交替闪光）

2）BOP 查障

如果变频器上安装有基本操作面板（BOP），则当发生故障时，BOP 上会显示故障代码，以 A××××表示报警信号，以 F××××表示故障信号。如果安装的是 AOP，则在出现故障或不正常运行状态时，也将在液晶显示屏上显示故障码和报警码。

通过故障码和报警码可以查出相应的状态信息，方便、快速地解决各种故障，保证变频器的安全、可靠运行。

2. MM440 变频器常见故障信息

当变频器出现故障时，变频器跳闸，并在变频器的 SDP 或 BOP 上有相应的指示（SDP 上的指示灯以不同方式闪烁，BOP 上显示故障代码），同时使电动机处于自由运转状态并逐渐停止运转，故障消除后，用复位键输入复位信号方可解除跳闸状态。

为了使故障码复位，可以采用以下 3 种方法中的一种：

（1）重新给变频器加上电源电压。

（2）按下 BOP 或 AOP 上的 Fn 键。

（3）通过 DIN3 端子（默认设置）。

BOP 上显示变频器故障状态信息见表 6-5。

表 6-5　BOP 上显示变频器故障状态信息

故　障　码	变频器故障原因	故障诊断和应采取的措施
F0001 过电流	① 电动机的功率（P0307）与变频器的功率（P0206）不对应； ② 电动机电缆太长； ③ 电动机的导线短路； ④ 有接地故障	① 电动机的功率（P0307）必须与变频器的功率（P0206）相对应； ② 输入变频器的电动机参数必须与实际使用的电动机参数相对应； ③ 电缆的长度不得超过允许的最大值； ④ 电动机的电缆和电动机内部不得有短路或接地故障； ⑤ 输入变频器的定子电阻值 P0350 必须正确无误； ⑥ 电动机的冷却风道必须通畅，电动机不得过载 ·增加斜坡时间 ·减少"提升"的数值
F0002 过电压	① 禁止直流回路电压控制器（P1240=0）； ② 直流回路的电压（r0026）超过了跳闸电平（P2172）； ③ 由于供电电源电压过高，或者电动机处于再生制动方式下引起过电压； ④ 斜坡下降过快，或者电动机由大惯量负载带动旋转而处于再生制动状态下	① 电源电压（P0210）必须在变频器铭牌规定的范围以内； ② 直流回路电压控制器必须有效（P1240），而且正确地进行了参数化； ③ 斜坡下降时间（P1121）必须与负载的惯量相匹配； ④ 要求的制动功率必须在规定的限定值以内 注意：负载的惯量越大需要的斜坡时间越长
F0003 欠电压	① 供电电源故障； ② 冲击负载超过了规定的限定值	① 电源电压（P0210）必须在变频器铭牌规定的范围以内； ② 检查电源是否短时掉电或有瞬时的电压降低；使能动态缓冲（P1240=2）
F0004 变频器过热	① 冷却风量不足 ② 环境温度过高	① 负载的情况必须与工作/停止周期相适应； ② 变频器运行时冷却风机必须正常运转； ③ 调制脉冲的频率必须设定为默认值； ④ 环境温度可能高于变频器的允许值 故障值： P0949=1　整流器过热 P0949=2　运行环境过热 P0949=3　电子控制箱过热

变频器技术及应用

续表

故 障 码	变频器故障原因	故障诊断和应采取的措施
F0005 变频器 I^2t 过热保护	① 变频器过载； ② 工作/间隙周期时间不符合要求； ③ 电动机功率（P0307）超过变额器的负载能力（P0206）	① 负载的工作/间隙周期时间不得超过指定的允许值； ② 电动机的功率（P0307）必须与变频器的功率（P0206）相匹配
F0011 电动机过热	电动机过载	① 负载的工作/间隙周期必须正确； ② 标称的电动机温度超限值（P0626-P0628）必须正确； ③ 电动机温度报警电平（P0604）必须匹配
F0012 变频器温度信号丢失	变频器（散热器）的温度传感器断线	检查散热器的温度传感器接线
F0015 电动机温度信号丢失	电动机的温度传感器开路或短路。如果检测到信号已经丢失，温度监控开关便切换为监控电动机的温度模型	检查电动机的温度传感器
F0020 电源断相	如果三相输入电源电压中的一相丢失，便出现故障，但变频器的脉冲仍然允许输出，变频器仍然可以带负载	检查输入电源各相的线路
F0021 接地故障	如果相电流的总和超过变频器额定电流的5%，将引起这一故障	检查是否有接地故障
F0022 功率组件故障	下列情况将会引起硬件故障（r0947=22 和 r0949=1） ① 直流回路过电流（即IGBT短路）； ② 制动斩波器短路； ③ 接地故障； ④ I/O板插入不正确 由于所有这些故障只指定了功率组件的一个信号来表示，不能确定实际上是哪一个组件出现了故障	检查I/O板，它必须完全插入。 外形尺寸 A-C 检查：①②③④； 外形尺寸 D-E 检查：①②④； 外形尺寸 F 检查：②④； 外形尺寸 FX 和 GX，当 r0947=22 和故障值 r0949=12 或 13 或 14（根据 UCE 而定）时，检测 UCE 故障
F0023 输出故障	输出的一相断线	检查输出相线
F0024 整流器过温	① 通风风量不足； ② 冷却风机没有运行； ③ 环境温度过高	① 变频器运行时冷却风机必须处于运转状态； ② 脉冲频率必须设定为默认值； ③ 环境温度可能高于变频器允许的运行温度
F0030 冷却风机故障	风机不再工作	① 在装有操作面板选件（AOP 或 BOP）时，故障不能被屏蔽； ② 需要安装新风机
F0035 在重试再启动后自动再启动故障	试图自动再启动的次数超过（P1211）确定的数值	自动再启动的次数必须与（P1211）匹配

续表

故　障　码	变频器故障原因	故障诊断和应采取的措施
F0041 电动机参数自动检测故障	① 报警值=0，负载消失； ② 报警值=1，进行自动检测时已达到电流限制的电平； ③ 报警值=2，自动检测得出的定子电阻小于 0.1% 或大于 100%； ④ 报警值=3，自动检测得出的转子电阻小于 0.1% 或大于 100%； ⑤ 报警值=4，自动检测得出的定子电抗小于 50% 或大于 500%； ⑥ 报警值=5，自动检测得出的电源电抗小于 50% 或大于 500%； ⑦ 报警值=6，自动检测得出的转子时间常数小于 10 ms 或大于 5 s； ⑧ 报警值=7，自动检测得出的总漏抗小于 5% 或大于 50%； ⑨ 报警值=8，自动检测得出的定子漏抗小于 25% 或大于 250%； ⑩ 报警值=9，自动检测得出的转子漏感小于 25% 或大于 250%； ⑪ 报警值=20，自动检测得出的 IGBT 通态电压小于 0.5 V 或大于 10 V； ⑫ 报警值=30，电流控制器达到了电压限制值； ⑬ 报警值=40，自动检测得出的数据组自相矛盾，至少有一个自动检测数据错误	① 检查电动机是否与变频器正确连接； ② 检查电动机参数 P0304-P0311 是否正确； ③ 检查电动机的接线形式（星形、三角形）
F0042 速度控制优化功能故障	速度控制优化功能（P1960）故障： ① 故障值=0，在规定时间内不能达到稳定速度； ② 故障值=1，读数不合乎逻辑	① 检查设置参数； ② 检查电动机各负载及电动机与变频器的连接
F0051 参数 E^2PROM 故障	存储非易失的参数时出现读/写错误	① 工厂复位并重新参数化； ② 与客户支持部门或维修部门联系
F0052 功率组件故障	读取功率组件的参数时出错，或数据非法	与客户支持部门或维修部门联系
F0053 I/O E^2PROM 故障	读 I/O E^2PROM 信息时出错，或数据非法	① 检查数据； ② 更换 I/O 模块
F0054 I/O 板错误	① 连接的 I/O 板不对； ② I/O 板检测不出识别号，检测不到数据	① 检查数据； ② 更换 I/O 模板
F0060 Asic 超时	内部通信故障	① 如果存在故障，请更换变频器； ② 与维修部门联系
F0070 CB 设定值故障	在通信报文结束时，不能从 CB（通信板）接收设定值	检查 CB 板和通信对象

故障码	变频器故障原因	故障诊断和应采取的措施
F0071 USS（BOP-链接）设定值故障	在通信报文结束时，不能从 USS 得到设定值	检查 USS 主站
F0072 USS（COMM 链接）设定值故障	在通信报文结束时，不能从 USS 得到设定值	检查 USS 主站
F0080 ADC 输入信号丢失	断线或信号超出限定值	① 检查 A/D 转换器接线； ② 检查信号源及设定值
F0085 外部故障	由端子输入信号触发的外部故障	封锁触发故障的端子输入信号
F0090 编码器反馈信号丢失	从编码器来的信号丢失	① 检查编码器的安装固定情况，设定 P0400=0，并选择 SLVC 控制方式（P1300=20 或 22）； ② 如果装有编码器，请检查编码器的选型是否正确（检查参数 P0400 的设定）； ③ 检查编码器与变频器之间的接线； ④ 检查编码器有无故障（选择 P1300=0，在一定速度下运行，检查 r0061 中的编码器反馈信号）； ⑤ 增加编码器反馈信号消失的门限值（P0492）
F0101 功率组件溢出	软件出错或处理器故障	运行自测试程序
F0221 PID 反馈信号低于最小值	PID 反馈信号低于 P2268 设置的最小值	改变 P2268 的设置值，或调整反馈增益系数
F0222 PID 反馈信号高于最大值	PID 反馈信号超过 P2267 设置的最大值	改变 P2267 的设置值，或调整反馈增益系数
F0450 BIST 测试故障	① 有些控制板的测试有故障； ② 有些功率部件的测试有故障； ③ 有些功能测试有故障； ④ 上电检测时内部 RAM 有故障	① 变频器可以运行，但有的功能不能正确工作； ② 检查硬件，与客户支持部门或维修部门联系
F0452 检测出传动皮带有故障	负载状态表明传动皮带有故障或机械有故障	① 驱动链有无断裂、卡死或堵塞现象； ② 外接速度传感器是否正确工作； 检查参数：P2192 的数值必须正确无误； ③ 如果采用转矩控制，以下参数的数值必须正确无误： P2182、P2183 和 P2184 的频率门限值，P2185、P2187、P2189 的转矩上限值，P2186、P2188、P2190 的转矩下限值，P2192（与允许偏差对应的延迟时间）

　　BOP 上显示变频器报警状态信息见表 6-6。

表 6-6 BOP 上显示变频器报警状态信息

报 警	引起报警的可能原因	故障诊断和应采取的措施
A0501 电流限幅	① 电动机的功率与变频器的功率不匹配； ② 电动机的连接导线太短； ③ 接地故障	① 电动机的功率（P0307）必须与变频器的功率（P0206）相对应； ② 电缆的长度不得超过最大允许值； ③ 电动机电缆和电动机内部不得有短路或接地故障； ④ 输入变频器的电动机参数必须与实际使用的电动机一致； ⑤ 定子电阻值（P0350）必须正确无误； ⑥ 电动机的冷却风道是否堵塞，电动机是否过载： ·增加斜坡上升时间； ·减小"提升"的数值
A0502 过压限幅	① 达到了过电压限幅值； ② 斜坡下降时，如果直流回路控制器无效（P1240=0）就可能出现这一报警信号	① 电源电压（P0210）必须在铭牌数据限定的数值以内； ② 禁止将直流回路电压控制器设置为 0（P1240=0），应正确地进行参数化； ③ 斜坡下降时间（P1121）必须与负载的惯性相匹配； ④ 要求的制动功率必须在规定的限度以内
A0503 欠压限幅	① 供电电源故障； ② 供电电源电压（P0210）和与之相应的直流回路电压（r0026）低于规定的限定值（P2172）	① 电源电压（P0210）必须在铭牌数据限定的数值以内； ② 对于瞬间的掉电或电压下降必须是不敏感的，使能动态缓冲（P1240=2）
A0504 变频器过热	变频器散热器的温度（P0614）超过了报警电平，将使调制脉冲的开关频率降低和/或输出频率降低（取决于（P0610）的参数化）	① 环境温度必须在规定的范围内； ② 负载状态和"工作-停止"的周期时间必须适当； ③ 变频器运行时，风机必须投入运行； ④ 脉冲频率（P1800）必须设定为默认值
A0505 变频器 I^2t 过热	如果进行了参数化（P0290），超过报警电平（P0294）时，输出频率和/或脉冲频率将降低	① 检查"工作-停止"周期的工作时间应在规定范围内； ② 电动机功率（P0307）必须与变频器功率相匹配。
A0506 变频器的"工作-停止"周期	散热器温度与 IGBT 的结温之差超过了报警的限定值	检查"工作-停止"周期和冲击负载应在规定范围内
A0511 电动机 I^2t 过热	① 电动机过载； ② 负载的"工作-停止"周期中，工作时间太长	① 负载的工作/停止周期必须正确； ② 电动机的过热参数（P0626-P0628）必须正确； ③ 电动机的温度报警电平（P0604）必须匹配 如果 P0601=0 或 1，请检查： 铭牌数据是否正确（如果不执行快速调试）； 在进行电动机参数自动检测时（P1910=0），等效回路的数据应准确； 电动机的质量（P0344）是否可靠，必要时应进行修改； 如果使用的电动机不是西门子的标准电动机，应通过参数（P0626、P0627、P0628）改变过热的标准值； 如果 P0601=2，请检查 r0035 显示的温度值是否可靠、传感器是否为 KTY84（不支持其他传感器）

报 警	引起报警的可能原因	故障诊断和应采取的措施
A0512 电动机温度信号丢失	至电动机温度传感器的信号线断线	如果已检查出信号线断线，则温度监控开关应切换到采用电动机的温度模型进行监控
A0520 整流器过热	整流器的散热器温度超出报警值	① 环境温度必须在允许值以内； ② 负载状态和"工作-停止"周期时间必须适当； ③ 变频器运行时，冷却风机必须正常转动
A0521 运行环境过热	运行环境温度超出报警值	① 环境温度必须在允许限值以内； ② 变频器运行时，冷却风机必须正常转动； ③ 冷却风机的进风门不允许有任何阻塞
A0522 I²C 读出超时	通过 I²C 总线周期地存取 UCE 的值和功率组件的温度发生故障	检查后重新读写
A0523 输出故障	输出的一相断线	可以对报警信号加以屏蔽
A0535 制动电阻过热	工作/停止周期不合理	① 增加工作/停止周期 P1237； ② 增加斜坡下降时间 P1121
A0541 电动机数据自动检测已激活	已选择电动机数据的自动检测（P1910）功能，或检测正在进行	检查（P1910）参数设置
A0542 速度控制优化激活	已经选择速度控制的优化功能（P1960），或优化正在进行	检查（P1960）参数设置
A0590 编码器反馈信号丢失的报警	从编码器来的反馈信号丢失，变频器切换到无传感器矢量控制方式运行	停止变频器，然后检查： ① 编码器的安装情况。 如果没有安装编码器，应设定 P0400=0，并选择 SLVC 运行方式（P1300= 20 或 22）； ② 编码器的选型是否正确（如果装有编码器），即检查参数 P0400 的编码器设定； ③ 变频器与编码器之间的接线； ④ 编码器有无故障（选择 P1300=0，使变频器在某一固定速度下运行，检查 r0061 的编码器反馈信号）； ⑤ 增加编码器信号丢失的门限值（P0492）
A0600 RTOS 超出正常范围	工作时间太长	检查 RTOS
A0700～A0709 CB 报警 1～CB 报警 10	CB（通信板）特有故障	检查 CB（通信板）
A0710 CB 通信错误	变频器与 CB（通信板）通信中断	检查 CB 硬件
A0711 CB 组态错误	CB（通信板）报告有组态错误	检查 CB 的参数

报　　警	引起报警的可能原因	故障诊断和应采取的措施
A0910 直流回路最大电压 $V_{dc\text{-}max}$ 控制器未激活	直流回路最大电压 $V_{dc\text{-}max}$ 控制器未激活，因为控制器不能把直流回路电压 r0026 保持在 P2172 规定的范围内： ① 如果电源电压 P0210 一直太高； ② 如果电动机由负载带动旋转，使电动机处于再生制动方式下运行； ③ 在斜坡下降时，如果负载的惯量特别大，都可能出现这一报警信号	检查以下各项： ① 输入电源电压（P0756）必须在允许范围内； ② 负载必须匹配
A0911 直流回路最大电压 $V_{dc\text{-}max}$ 控制器已激活	直流回路最大电压 $V_{dc\text{-}max}$ 控制器已激活，因此斜坡下降时间将自动增加，从而自动将直流回路电压（r0026）保持在限定值（P2172）以内	
A0912 直流回路最小电压 $V_{dc\text{-}min}$ 控制器已激活	如果直流回路电压（r0026）降低到最低允许电压（P2172）以下，则直流回路最小电压 $V_{dc\text{-}min}$ 控制器将被激活。 ① 电动机的动能受到直流回路电压缓冲作用的吸收，从而使驱动装置减速； ② 短时的掉电并不一定会导致欠电压跳闸	
A0920 ADC 参数设定不正确	ADC 的参数不应设定为相同的值，因为这样将产生不合乎逻辑的结果。 标记 0：参数设定为输出相同； 标记 1：参数设定为输入相同； 标记 2：参数设定输入不符合 ADC 的类型	检查 ADC 参数设置值
A0921 DAC 参数设定不正确	DAC 的参数不应设定为相同的值，因为这样将产生不合乎逻辑的结果。 标记 0：参数设定为输出相同； 标记 1：参数设定为输入相同； 标记 2：参数设定输出不符合 DAC 的类型	检查 DAC 参数设置值
A0922 变频器没有负载	① 变频器没有负载； ② 有些功能不能像正常负载情况下那样工作	检查带负载情况
A0923 同时请求正向和反向点动	已有向前点动和向后点动（P1055/P1056）的请求信号，这将使 RFG 的输出频率稳定在它的当前值	确定点动方向

续表

报　警	引起报警的可能原因	故障诊断和应采取的措施
A0952 检测到传动皮带故障	电动机的负载状态表明传动皮带有故障或机械有故障	① 驱动装置的传动系统有无断裂、卡死或堵塞现象； ② 外接的速度传感器（如果采用速度反馈）工作应正常。 P0409（额定速度下每分钟脉冲数）、P2191（回线频率差）和 P2192（与允许偏差相对应的延迟时间）的数值必须正确无误； ③ 如果使用转矩控制功能，需检查以下参数的数值必须正确无误： P2182（频率门限值 f1）， P2183（频率门限值 f2）， P2184（频率门限值 f3）， P2185（转矩上限值 1），P2186（转矩下限值 1）， P2187（转矩上限值 2），P2188（转矩下限值 2）， P2189（转矩上限值 3），P2190（转矩下限值 3）和 P2192（与允许偏差相对应的延迟时间）。 ④ 必要时加润滑

知识梳理与总结

（1）变频器类型的选择主要根据负载的特点和要求进行。

（2）变频器容量的选择与电动机容量、电动机额定电流、加速时间等很多因素相关，其中最能准确反映半导体变频装置负载能力的关键因素是变频器的额定电流。选择变频器额定电流的基本原则是：电动机在运行的全过程中，变频器的额定电流应大于电动机可能出现的最大电流。

（3）变频器的外围电气元件主要有断路器、接触器、输入交流电抗器、无线电噪声滤波器、制动电阻及制动单元、直流电抗器、输出交流电抗器等。

（4）针对干扰信号不同的传播方式，变频调速系统可以采取的抗干扰措施主要有：合理布线、削弱干扰源、对线路进行屏蔽、隔离干扰信号和准确接地。

（5）变频器常见的故障有过电流、过电压、欠电压、过热、过载等。故障可能是由于运行条件、参数设置、设备本身故障等造成的。

习题 6

1. 简述如何根据负载类型进行变频器的选择。
2. 如何为连续运行场合的变频器选择容量？如何为频繁加/减速的变频器选择容量？
3. 噪声对周边设备造成的电磁干扰有哪几种主要的传播方式？
4. 变频调速系统可以采取的抗干扰措施主要有哪些？
5. 变频器的常见故障有哪些？如何处理？

第7章 S7-200 PLC 的简单应用

学习目标

1. 掌握 PLC 的组成及各部分的功能。
2. 掌握 S7-200 PLC 的编址方式。
3. 掌握 PLC 的基本指令。
4. 掌握 PLC 的常见电路编程方法。

技能目标

1. 能够准确地给 S7-200 PLC 接线。
2. 能够编制 S7-200 PLC 程序，实现简单的控制。
3. 能够对 S7-200 PLC 程序进行简单调试。

7.1 PLC 的基本知识

可编程序控制器（Programmable Logic Controller，PLC）是近几十年才发展起来的一种新型工业用控制装置，它是以微处理器为核心，将计算机技术、自动化技术及通信技术融为一体的一种新型的高可靠性工业自动化控制装置，它可以取代传统的"继电器-接触器"控制系统，实现逻辑控制、顺序控制、定时、计数等各种功能，还能实现数字运算、数据处理、模拟量调节及联网通信等。可编程序控制器具有控制能力强、可靠性高、配置灵活、编程简单、使用方便、易于扩展等一系列显著优点，被广泛应用在各行各业的生产过程自动控制中，正在迅速地改变着工厂自动控制的面貌和进程。

德国西门子（SIEMENS）公司生产的 SIMATIC 系列可编程序控制器，诞生于 1958年，由最初的 C3 系列，经历了 S3、S5 系列，发展到 S7 系列。如今 S3、S5 系列 PLC 已逐步退出市场，停止生产，S7 系列 PLC 发展成为西门子自动化系统的控制核心，现已成为应用非常广泛的可编程控制器。

SIEMENS 公司的 PLC 产品主要包括 LOGO、S7-200、S7-1200、S7-300、S7-400 等，按照控制规模可分为小型 PLC（如 S7-200）、中型 PLC（如 S7-300）和大型 PLC（如 S7-400）等。

1. PLC 的基本构成

目前 PLC 的生产厂家比较多，不同国家、不同企业生产出来的 PLC 产品虽各不相同，但基本上大同小异。一般来说，所有 PLC 都借鉴了计算机的典型结构，主要由中央处理单元（CPU）、存储器和 I/O 接口单元等部分组成，并通过内部总线进行数据的通信和指令的传输。如果把 PLC 看作一个整体、一个系统，那么这个系统可以看作是由"输入信号-PLC-输出信号"组成的，因此从这个角度出发，也可以把 PLC 看作一个中间处理器，它将工业现场的各种输入信号转换为可以控制工业现场设备的各种输出信号。

下面简单介绍一下 PLC 的结构组成及其各部分的作用。

1）CPU 单元

CPU 是计算机系统中中央处理单元的英文缩写，CPU 一般由控制电路、运算器和寄存器组成。PLC 中也包含有 CPU 单元，它是整个 PLC 系统的核心，主要完成以下功能：

（1）将输入信号读入 PLC 并进行存储。

（2）逐条调入用户指令，并进行编译。

（3）执行用户指令，完成指令要求的各种动作。

（4）将指令的运算结果传送到输出。

（5）检测各种外围设备的请求并做出响应。

目前，大多数 PLC 中的 CPU 已采用 16 位甚至 32 位单片机。

2）存储器

存储器是计算机系统中具有记忆功能的半导体器件，主要用来存放各种程序和数据，如系统程序、用户程序、逻辑变量等。PLC 内部的存储器主要有两类：一类是 CPU 可以随

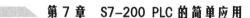

时对数据进行读取、写入操作的随机存取存储器，简称 RAM，主要用来存放各种暂存的数据、用户程序和中间运算结果；另一类是 CPU 只能从中读取而不能写入的只读存储器，简称 ROM，主要用来存放系统内部数据及各种系统程序，这些系统数据及程序在 CPU 出厂时就已经固化在 ROM 芯片中。

为了读/写修改方便，PLC 的用户程序通常存放在随机存储器中。为避免用户程序在 PLC 断电时发生丢失，一般采用锂电池对 PLC 的数据进行保持，一块锂电池可保持数据 5～10 年。

3）输入/输出接口单元

输入/输出接口单元主要承担 PLC 和外围设备之间信息的传递。输入单元主要完成按钮、开关、传感器等输入信号到 CPU 所能接收和处理的信号的转换，输出单元完成 CPU 发出的弱控制信号到现场设备驱动所需强电流信号的转换。为了保证 PLC 能够稳定、可靠地工作，PLC 在接口电路上采取了不少诸如隔离滤波等的安全措施。输入/输出接口单元是 PLC 与工业现场之间唯一的连接部件，当系统的 I/O 点数不够时，可通过 PLC 的 I/O 扩展单元对系统进行扩展。

4）电源

PLC 系统配有开关电源，供内部电路工作使用。与普通电源相比，PLC 电源的抗干扰能力更强，稳定性更好。许多 PLC 还对外提供+24V 直流电源，用于为按钮、指示灯、传感器等供电，方便用户使用。

5）编程装置

编程装置是 PLC 比较重要的外围设备，主要用于用户程序的编辑及调试、PLC 内部参数和状态的在线监控，实现人与 PLC 之间的联系与对话。使用编程装置，不但可以输入、修改和调试用户程序，还可以监视 PLC 的工作状态、显示错误信息、修改系统参数等。常用的编程装置有两类，一类是手持式编程器，其体积小，价格便宜，只需通过编程电缆即可与 PLC 相连接，并能用指令表进行程序的输入和修改；另一类是智能编程器，是带有 PLC 专用工具软件的计算机，既可联机编程，也可脱机编程；既可使用指令表进行编程，也可编辑梯形图程序，还可以通过安装仿真软件进行系统仿真。智能编程器使用起来更加直接、方便，但是操作相对复杂，价格通常较高，由于其功能与安装了系统软件后的通用计算机无实质性差别，目前已逐步被通用计算机所代替。

6）I/O 扩展单元

若 CPU 主机单元中的 I/O 点数不够用，可通过 I/O 扩展单元进行点数的扩充。

除上面介绍的几种常用组成部分外，PLC 上还常配有许多其他外围设备，如人/机接口、EPROM 写入器、打印机、外存储器等。

2. PLC 的工作原理

PLC 接通电源后，经常处于两种工作状态，分别是运行状态（RUN）和停止状态（STOP）。在运行状态，PLC 要经历读取输入、执行程序、处理通信、CPU 自诊断和写入输出 5 个工作过程，并采用循环扫描的工作方式，周而复始地进行任务的执行。在停止状态，PLC 不执行用户控制程序。

其工作过程如图 7-1 所示。

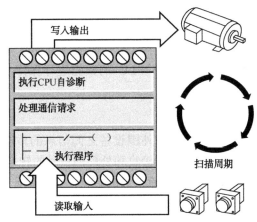

图 7-1　PLC 循环扫描工作方式

3. PLC 的功能

1）基本功能

PLC 最基本的功能就是实现逻辑控制，它本质上是以计算机的"位"运算为基础的，主要通过对来自外围设备的按钮、开关、传感器等开关量（也称数字量）信号，按照用户程序的要求，进行逻辑运算和处理，并根据运算结果控制外围指示灯、电磁阀、接触器线圈等的通/断。

早期的 PLC，顺序控制所需要的定时和计数都需要通过定时功能模块与计数功能模块来实现，但目前它已经发展成为 PLC 的基本功能之一。此外，逻辑控制中常用的代码转换、数据处理与比较等，也都成为 PLC 的常用基本功能。

2）特殊控制功能

PLC 的特殊控制功能包括模/数（A/D）转换、数/模（D/A）转换、温度调控、位置控制等，要实现这些特殊的控制功能，一般都需要 PLC 特殊功能模块的支撑。

A/D 与 D/A 转换多用于过程或闭环控制系统。大多 PLC 都可以通过特殊的功能模块与功能指令，对控制系统中的温度、压力、流量、速度、位移、电压、电流等模拟量进行采样，并通过必要的运算（如 PID）实现闭环自动调节。当然，需要时也可以将这些物理量以各种形式显示出来。

一般来说，位置控制是通过 PLC 中的特殊应用指令，通过写入命令与读取状态，实现对位置控制模块的速度、方向和位移量的控制。位置控制模块的位置给定指令一般以脉冲的形式进行表达，这个指令脉冲通过伺服驱动器（或步进驱动器），驱动伺服电动机（或步进电动机）带动传动系统实现最终的闭环位置控制。

3）网络与通信功能

随着信息技术的发展，网络与通信技术已经逐步在工业控制中普及，并越来越重要。

早期的 PLC 通信一般局限在 PLC 与外部设备（编程器或编程计算机等）之间的简单串行口通信。然而，现代 PLC 不仅可以进行与外设间的通信，而且可以在 PLC 与 PLC 间、PLC 与上位机之间、PLC 与其他工业控制设备之间、PLC 与工业网络间进行自如的通信，并可以通过现场总线、网络总线组成控制通信系统，使 PLC 方便地进入工厂自动化系统。

4. PLC 的技术性能

下面从如下几个方面来阐述 PLC 的技术性能。

1）输入/输出点数

当为工程项目进行 PLC 配置时，输入/输出点数是经常要考虑的一项技术指标，点数的多少决定了整个控制系统的规模。这些输入/输出端子是 PLC 与外部进行连接的通道，一般来说，可以通过螺钉或电缆端口两种方式进行连接。

2）程序容量

程序容量一般指 PLC 内部的存储空间能存放多少用户程序。在大多数 PLC 中，用户程序是按"步"存放在存储空间的，一"步"要占用一个地址单元，也就是两字节。不同的指令所占用空间的大小也不相同，少则一步，多则十几步。

3）扫描速度

PLC 工作时将逐条扫描并执行用户程序，当一次程序执行结束后，自动回到程序的初始位置开始下一次扫描执行。常把这种执行方式称为循环扫描，程序的一次执行时间称为一个扫描周期，扫描周期的长短决定了系统运行速度的快慢。不同的 PLC 产品对扫描速度的描述方式也有所区别，常用的有两种：一种是用执行 1 000 步指令所用时间来表示，单位为"ms/k"；另一种是用一步指令所用的执行时间来表示，单位为"μs/步"。

4）指令数

一个 PLC 所支持指令数的多少是衡量 PLC 软件功能的一个主要方面，其软件功能的强大与否取决于 PLC 指令的种类多少，数量多少。一般来说，PLC 的指令包含基本指令和高级功能指令两部分。

5）内部继电器和寄存器

PLC 内部的继电器和寄存器是用来存放变量运行状态、中间运行结果和数据的。除此之外，PLC 还提供许多具有特殊功能的辅助继电器和寄存器，如计数器、定时器、系统寄存器等，通过它们，可以大大简化系统的设计过程。PLC 中继电器和寄存器的多少也是衡量 PLC 硬件功能的一项指标。

6）高级（功能）模块

PLC 的控制软件由主控模块和各种高级功能模块组成。主控模块实现一些基本的控制功能，高级模块实现一些特殊的控制功能。高级功能模块的种类及其功能的强弱也是人们用来衡量一个 PLC 产品技术水平高低的一项重要指标。目前，各 PLC 制造厂家开发出的高级模块主要包含数模转换（D/A）模块、模数转换（A/D）模块、高速计数模块、运动控制模块、高速脉冲输出模块、位置控制模块、PID 控制模块、模糊控制模块、网络通信模块等。这些高级功能模块的开发应用极大地提升了 PLC 的性能，使得 PLC 既能进行开关量的顺序控制，又能进行模拟量的控制，还可以进行精确的定位和速度控制。近年来，随着计算机和互联网技术的迅速发展，PLC 领域出现了强大的网络通信模块，这就使得 PLC 可以充分利用现有的计算机和互联网资源，对工业现场实施远程监控。一些网络机床、虚拟制造技术等就是利用网络资源建立起来的。

7.2 S7-200 PLC 的硬件构成与性能指标

7.2.1 S7-200 CPU 模块

SIMATIC S7-200 是典型的整体式 PLC，它将集成电源、CPU 单元、输入/输出电路等集成在一个紧凑的外壳中，形成一个功能强大的 Micro PLC（CPU 模块），如图 7-2 所示。当需要扩展时，还可以选用需要的扩展模块与 CPU 模块连接。

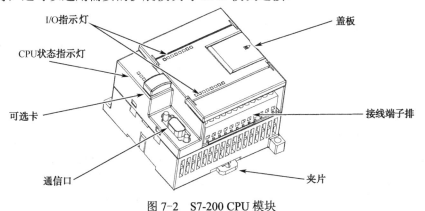

图 7-2 S7-200 CPU 模块

现将图 7-2 中 CPU 模块的组成进行简单介绍。

1）I/O 指示灯。

输入状态指示灯用于显示是否有指令信号和控制信号，如转换开关、控制按钮、行程开关、接近开关、光电开关、传感器信号开关等数字量信号。

输出状态指示灯用于显示是否有控制信号输出到执行设备，如接触器、继电器、信号灯、电磁阀等。

2）CPU 状态指示灯。

CPU 状态指示灯从上到下依次为系统故障/诊断（SF/DIAG）指示灯、RUN 指示灯、STOP 指示灯，其作用见表 7-1。

表 7-1 CPU 状态指示灯

名　　称		状态及作用
SF	系统故障 亮	严重的出错或硬件故障
STOP	停止状态 亮	不执行用户程序，可以通过编程装置向 PLC 下载程序或进行系统设置
RUN	运行状态 亮	执行用户程序

3）可选卡

可选卡用于存储卡、实时时钟、电池的选择与安装。

4）通信口

通信口支持 PPI、MPI 通信协议，有自由口通信能力，用于连接编程器、文本/图形显示器、PLC 网络等外围设备。

5）夹片

夹片用于将 S7-200 PLC 安装到标准 DIN 导轨上。

6）接线端子排

输入接线端子用于连接外部控制信号。在底部端子盖下面，除了包含输入接线端子之外，还有为传感器提供的 24 V 直流电源端子。

输出接线端子用于连接被控设备。在顶部端子盖下面，除了包含输出接线端子之外，还有为 PLC 提供的工作电源端子。

CPU224、CPU224XP 和 CPU226 上的接线端子排可插拔。

7）盖板

盖板下有模式选择开关（RUN/STOP）、模拟调整电位器、扩展接口等。

（1）扩展接口可以通过扁平电缆连接数字量 I/O 扩展模块、模拟量 I/O 扩展模块、热电偶模块、通信模块等，CPU 与扩展模块的连接需要通过总线连接器来完成。

（2）模拟电位器用来改变特殊存储器（SMB28、SMB29）中的数值，以改变程序运行时的参数，如定时器、计数器的预置值，过程值的控制参数。

特殊存储器 SMB28 中包含模拟电位器 0 对应的数字值，SMB29 包含模拟电位器 1 对应的数字值。由于这两个特殊存储器长度分别为 1 字节，最大值为 256，因此每个特殊存储器的数据范围为 0～255。

模拟电位器的值可以用一把小螺钉进行调整。沿顺时针方向调整，数字值增加；沿逆时针方向调整，数字值减小。

7.2.2 S7-200 CPU 的技术指标

西门子公司提供多种 CPU 以适应各种应用，表 7-2 对 CPU 的一些特性作了简单比较。

表 7-2 S7-200 的技术指标

特　性	CPU221	CPU222	CPU224	CPU224XP CPU224XPsi	CPU226
外形尺寸（mm）	90×80×62	90×80×62	120×80×62	140×80×62	190×80×62
程序存储器：					
带运行模式下编辑	4 096	4 096	8 192	12 288	16 384
不带运行模式下编辑	4 096	4 096	12 288	16 384	24 576
数据存储器	2 048 字节	2 048 字节	8 192 字节	10 240 字节	10 240 字节
掉电保护时间	50 h	50 h	100 h	100 h	100 h

续表

特　　性	CPU221	CPU222	CPU224	CPU224XP CPU224XPsi	CPU226
本机 I/O 数字量 模拟量	6 输入/4 输出 –	8 输入/6 输出 –	14 输入/10 输出 –	14 输入/10 输出 2 输入/1 输出	24 输入/16 输出 –
扩展模块数量	0 个模块	2 个模块	7 个模块	7 个模块	7 个模块
高速计数器 单相 两相	4 路 30 kHz 2 路 20 kHz	4 路 30 kHz 2 路 20 kHz	6 路 30 kHz 4 路 20 kHz	4 路 30 kHz 2 路 200 kHz 4 路 30 kHz 1 路 100 kHz	6 路 30 kHz 4 路 20 kHz
脉冲输出（DC）	2 路 20 kHz	2 路 20 kHz	2 路 20 kHz	2 路 100 kHz	2 路 20 kHz
模拟电位器	1	1	2	2	2
实时时钟	卡	卡	内置	内置	内置
通信口	1　RS-485	1　RS-485	1　RS-485	2　RS-485	2　RS-485
浮点数运算	是				
数字 I/O 映像大小	256（128 输入/128 输出）				
布尔型执行速度	0.22 ms/指令				

以 CPU224 为例，由表 7-2 可以看出，CPU224 集成 14DI/10DO，最多可连接 7 个扩展模块，最大扩展至 168 个数字量 I/O 点或 35 路模拟量 I/O 点。它包括 16 KB 程序和数据存储空间，6 个独立的 30 kHz 高速计数器，2 个独立的 20 kHz 高速脉冲输出，具有 PID 控制器。它有 1 个 RS-485 通信/编程口，具有 PPI、MPI 通信协议和自由口通信能力。其 I/O 端子排可以很容易地整体拆卸，是具有较强控制能力的控制器。CPU224XP 是在 CPU224 基础上的扩展，其模拟量 I/O 最多可扩展至 38 路；6 个独立的 100 kHz 高速计数器，2 个独立的 100 kHz 高速脉冲输出，具有 PID 控制器；它有 2 个 RS-485 通信/编程口，具有 PPI、MPI 通信协议和自由口通信能力。

7.2.3　CPU 模块接线方式

注意： 在安装和拆卸任何电气设备之前，必须遵守相应的安全防护规范，并确认该设备的电源已断开。

图 7-3 为一款 CPU224XP 的接线图。该 CPU 的订货号为 6ES72142BD230XB0，简记为 CPU224XP AC/DC/继电器。其中，"AC/DC/继电器"依次为"工作电源类型/数字输入电源类型/数字输出电源类型"，就是说，这款 CPU 是交流供电，数字输入为 24 VDC 输入，数字输出为继电器输出。接线时，尤其要关注工作电源部分的指示和相关接线，因为 S7-200 CPU 的工作电源不仅有交流供电类型，还有直流供电类型。

图 7-3 清晰地指明如何将 CPU 模块的 I/O 端子与外部控制元件进行有效地连接。

其他 CPU 模块、扩展模块等的接线可查阅相关手册，另外端子盖内侧也印有相关接线

示意图，本章不再赘述。

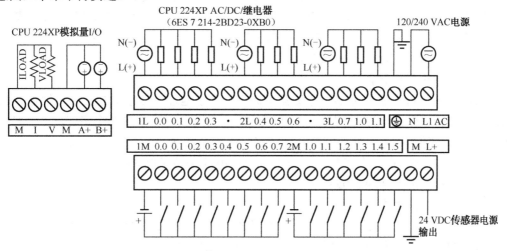

图 7-3　CPU224XP AC/DC/继电器外端子接线图

7.3　S7-200 PLC 的数据存储区及寻址方式

7.3.1　数据存储区

S7-200 CPU 将信息存储在不同的存储单元中，每个单元都有地址。它们分别是数字量输入映像区（I 区）、数字量输出映像区（Q 区）、模拟量输入映像区（AI 区）、模拟量输出映像区（AQ 区）、变量存储器（V）区、内部位存储器（M）区、顺序控制继电器（S）区、局部存储器（L）区、定时器存储器（T）区、计数器存储器（C）区、高速计数器（HSC）区、累加器（AC）区、特殊存储器（SM）区。

1.　数字量输入映像区（I 区）

数字量输入映像区是 S7-200 CPU 为输入端信号开辟的一个存储区，用 I 表示。在每次扫描周期开始时，CPU 对输入点进行采样，并将采样结果存于输入映像寄存器中。该区的数据可以位（1 bit）、字节（8 bit）、字（16 bit）或者双字（32 bit）的形式进行唯一标识（编址），表示形式如下。

用位表示：I0.0、I0.1、…、I0.7

I1.0、I1.1、…、I1.7

…

I15.0、I15.1、…、I15.7

共有 128 点。

输入映像区中每个位地址都由存储器标识符、字节地址及位号三部分组成。存储器标识符为"I"，字节地址为整数部分，位号为小数部分。例如，I15.3 表示这个输入点是第 15 个字节的第 3 位。

用字节表示：IB0、IB1、…、IB15

共有 16 个字节。

输入映像区中每个字节地址都由存储器字节标识符及字节地址两部分组成。存储器字节标识符为"IB"，字节地址为整数部分。例如，IB7 表示这个输入字节是第 7 个字节，共有 8 位，其中第 0 位是最低位，第 7 位是最高位。

用字表示：IW0、IW2、…、IW14

共有 8 个字。

输入映像区中每个字地址都由存储器字标识符及字地址（该字的起始字节地址）两部分组成。存储器字标识符为"IW"，字地址为整数部分。一个字包含两个字节，一个字中的两个字节地址必须相连，且低位字节在一个字中应该是高 8 位，高位字节在一个字中应该是低 8 位。例如，IW10 中的 IB10 应该是高 8 位，IB11 应该是低 8 位。

用双字表示：ID0、ID4、ID8、ID12

共有 4 个双字。

输入映像区中每个双字地址都由存储器双字标识符及双字地址（该双字的起始字节地址）两部分组成。存储器双字标识符为"ID"，双字地址为整数部分。一个双字含有四个字节，四个字节的地址必须连续，最低位字节在一个双字中应该是最高 8 位，最高位字节在一个双字中应该是最低 8 位。例如，ID4 中的 IB4 应该是最高 8 位，IB5 应该是次高 8 位，IB6 应该是次低 8 位，IB7 为最低 8 位。

2. 数字量输出映像区（Q 区）

数字量输出映像区是 S7-200 CPU 为输出端信号开辟的一个存储区，用 Q 表示。在每次扫描周期的结尾，CPU 将输出映像寄存器的数值复制到物理输出点上。该区的数据可以位（1 bit）、字节（8 bit）、字（16 bit）或者双字（32 bit）的形式进行唯一标识（编址），其表示形式与数字量输入映像区类似，只不过标识符依次变为"Q"、"QB"、"QW"和"QD"。例如，QD4 由 QB4、QB5、QB6、QB7 组成，其中 QB4 是最高 8 位，QB5 是次高 8 位，QB6 是次低 8 位，QB7 为最低 8 位；Q12.6 表示这个输出点是第 12 个字节的第 6 位。

3. 内部位存储器（M）区

PLC 在执行程序过程中可能会用到一些标志位，这些标志位也需要用存储器来寄存，内部位存储器就是根据这个要求设计的。内部位存储器区是 S7-200 CPU 为保存标志位数据而建立的一个存储区，用 M 表示。该区虽然称为内部位存储器，但是其中的数据可以位（1 bit）、字节（8 bit）、字（16 bit）或者双字（32 bit）的形式进行唯一标识（编址）。其表示形式也与数字量输入映像区类似，只不过标识符依次变为"M"、"MB"、"MW"和"MD"。例如，MD8 由 MB8、MB9、MB10、MB11 组成，其中 MB8 是最高 8 位，MB9 是次高 8 位，MB10 是次低 8 位，MB11 为最低 8 位；M15.7 表示该内部位存储器位是内部位存储器区第 15 个字节的第 7 位。

4. 顺序控制继电器（S）区

PLC 在执行程序过程中可能会遇到顺序控制，顺序控制继电器就是根据顺序控制的特点和要求设计的。顺序控制继电器区是 S7-200 CPU 为存取顺序控制继电器的数据而建立的一个存储区，用 S 表示。在顺序控制过程中，顺序控制继电器用于组织步进过程的控制。顺序控制继电器区的数据可以位（1 bit）、字节（8 bit）、字（16 bit）或者双字（32 bit）的形式进行唯一标识（编址）。其表示形式也与数字量输入映像区类似，只不过标识符依次变为"S"、"SB"、"SW"和"SD"。例如，SD0 由 SB0、SB1、SB2、SB3 组成，其中 SB0 是最高 8 位，SB1 是次高 8 位，SB2 是次低 8 位，SB3 为最低 8 位；S2.0 表示该顺序控制继电器位是顺序控制继电器区第 2 个字节的第 0 位。

5. 定时器存储器（T）区

PLC 在工作中有时需要计时，定时器就是实现 PLC 计时功能的设备。S7-200 定时器的分辨率（时基或时基增量）分为 1 ms、10 ms、100 ms 3 种。

1）S7-200 PLC 定时器的三种类型

（1）接通延时定时器。功能是定时器计时时间到，定时器常开触点由 OFF 转为 ON。

（2）断开延时定时器。功能是定时器计时时间到，定时器常开触点由 ON 转为 OFF。

（3）有记忆接通延时定时器。功能是定时器累计计时时间到，定时器常开触点由 OFF 转为 ON。

2）定时器的三种相关变量

（1）定时器的时间设定值（PT）。定时器的设定时间等于 PT 值乘以时基增量。

（2）定时器的当前时间值（SV）。定时器的计时时间等于 SV 乘以时基增量。

（3）定时器的输出状态（0 或者 1）。

3）定时器的编址

S7-200 PLC 有 256 个定时器，其地址编号分别为 T0、T1、…、T255。

定时器存储器区中每个定时器地址都包括存储器标识符、定时器号两部分。存储器标识符为"T"，定时器号为整数。例如，T1 表示定时器 1。

实际上，T1 既可以表示定时器 1 的输出状态（0 或者 1），也可以表示定时器 1 的当前计时值，这就是定时器的数据具有两种数据结构的原因。

6. 计数器存储器（C）区

PLC 在工作中有时不仅需要计时，还需要计数功能，计数器就是实现 PLC 计数功能的设备。

1）S7-200 PLC 计数器的三种类型

（1）增计数器。增计数器的功能是每收到一个计数脉冲，计数器的计数值加 1，当计数值等于或大于设定值时，计数器由 OFF 转为 ON。

（2）减计数器。减计数器的功能是每收到一个计数脉冲，计数器的计数值减 1，当计数值由设定值减到 0 时，计数器由 OFF 转为 ON。

（3）增减计数器。增减计数器的功能是既可以增计数，也可以减计数。当增计数时，每收到一个计数脉冲，计数器的计数值加 1，当计数值等于或大于设定值时，计数器由 OFF 转为 ON；当减计数时，每收到一个计数脉冲，计数器的计数值减 1，当计数值小于设定值时，计数器由 ON 转为 OFF。

2）计数器的三种相关变量

（1）计数器的设定值（PV）。

（2）计数器的当前值（SV）。

（3）计数器的输出状态（0 或者 1）。

3）计数器的编址

S7-200 PLC 有 256 个计数器，其地址编号分别为 C0、C1、…、C255。

计数器存储器区中每个计数器地址都包括存储器标识符、计数器号两部分。存储器标识符为"C"，计数器号为整数，例如，C28 表示计数器 28。

实际上，C28 既可以表示计数器 28 的输出状态（0 或者 1），也可以表示计数器 28 的当前计数值，这就是计数器的数据和定时器一样也有两种数据结构的原因。

7.3.2 寻址方式

S7-200 PLC 指令系统的寻址方式有立即数寻址、直接寻址和间接寻址三种方式。

1. 立即数寻址

在 S7-200 PLC 的许多指令中，都可以使用常数值。常数在 PLC 内部是以二进制的形式存储的，其大小由数据的长度（二进制数的位数）决定，可以是字节、字或双字，见表 7-3。

表 7-3 常数表示法

数　　制	格　　式	举　　例
十进制	[十进制数]	20047
十六进制	16#[十六进制数]	16#4E4F
二进制	2#[二进制数]	2#1010_0101_1010_0101

除了上述三种常见的数据格式外，S7-200 PLC 还可以表示 ASCII 码或者实数（浮点数）。

2. 直接寻址

直接寻址方式是指在指令中直接使用存储器或寄存器的地址编号，直接到指定的区域读/写数据。直接寻址方式包含位、字节、字、双字等寻址。

1）位寻址

位寻址也称为字节·位寻址，存储器区标识符和字节地址之后用点号（"·"）来分隔位地址。例如，I3.4 的寻址如图 7-4 所示。

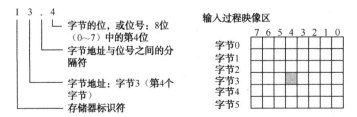

图 7-4 字节·位寻址

2）字节寻址

字节寻址由存储区字节标识符及字节地址组合而成，如图 7-5 所示。

图 7-5　字节寻址

3）字寻址

字寻址由存储区字标识符及字地址（该字的起始字节地址）组合而成，如图 7-6 所示。

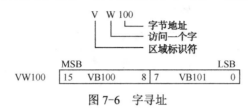

图 7-6　字寻址

定时器的寻址如图 7-7 所示。

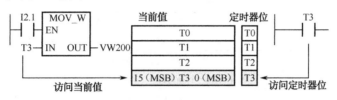

图 7-7　定时器的寻址

计数器的寻址如图 7-8 所示。

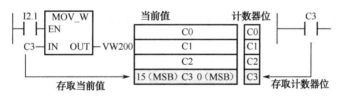

图 7-8　计数器的寻址

4）双字寻址

双字寻址由存储区双字标识符及双字地址（该双字的起始字节地址）组合而成，如图 7-9 所示。

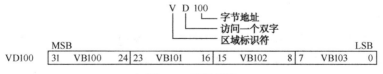

图 7-9　双字寻址

3. 间接寻址

间接寻址时操作数不提供直接数据位置，而是通过使用地址指针存取存储器中的数据。在 S7-200 PLC 中，允许使用指针对 I、Q、M、V、S、T（仅当前值）、C（仅当前值）寄存器进行间接寻址。

7.4 S7-200 PLC 的基本指令

7.4.1 输入/输出指令

输入分为常开、常闭、立即常开和立即常闭触点（见表 7-4）。常开触点在其寄存器位值为 0 时，触点断开，触点的状态为 OFF；当其寄存器位值为 1 时，触点闭合，状态为 ON。常闭触点的状态与常开触点相反。

表 7-4　输入/输出指令

梯 形 图	语 句 表	描 述	操 作 对 象
bit —┤ ├—	LD bit	以常开触点 bit 为起始，引出一行新程序	I、Q、M、SM、T、C、V、S、L bit：操作对象的地址
bit —┤ / ├—	LDN bit	以常闭触点 bit 为起始，引出一行新程序	
bit —┤ l ├—	LDI bit	以常开立即读触点 bit 为起始，引出一行新程序	I：立即读 bit：操作对象的地址
bit —┤ /l ├—	LDNI bit	以常闭立即读触点 bit 为起始，引出一行新程序	
bit —（ ）	=bit	线圈左边所有触点都闭合时线圈得电，否则线圈失电	Q、M、SM、T、C、V、S、L bit：操作对象的地址
bit —（ l ）	=I bit	线圈左边所有触点都闭合时线圈得电，否则线圈失电	I：立即读 bit：操作对象的地址

立即常开和立即常闭触点与常开和常闭触点类似，执行立即指令时，CPU 直接读取其物理输入点的值，但是不刷新相应影像寄存器的值。

输出指令将输出位的结果写入输出映像寄存器，并将其输出常开触点闭合，常闭触点断开，立即输出指令不仅将输出位的结果写到输出映像寄存器，而且还直接驱动实际输出。

7.4.2 逻辑指令

逻辑指令分为逻辑"与"和逻辑"或"（见表 7-5）。逻辑"与"指令梯形图由标准触点或立即触点串联构成，只有当两个触点的状态都是 1（ON）时才有输出，两者中只要一个为 0（OFF）就没有输出。

逻辑"或"指令梯形图由标准触点或立即触点并联构成，只要两个触点的状态有一个是 1（ON），就有输出；若两者都为 0（OFF），则没有输出。

表 7-5　逻辑指令

操 作	梯 形 图	语 句 表	描 述	操 作 对 象
与	bit　　bit —┤ ├—┤ ├—	A bit	常开触点 2 与常开触点 1 串联连接	I、Q、M、SM、T、C、 V、S、L bit：操作对象的地址
	bit　　bit —┤ ├—┤ / ├—	AN bit	常闭触点 2 与常开触点 1 串联连接	

操　作	梯　形　图	语 句 表	描　述	操 作 对 象
或	bit　　bit（AI）	AI bit	常开立即读触点 2 与常开触点 1 串联连接	I：立即读 bit：操作对象的地址
	bit　　bit（ANI）	ANI bit	常闭立即读触点 2 与常开触点 1 串联连接	
	bit / bit 并联	O bit	常开触点 2 与常开触点 1 并联连接	I、Q、M、SM、T、C、V、S、L bit：操作对象的地址
	bit / bit 并联	ON bit	常闭触点 2 与常开触点 1 并联连接	
	bit / bit 并联	OI bit	常开立即读触点 2 与常开触点 1 并联连接	I：立即读 bit：操作对象的地址
	bit / bit 并联	ONI bit	常闭立即读触点 2 与常开触点 1 并联连接	
非		NOT	取反	无

实例 7-1　应用基本的与、或、非及线圈输出逻辑指令，完成 3 个地方同时控制一台电动机的启停工程应用问题。

为解决此问题，需要在每个地方安装 2 个自复位按钮，一个用于启动电动机，另一个用于停止电动机，这 6 个按钮分别接至 S7-200 PLC 的数字量输入点上（如 CPU224）。电动机由交流接触器控制，其交流线圈接到 S7-200 PLC 的数字量输出点上（继电器输出），如图 7-10 所示。

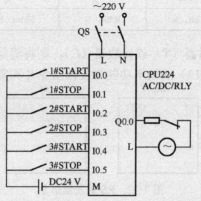

图 7-10　3 地控制一台电动机的硬件接线图

应用基本的与、或、非及线圈输出逻辑指令编制的控制程序如图 7-11 所示。

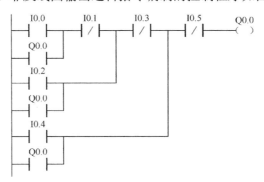

图 7-11　3 地控制一台电动机的控制程序

> **思考：**
> 如果在 3 个地方各加一个指示灯，用来显示电动机当前的运行状态，如何实现？

7.4.3　置位、复位及边沿触发指令

1. 置位和复位指令

置位指令（Set，S）将从 bit 开始的 N 个连续位地址置 1 并保持，复位指令（Reset，R）将从 bit 开始的 N 个连续位地址复位并保持，N 的取值范围为 1～255 之间的整数。

立即置位指令（Set Immediate，SI）将从 bit 开始的 N 个连续物理地址输出点置 1 并保持，立即复位指令（Reset Immediate，RI）将从 bit 开始的 N 个连续物理地址输出点复位并保持，N 的取值范围为 1～128 之间的整数。该指令执行后，新值被同时写入对应的物理输出点和输出过程映像存储器，而复位指令 R 和置位指令 S 只是将新值写入过程映像存储器。置位和复位指令见表 7-6。

表 7-6　置位和复位指令

	置　位	复　位	立即置位	立即复位
梯形图	bit —(S) N	bit —(R) N	bit —(SI) N	bit —(RI) N
语句表	S bit，N	R bit，N	SI bit，N	RI bit，N

如果被指令复位的是定时器（T）或计数器（C），则将清除定时器/计数器的当前值。

RS 触发器指令（见图 7-12）的基本功能与置位指令 S 和复位指令 R 的功能相同。

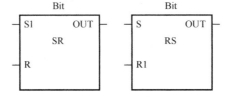

图 7-12　RS 触发器指令

置位优先触发器（Set Dominant Bistable，SR）的置位 S1 与 R 同时为 1 时，输出 OUT 为 1。

复位优先触发器（Reset Dominant Bistable，RS）的置位 S 与 R1 同时为 1 时，输出 OUT 为 0。

2. 边沿触发指令

上升沿触发指令（Edge Up，EU）是指该指令左边操作数的状态从 0 变为 1 的边沿过程，可产生一个脉冲。下降沿触发指令（Edge Down，ED）是指该指令左边操作数的状态从 1 变为 0 的边沿过程，可产生一个脉冲。在梯形图中，触点符号中间的"P"和"N"分别表示正跳变（Positive Transition）和负跳变（Negative Transition）。

取反指令 NOT 是将它左边电路的逻辑结果取反，能流到达 NOT 触点时即停止，能流没有到达 NOT 触点时，该触点给右侧提供能流。

7.4.4　定时器和计数器指令

1. 定时器指令

S7-200 PLC 为用户提供了 3 种类型的定时器：接通延时定时器（TON）、断开延时定时器（TOF）和有记忆接通延时定时器（TONR）。

1）接通延时定时器

接通延时定时器（On-Delay Timer，TON）的使能输入端（IN）接通时，接通延时定时器开始计时。当接通延时定时器的当前值大于或等于设定时间值（PT）时，定时器位为 ON，其中设定值为 1～32 767 中的任意值。当达到设定时间后，定时器继续计数，直到达到最大值 32 767 为止。定时器的当前值、设定值均为 16 位有符号整数（INT）。

当使能输入端（IN）断开时，接通延时定时器自动复位，当前值为零，输出位为 OFF。当 CPU 第一次扫描时，定时器被清零。

定时器有 1ms、10ms 和 100ms 三种分辨率（见表 7-7），分辨率取决于定时器的型号。输入定时器型号后，在定时器方框右下角会出现它的分辨率。

定时器的设定时间等于设定值与分辨率的乘积。

定时器和计数器的数据类型均为 INT，除常数之外，还可以在 VW、IW 等中设定。

表 7-7　定时器号和分辨率

定时器类型	分 辨 率	用秒（s）表示的最大值	定 时 器 号
TONR	1ms	32.767 s	T0，T64
	10ms	327.67 s	T1～T4，T65～T68
	100ms	3 276.7 s	T5～T31，T69～T95
TON，TOF	1ms	32.767 s	T32，T96
	10ms	327.67 s	T33～T36，T97～T100
	100ms	3 276.7 s	T37～T63，T101～T255

💡 提示：

不能将同一个定时器号同时用作 TOF 和 TON。例如，不能既有 TON T32 又有 TOF T32。

实例 7-2 画出图 7-13 中简单程序的时序关系图。

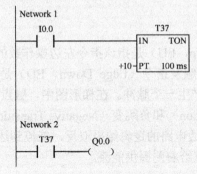

图 7-13　定时器示例程序

定时器的分辨率为 100 ms，设定值为 10，因此设定时间为 10×100 ms=1 s。

时序图如图 7-14 所示。

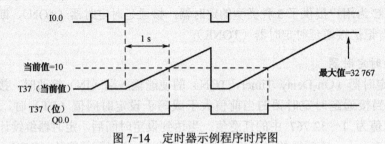

图 7-14　定时器示例程序时序图

实例 7-3 按下启动按钮 SB1，第一台电动机 M1 启动，10 s 后第二台电动机 M2 也启动，按下停止按钮 SB2 后，两台电动机一起停止。

为输入/输出点进行地址分配：

启动按钮 SB1: I0.0 　　　　电动机 M1: Q0.0

停止按钮 SB2: I0.1 　　　　电动机 M2: Q0.1

定时器: TON 33（分辨率为 10 ms）　　PT: 1000 　　（1000×10 ms=10 s）

硬件接线图：略。

梯形图程序如图 7-15 所示。

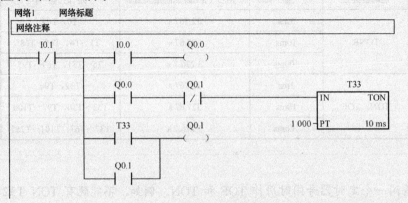

图 7-15　例 7-3 梯形图程序

2）有记忆接通延时定时器

有记忆接通延时定时器（Retentive On-Delay Timer，TONR）接通使能端时开始计时。当输入使能端断开时，定时器停止计时，但当前值保持不变。当输入使能端再次接通后，定时器按上次的当前值继续计时。不管输入使能端是否断开，只要当前值大于或等于设定值，定时器位均为ON。

TONR 定时器只能用复位指令 R 对其进行复位，当给定时器复位时，定时器当前值为0，输出位为OFF。

在第一个扫描周期，所有的定时器位被清零。

3）断开延时定时器

断开延时定时器（Off-Delay Timer，TOF）接通使能端，定时器位为 ON，当前值被清零并保持不变。断开使能端后，定时器开始计时，当前值由 0 开始增大。当前值大于或等于设定值时，输出位为 OFF，当前值保持不变，直到使能端再次接通为止；如果在当前值小于设定值时再次接通使能端，则当前值再次被清零，定时器位仍为 ON。

可以用复位指令复位定时器。复位指令可以将定时器位变为 OFF，当前值被清零。在扫描的第一个周期中，由于 TON 和 TOF 为非保持型（无记忆）定时器，所以将自动复位，定时器和当前值都被清零。

TOF 常用于设备停机后的延时，如冷却风扇的延时。

2. 计数器指令

S7-200 PLC 为用户提供了 3 种类型的计数器：增计数器（CTU）、减计数器（CTD）和增减计数器（CTUD），其 LAD 和 STL 的结构形式如图 7-16 所示。

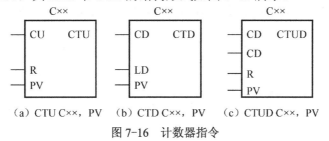

（a）CTU C××，PV　（b）CTD C××，PV　（c）CTUD C××，PV

图 7-16 计数器指令

1）增计数器

首次扫描时，计数器位为 OFF，当前值为 0。在计数脉冲输入端 CU 的每个上升沿，计数器计数 1 次，当前值加 1。当当前值达到设定值时，计数器位为 ON，当前值可继续计数到 32 767 后停止。当复位输入端有效或对计数器执行复位指令时，计数器自动复位，即计数器位为 OFF，当前值为 0。

2）减计数器

首次扫描时，计数器位为 OFF，当前值为预设定值 PV。在计数脉冲输入端 CD 的每个上升沿，计数器计数 1 次，当前值减 1。当当前值减小到 0 时，计数器位置位为 1（ON），其后一直为 1。当复位输入端有效或对计数器执行复位指令时，计数器自动复位，即计数器位为 OFF，当前值为设定值 PV。

3）增减计数器

增减计数器有两个计数脉冲输入端：CU 输入端用于增计数，CD 输入端用于减计数。

首次扫描时，计数器位为 OFF，当前值为 0。CU 输入的每个上升沿，都使计数器当前值加 1；CD 输入的每个上升沿，都使计数器当前值减 1。当当前值达到设定值时，计数器位置位为 1（ON）。

增减计数器的当前值计数到 32 767（最大值）时，下一个 CU 输入的上升沿使当前值跳变为最小值（−32 767）；当前值达到最小值（−32 767）后，下一个 CD 输入的上升沿将使当前值跳变为最大值 32 767。当复位输入端有效或只用复位指令对计数器执行复位操作后，计数器自动复位，即计数器位为 OFF，当前值为 0。

7.4.5 数据比较指令

数据比较指令是将两个操作数（数值及字符串）按指定的条件进行比较，操作数可以是整数，也可以是实数；比较指令可以装入，也可以串/并联。

比较指令的类型有字节比较、字整数比较、双字整数比较、实数比较和字符串比较。

1. 数值比较

数值比较指令用于比较两个数值：

IN1=IN2   IN1>=IN2   IN1<=IN2
IN1>IN2   IN1<IN2   IN1<>IN2

字节比较操作是无符号的，字整数比较、双字整数比较和实数比较操作都是有符号的。

数值比较指令中，IN1、IN2 操作数的寻址范围为 I、Q、M、SM、V、S、L、AC、*VD、*LD 和常数。

数值比较指令的梯形图和语句表形式见表 7-8（以等于比较为例）。

2. 字符串比较

字符串比较指令比较两个字符串的字符（ASCII 码）是否相同，字符串的长度不能超过 244 个字符。

IN1=IN2   IN1<>IN2

当比较结果为真时，比较指令使触点闭合（LAD）或者输出接通（FBD），或者对 1 进行 LD、A 或 O 操作，并置入栈顶（STL）。

字符串比较指令的梯形图和语句表形式见表 7-8（以等于比较为例）。

表 7-8　比较指令

	字　节　比　较	字整数比较	双字整数比较	实　数　比　较	字符串比较
LAD	IN1 ─┤==B├─ IN2	IN1 ─┤==I├─ IN2	IN1 ─┤==D├─ IN2	IN1 ─┤==R├─ IN2	IN1 ─┤==S├─ IN2
STL	LDB=IN1, IN2 AB=IN1, IN2 OB=IN1, IN2	LDW=IN1, IN2 AW=IN1, IN2 OW=IN1, IN2	LDD=IN1, IN2 AD=IN1, IN2 OD=IN1, IN2	LDR=IN1, IN2 AR=IN1, IN2 OR=IN1, IN2	LDS=IN1, IN2 AS=IN1, IN2 OS=IN1, IN2

7.5　S7-200 PLC 的编程工具软件

7.5.1　STEP7-Micro/WIN 编程软件基本功能

STEP7-Micro/WIN 是西门子公司专为 SIMATIC S7-200 系列可编程序控制器研制开发的编程软件，它是基于 Windows 系统的应用软件，功能强大，既可用于开发用户程序，又可实时监控用户程序的执行状态。为了能快捷高效地开发应用程序，STEP7-Micro/WIN 软件提供了 STL、LAD、FBD 三种程序编辑器。

STEP7-Micro/WIN 编程软件的基本功能是协助用户完成应用软件的开发，其主要实现以下功能：

（1）在脱机（离线）方式下创建用户程序，修改和编辑原有的用户程序。在脱机方式时，计算机与 PLC 断开连接，此时能完成大部分的基本功能，如编程、编译、调试和系统组态等，但所有的程序和参数都只能存放在计算机的磁盘上。

（2）在联机（在线）方式下可以对与计算机建立通信关系的 PLC 直接进行各种操作，如上载、下载用户程序和组态数据等。

（3）在编辑程序的过程中进行语法检查，可以避免一些语法错误和数据类型方面的错误。经语法检查后，梯形图中错误处的下方自动加红色波浪线，语句表的错误行前自动画上红色叉，且在错误处加上红色波浪线。

（4）对用户程序进行文档管理，加密处理等。

（5）设置 PLC 的工作方式、参数和运行监控等。

7.5.2　硬件连接与基本设置

1. 硬件连接

可以通过 PC/PPI 电缆建立个人计算机与 PLC 之间的通信。典型的单主机连接及 CPU 组态如图 7-17 所示，把 PC/PPI 电缆的 PC 端连接到计算机的 RS-232 通信口（一般是 COM1），把 PC/PPI 电缆的 PPI 端连接到 PLC 的 RS-485 通信口即可。

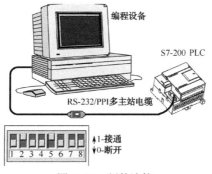

图 7-17　硬件连接

2. 参数设置

安装完软件并连接好硬件之后，可以按照下列步骤进行参数的设置及修改。

（1）在 STEP7-Micro/WIN 主画面（见图 7-18）下，单击"通信"图标，或从"查看（View）"菜单中选择"组件（C）"中的"通信（Communications）"选项，则出现通信对话框，如图 7-19 所示。

图 7-18　STEP7-Micro/WIN 主画面

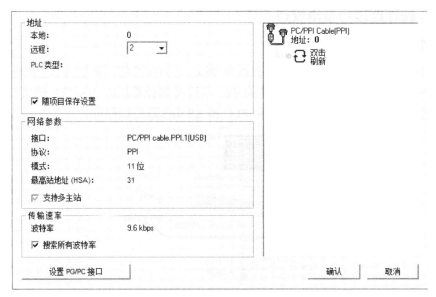

图 7-19　通信对话框

（2）在对话框中双击 PC/PPI 电缆的图标，出现 PG/PC 接口设置对话框，如图 7-20 所示。

图 7-20　PG/PC 接口设置对话框

（3）单击"Properties"按钮，出现接口属性对话框，检查各参数的属性是否正确，其中通信波特率默认值为 9.6kbps（Kb/s），如图 7-21 所示。

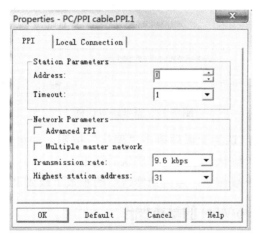

图 7-21　接口属性对话框

3. 在线联系

（1）在 STEP7-Micro/WIN 主画面，单击"通信"图标，出现通信对话框（如图 7-19 所示），显示是否连接了 CPU 主机。

（2）双击通信对话框中的刷新图标，STEP7-Micro/WIN 将检查连接的所有 S7-200 CPU 站，并为每个站建立一个 CPU 图标。

（3）双击要进行通信的站，在通信对话框中可以显示所选的通信参数及 PLC 的信息。

此时，可以建立与 S7-200 CPU 主机的在线联系，进行如主机组态、上传和下载用户程序等操作。

需要注意的是，不同的软件版本，画面形式稍有差别，本教材是在 V4.0 STEP7-Micro/WIN SP9 的基础上进行说明的。

4. 修改 PLC 通信参数

如果建立了计算机和 PLC 的在线联系，就可以利用软件检查、设置和修改 PLC 的通信参数，步骤如下：

（1）单击引导条中的系统块图标，或从"查看（View）"菜单中选择"组件（C）"中的"系统块（System Block）"选项，则出现系统块对话框，如图 7-22 所示。

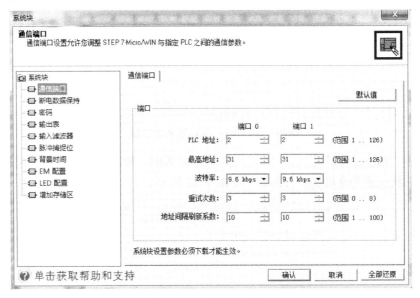

图 7-22　系统块对话框

（2）检查各端口参数，认为无误后单击"确认"按钮。如果需要修改某些参数，可以先进行有关修改，再单击"确认"按钮，待确认后退出。

（3）单击工具条中的下载按钮，即可把修改后的参数下载到 PLC 主机。

7.5.3　STEP7-Micro/WIN 的基本操作

1. 项目的建立与保存

1）项目的建立

在 STEP7-Micro/WIN 主画面下，从"文件（File）"菜单中选择"新建（N）"命令，在主窗口中会显示新建的程序区，也可以用工具条中的按钮来完成新建过程。

新建的项目以"项目 1"来命名，项目包含 7 个相关的块，其中程序块中有一个主程序 MAIN，一个子程序 SBR_0 和一个中断程序 INT_0。

2）项目的保存

从"文件（File）"菜单中选择"保存（S）"命令，在主窗口中会显示"另存为"对话框，在对话框中可以进行路径和项目名称的修改，只有首次保存时才会出现这个对话框，也可以用工具条中的相关按钮来完成保存操作。

3）项目的打开

从"文件（File）"菜单中选择"打开（O）"命令，在主窗口中会显示"打开"对话框，在对话框中可以输入要打开文件的路径和项目名称，也可以用工具条中的相关按钮来完成打开操作。

4）项目的更名

从"文件（File）"菜单中选择"另存为（A）"命令，在主窗口中会显示"另存为"对话框，在对话框中可以输入希望的路径和项目名称。

2. 编辑程序

1）程序的编辑

使用 STEP7-Micro/WIN 软件，可以 LAD、STL、FBD 三种形式进行程序的编辑。以 LAD 编辑器为例，可以进行元件的输入及删除，操作数的输入及修改，元件的串联与并联，行、列、网络、子程序/中断程序的插入与删除，符号表/注释的编辑及修改，还可以自定义块操作对程序进行大面积的删除、移动、复制等。

2）编程语言的转换

从"查看（View）"菜单下可以进行 LAD、STL 和 FBD 之间的任意切换。

3）编译

程序编辑完成后，可用从"PLC"菜单中选择"编译（C）"或"全部编译（A）"命令对程序进行编译。

3. 程序的上传和下载

如果编译无误，可单击工具条上的"下载"按钮，把用户程序下载到 PLC 中。利用"上载"按钮，可以把 PLC 中的程序上传到个人计算机中。

4. 程序的调试及运行

1）选择扫描次数

选择单次或多次扫描来监视用户程序。可以指定主机以有限的扫描次数来执行用户程序，通过选择主机扫描次数，当过程变量改变时，可以监视用户程序的执行。

将 PLC 置于 STOP 模式，使用"调试（D）"菜单中的"多次扫描"和"首次扫描"命令进行扫描次数的指定。

2）状态图表监控

（1）使用状态图表

在引导窗口单击"状态表"或用"查看"菜单下"组件"中的"状态表"，来读、写、监视和强制程序运行过程中表中变量的状态。

（2）强制指定值

用户可以用状态图表来强制指定值对变量赋值。

该功能下，可以指定强制范围，对某一操作数指定强制值，读出所有的强制操作，解除一个强制操作等。

3）程序监视

用户可以用 LAD、STL 监视在线程序状态。用"调试（D）"菜单下的"开始程序状态监控（P）"命令，来监视程序的运行状态，图中被点亮的元件表示处于接通状态，利用工具条上的相关按钮也可实现此功能。

7.6 PLC 的编程规则与技巧

7.6.1 S7-200 PLC 程序结构与编程规则

1. 程序结构

一个程序块由可执行代码和注释组成，可执行代码由主程序和若干子程序或者中断程序组成。代码编译后下载到 S7-200 PLC 中，但不编译和下载程序注释。可以使用组织单元（主程序、子程序和中断程序）来结构化控制程序。

1）主程序

主程序中包括控制应用的指令，S7-200 PLC 在每一个扫描周期中顺序执行这些指令，主程序也被表示为 OB1。

2）子程序

子程序是一段只有在调用时才会执行的控制程序。当某项功能需要被重复执行时，子程序的优势是非常明显的，与其在主程序中的不同位置多次使用相同的程序代码，不如将这段程序写在子程序中，然后在主程序需要的时候调用。

3）中断程序

中断程序是应用程序中的可选组件。通常可以为一个预先定义好的中断事件设计一个中断程序，当特定的中断事件发生时，S7-200 PLC 会执行中断程序。需要注意的是，中断程序不会被主程序调用，只有当中断程序与一个中断事件相关联，且在该中断事件发生时，S7-200 PLC 才会执行中断程序。

2. 编程规则

STEP7-Micro/WIN 在编程中遵守以下编程规则。

（1）梯形图（LAD）程序分为多个程序段。一个程序段是按照一定顺序安排的以一个完整电路的形式连接在一起的触点、线圈和盒，不能短路或者开路，也不能有能流倒流的现象存在；STEP7-Micro/WIN 允许用户为 LAD 程序中的每个程序段加注释；功能块（FBD）编程使用程序段的概念对程序进行分段和注释；语句表（STL）程序不用分段，但是可以用关键词 Network 将程序分段；STEP7-Micro/WIN 同样允许用户为 STL 程序中的每一行或每一段加注释。

（2）梯形图中的继电器不是物理继电器，每个继电器均为存储器中的一位，因此称为"软继电器"，当存储器相应位的状态为"1"时，表示该继电器线圈得电，其常开触点闭合或常闭触点断开。

（3）梯形图是 PLC 形象化的编程手段，梯形图两端的母线并非实际电源的两端，因

此，梯形图中流过的能流也不是实际的物理电流，而是"概念"电流，是用户程序执行过程中满足输出条件的形象表现形式。

（4）在梯形图（LAD）编辑器中，用户可以使用<F4>、<F6>和<F9>键来快速输入触点、线圈和盒。

（5）一般情况下，在梯形图中某个编号的继电器线圈只能出现一次，而继电器触点（常开或常闭）可无限次使用。

（6）梯形图中，除了输入继电器没有线圈只有触点外，其他继电器既有线圈又有触点。

（7）PLC 总是按照梯形图排列的先后顺序（从上到下，从左到右）逐一处理。也就是说，PLC 是按循环扫描工作方式执行梯形图程序的，因此，梯形图中不存在不同逻辑行同时开始执行的情况。

（8）梯形图中，前面所示逻辑行的逻辑执行结果将立即被后面逻辑行的逻辑操作所利用；而后面所示逻辑行的逻辑执行结果，本周期内不影响前面逻辑行的操作。

7.6.2　PLC 的常见电路编程

工程应用中，控制程序大多是由一些基本的、典型的逻辑控制电路组合而成的。如果能够熟练掌握一些常用的基本电路控制程序的设计原理、方法及编程技巧，在编制规模较大的复杂程序时，就能够轻车熟路，大大缩短编程时间。

1. 自锁、互锁和连锁控制

自锁控制和互锁控制是控制电路中最基本的环节，常用于对输入开关和输出映像寄存器的控制电路。

1）自锁控制

图 7-23 为一个简单的自锁控制程序（"启保停"控制程序）。

其中，I0.0 触点闭合使线圈 Q0.0 得电，随后 Q0.0 触点闭合自锁，此后，即使 I0.0 触点断开，Q0.0 线圈仍保持得电。只有当常闭触点 I0.1 断开时，Q0.0 线圈才断电，Q0.0 触点断开。若想再次启动 Q0.0 线圈，只有重新闭合 I0.0 触点。这种依靠自身触点保持继电器（接触器）线圈得电的自锁控制，常用于以自复位开关作启动开关，或用只接通一个扫描周期的触点去启动一个持续动作的控制电路。

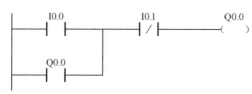

图 7-23　自锁控制程序

2）互锁控制

图 7-24 为一个简单的互锁控制程序。

由程序可知，Q0.0 和 Q0.1 中只要有一个先接通，另一个就不能再接通，从而保证任何时候两者都不可能同时接通。这种相互制约（禁止）的互锁控制常用于被控目标是一组不允许同时动作的对象，比如电动机的正/反转、Y/Δ、高/低速、能耗制动等控制电路中。

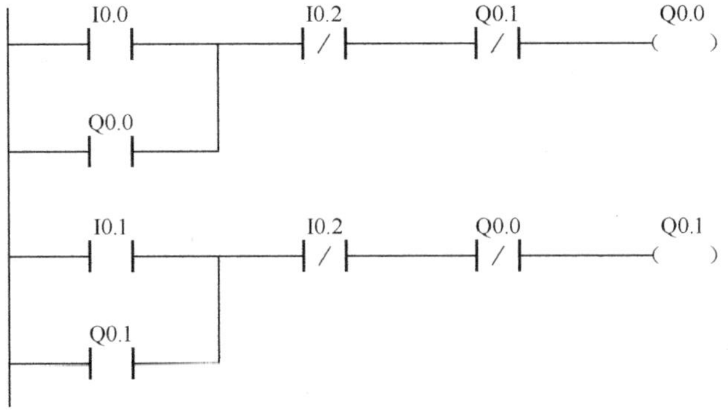

图 7-24 互锁控制程序

3）连锁控制

图 7-25 为一个简单的连锁控制程序。

该程序的功能是：只有当 Q0.0 接通时，Q0.1 才有可能接通；只要 Q0.0 断开，Q0.1 就不可能接通，也就是说，一方的动作是以另一方的动作为前提条件的。这种相互配合的连锁控制常用于一方动作后才允许另一方动作的对象，比如应用在机床控制中，主轴电动机只有在冷却风机或油泵电动机先行启动后才允许启动的控制电路中。

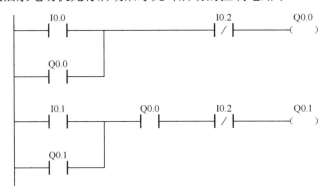

图 7-25 连锁控制程序

2. 时间控制

在 PLC 控制系统中，时间控制应用得非常广泛，其中大部分用于延时和定时控制。在 S7-200 PLC 内部有 3 种类型的定时器和 3 个等级的分辨率可以用于时间控制。

1）瞬时接通/延时断开控制

控制要求：输入信号接通时，马上有输出，而输入信号断开时，输出信号需要延时一段时间才停止。

图 7-26 为瞬时接通/延时断开电路的梯形图和时序图。

在 7-26（a）所示的梯形图中，当 I0.0 接通时，输出线圈 Q0.0 得电并自锁；当 I0.0 断开后，定时器 T37 开始工作，定时 3 s 后，定时器常闭触点断开，使输出 Q0.0 失电断开。

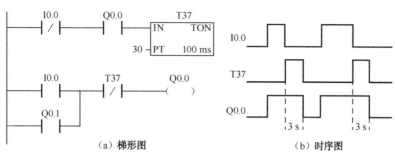

（a）梯形图 （b）时序图

图 7-26 瞬时接通/延时断开控制

2）延时接通/延时断开控制

控制要求：输入信号接通一段时间后输出信号才接通；输入信号断开一段时间后输出信号才断开。

与瞬时接通/延时断开电路相比，该电路增加了一个输入延时。图 7-27 所示是延时接通/延时断开控制的梯形图和时序图，图中 T37 延时 2 s 作为 Q0.0 的启动条件，T38 延时 5 s 作为 Q0.0 的断开条件，两个定时器配合使用实现该电路的功能。

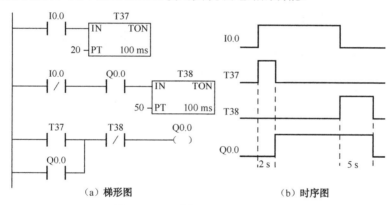

（a）梯形图 （b）时序图

图 7-27 延时接通/延时断开控制

3. 方波脉冲发生器

利用定时器可以方便地产生方波脉冲序列，且占空比可以根据需要灵活改变。图 7-28 为用两个定时器产生方波的例子，当输入 I0.0 接通时，输出 Q0.0 为方波脉冲序列，接通和关断交替进行。接通时间为 1 s，由定时器 T33 设定；断开时间为 2 s，由定时器 T34 设定。该控制电路也叫做闪烁控制电路（又称为振荡电路），改变两个定时器的时间常数，可以改变脉冲周期和占空比。

利用定时器还可以在输入信号宽度不固定的情况下，产生一个脉冲宽度固定的方波脉冲序列。图 7-29 就是产生脉宽固定方波的例子，该例子使用了上升沿脉冲指令和 S/R 指令，找出 Q0.0 的开启和关断条件，进而不论 I0.0 接通多长时间，都可以使 Q0.0 的宽度为 2 s，该脉冲宽度可通过改变定时器设定值 PT 进行调节。

4. 报警电路

图 7-30 为简单的报警电路控制程序。

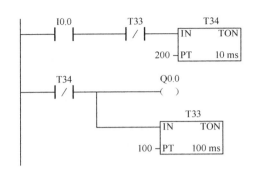

图 7-28　方波脉冲发生器

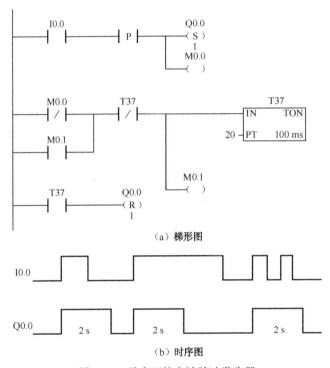

（a）梯形图

（b）时序图

图 7-29　脉宽可控方波脉冲发生器

其中，输入点 I0.0 为报警输入条件，即 I0.0 接通即开始报警。输出 Q0.0 为报警指示灯，Q0.1 为报警蜂鸣器。输入条件 I0.1 为报警响应，I0.1 接通后，Q0.0 报警灯从闪烁变为常亮，同时 Q0.1 报警蜂鸣器关闭。输入条件 I0.2 为报警灯的测试信号，I0.2 接通，则 Q0.0 接通。定时器 T37 和定时器 T38 构成振荡电路，每 0.5 s 执行通断一次，反复循环。

5. 顺序控制

顺序控制在工业控制系统中的应用也十分广泛。传统的"继电器-接触器"只能进行一些简单控制，且整个系统十分繁杂，故障率高，有些复杂的控制可能根本无法实现，而用 PLC 进行顺序控制则简单轻松，可以用各种不同指令编写形式多样、简洁清晰的控制程序。下面介绍两种实用的顺序控制程序设计法。

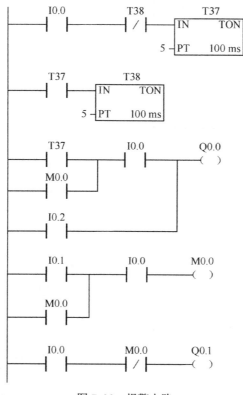

图 7-30　报警电路

1）用定时器实现顺序控制

图 7-31 所示是用定时器实现顺序控制的梯形图程序。

该程序执行的结果是：当 I0.0 总启动开关闭合后，Q0.0 先接通；经过 5 s 后 Q0.1 接通，同时将 Q0.0 关断；再经过 5 s 后 Q0.2 接通，同时将 Q0.1 关断；又经过 5 s 后 Q0.3 接通，同时将 Q0.2 关断；再经过 5 s 又将 Q0.0 接通，同时将 Q0.3 关断。如此循环往复，实现了顺序启停控制。当 I0.1 闭合后整个控制过程停止。

2）用计数器实现顺序控制

图 7-32 所示是用计数器实现顺序控制的梯形图程序。

该程序利用减 1 计数器 C40 进行计数，由控制触点 I0.0 闭合的次数来控制各输出接通的顺序。当 I0.0 第一次闭合时 Q0.0 接通，第二次闭合时 Q0.1 接通，第三次闭合时 Q0.2 接通，第四次闭合时 Q0.3 接通，同时将计数器复位，又开始下一轮计数。如此往复，实现了顺序控制。这里 I0.0 既可以是手动开关，也可以是内部定时时钟脉冲，后者可实现自动循环控制。程序中使用比较指令，只有当计数值等于比较常数时，相应的输出才接通，上一输出即断开。

除了上面介绍的顺序控制方法外，还有其他方法，如用移位指令、顺序控制功能指令实现顺序控制，读者可根据上面的介绍，自行开发出更多、更好的控制程序。

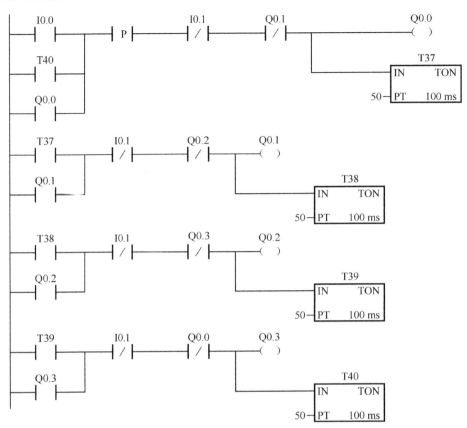

图 7-31 用定时器实现顺序控制

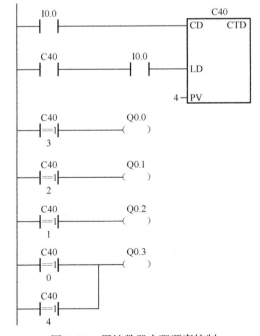

图 7-32 用计数器实现顺序控制

知识梳理与总结

（1）PLC 由 CPU 单元、存储器、输入/输出接口单元、电源、编程装置及 I/O 扩展单元等几部分组成。

（2）S7-200 PLC 定时器有三种类型，分别是接通延时定时器、断开延时定时器和有记忆接通延时定时器。

（3）S7-200 PLC 程序由可执行代码和注释组成，可执行代码由主程序、子程序或者中断程序组成。代码经编译后下载到 S7-200 PLC 中，但不编译和下载程序注释。

习题 7

1. PLC 由哪几部分组成？各组成部分的功能是什么？
2. STEP7-Micro/WIN 在编程中需遵守哪些编程规则？
3. 如何实现工程应用中常用的自锁、互锁和联锁的 PLC 控制？
4. 如何实现工程应用中常用的方波发生器的 PLC 控制？
5. 如何实现工程应用中常用的报警电路的 PLC 控制？

参 考 文 献

[1] 宋爽，周乐挺. 变频技术及应用[M]. 北京：高等教育出版社，2008.

[2] 孟晓芳. 西门子系列变频器及其工程应用[M]. 北京：机械工业出版社，2010.

[3] 徐海，施利春. 变频器原理及应用[M]. 北京：清华大学出版社，2010.

[4] 汤海梅. 电动机变频调速技术基础[M]. 上海：上海交通大学出版社，2012.

[5] 姜建芳. 西门子 S7-200 PLC 工程应用技术教程[M]. 北京：机械工业出版社，2010.

[6] 王建，杨秀双. 西门子变频器入门与典型应用[M]. 北京：中国电力出版社，2011.

[7] 赵斌. 变频器系统安装与调试[M]. 北京：中国纺织出版社，2012.

[8] 吴忠智，吴加林. 变频器应用手册[M]. 北京：机械工业出版社，2002.

[9] 张燕斌. 变频器应用教程[M]. 北京：机械工业出版社，2011.

[10] 张燕宾. 常用变频器功能手册[M]. 北京：机械工业出版社，2005.

[11] 冯垛生. 变频器实用指南[M]. 北京：人民邮电出版社，2007.

[12] 辜承林，陈乔夫，熊永前. 电机学[M]. 武汉：华中科技大学出版社，2005.

[13] 王兆安，黄俊. 电力电子技术[M]. 北京：机械工业出版社，2008.

[14] 高安邦，田敏，俞宁. 西门子 S7-200PLC 工程应用设计[M]. 北京：机械工业出版社，2011.

[15] 西门子（中国）有限公司自动化与驱动集团. SIMATIC S7-200 可编程序控制器系统手册[OL]. 2008.

[16] 西门子（中国）有限公司自动化与驱动集团. MICROMASTER 440 使用大全[OL]. 2010.

[17] 西门子（中国）有限公司自动化与驱动集团. MICROMASTER 440 简明调试指南[OL].

反侵权盗版声明

电子工业出版社依法对本作品享有专有出版权。任何未经权利人书面许可，复制、销售或通过信息网络传播本作品的行为，歪曲、篡改、剽窃本作品的行为，均违反《中华人民共和国著作权法》，其行为人应承担相应的民事责任和行政责任，构成犯罪的，将被依法追究刑事责任。

为了维护市场秩序，保护权利人的合法权益，我社将依法查处和打击侵权盗版的单位和个人。欢迎社会各界人士积极举报侵权盗版行为，本社将奖励举报有功人员，并保证举报人的信息不被泄露。

举报电话：（010）88254396；（010）88258888

传　　真：（010）88254397

E-mail：　dbqq@phei.com.cn

通信地址：北京市万寿路173信箱
　　　　　电子工业出版社总编办公室

邮　　编：100036